张雁冰　柴占丽　编

物理化学实验

（初级与中级）

U0228354

化学工业出版社
·北京·

本书分为实验基础知识、初级和中级物理化学实验、实验技术与仪器三大部分，涉及物理化学、热力学、动力学、电化学和表面化学四个方面；书后还附有各类符号说明、表格供学生使用参考。

本书内容设置详略得当，实验安排由易到难，内容反映了近年的新设备、新方法，注重培养学生的动手能力、分析和解决问题的能力，巩固相应物理化学理论知识，具有较强的专业性、新颖性和针对性，可供高等学校化学化工、环境工程、材料科学、生物工程等专业师生使用。

图书在版编目（CIP）数据

物理化学实验：初级与中级/张雁冰，柴占丽编. —北京：化学工业出版社，2020.10
ISBN 978-7-122-37576-6

Ⅰ.①物… Ⅱ.①张…②柴… Ⅲ.①物理化学-化学实验-高等学校-教材 Ⅳ.①O64.33

中国版本图书馆 CIP 数据核字（2020）第 155776 号

责任编辑：刘　婧　刘兴春　　　装帧设计：史利平
责任校对：王佳伟

出版发行：化学工业出版社（北京市东城区青年湖南街 13 号　邮政编码 100011）
印　　装：北京盛通商印快线网络科技有限公司
787mm×1092mm　1/16　印张 15　字数 274 千字　　2020 年 10 月北京第 1 版第 1 次印刷

购书咨询：010-64518888　　　售后服务：010-64518899
网　　址：http://www.cip.com.cn
凡购买本书，如有缺损质量问题，本社销售中心负责调换。

定　　价：48.00 元

版权所有　违者必究

前言

“全面提高本科教学质量，深化本科教学改革”是近年来教育部对高等教育提出的明确要求。本书在物理化学实验本科教学改革的大背景下，根据内蒙古大学化学及相关专业学生的本科教学改革培养计划，结合编者多年的教学实践成果和经验，并参考近几年其他多所院校的相关物理化学实验教材编写而成。

化学是一门在长期的实验与实践中诞生、发展和逐步完善的学科，目前化学在与多学科的交叉、融合和应用中得到快速发展。化学实验课程在高等学校理科化学类专业本科生教育中是极其重要的、不可替代的基础课。物理化学实验是继无机化学实验及分析化学实验之后开设的一门基础实验课程，同时也可为化学各学科的专门化实验及学生今后的科学研究打下一定的基础。

随着实验技能与技术的发展，原有教材中的一些实验内容和操作方法亟须更新；此外，越来越多的新型仪器设备不断被引进高校实验室，传统教材中介绍的一些仪器设备已与实际应用的仪器设备不相匹配，给学生学习和教师授课带来诸多不便。此外，随着物理化学理论的发展和科研水平的提升，基础物理化学实验内容已经不能够满足高质量专门化人才的培养目标，因此众多院校相继开设中级物理化学和中级物理化学实验课程，但是与之匹配的《中级物理化学实验》教材严重缺失。综上所述，编写一本能够结合基础物理化学实验和中级物理化学实验的新教材非常必要。

本书分为绪论、实验部分、技术与仪器三章。第一章介绍物理化学实验的目的与要求、注意事项和实验室安全知识，有效数字、误差与误差传递、实验数据的处理与表示等内容。 第二章分为初级实验和中级实验两节，其中 18 个初级（基础）实验分别涵盖了热力学、电化学、动力学、表面与胶体、物质结构等方面的基本原理、重要实验方法和技术；中级实验则涉及了热化学、电化学和催化化学领域共 5 个综合性实验。第三章简要介绍了温度控制技术、压力控制技术、光学测量技术和电化学测量技术；还有相关仪器的简介、使用方法和注意事项。

书中，每个实验内容均包括目的要求、基本原理、仪器与试剂、实验步骤、数据处理及思考题等；另外，在本书中对所有实验涉及的基本理论、所用仪器与各种实验技术都做了详细叙述，使学生在阅读每个实验内容后，在教师的指导下能独立进行实验。通过基础实验的学习，使学生在物理化学的理论知识、仪器与技术的使用能力，以及物理化学实验的操作技巧等方面得到全面的提升；同时，通过中级实验的训练，让学生对综合性物理化学实验的设计、操作和处理能力得到全面的提高。

本书由张雁冰和柴占丽共同编写，其中第一章，第二章第一节中的实验三、六、九、十、十三、十六，第三章的第一节～第五节，以及附录等由柴占丽编写；第二章第一节中的实验一、二、四、五、七、八、十一、十二、十四、十五、十七、十八，第二节，第三章第六节由张雁冰编写。全书最后由柴占丽统稿并定稿。另外，本书是内蒙古大学物理化学教研室诸位同仁长期实验教学的成果，得到了曹培华老师、赵薇老师的极大帮助，苏毅国、领小、郭芳、温晓茹老师对本书的编写等提出了诸多有益的建议，在此谨向他们表示衷心的感谢。

限于编者水平与编写时间，虽经过多次修改，仍难免有不足和疏漏之处，恳请读者予以批评指正。

编　者

2020 年 6 月

目录

第一章 ▶▶

绪 论

第一节 物理化学实验的目的与要求

一、实验目的

物理化学实验是继无机化学实验及分析化学实验之后的一门基础实验。其主要目的有以下 3 个：

① 使学生能够掌握物理化学的基本实验方法和技能，从而能够根据所学原理设计实验、选择和使用仪器；

② 培养学生观察现象、正确记录和处理数据、分析实验结果的能力和严肃认真、实事求是的科学素养；

③ 验证物理化学基本理论并加深对其理解，提高解决实际问题的能力。

作为本科阶段的一门基础实验课程，物理化学实验在培养学生踏实求真的科学态度、严谨细致的实验作风、熟练正确的实验技能、灵活创新的分析和解决问题能力等方面，既和无机化学、分析化学、有机化学等实验课程具有相同的要求，又有其自身的不同特点。物理化学实验大部分都涉及比较复杂的物理测量仪器，每种测量技术往往都是建立在一套完整的化学原理或理论的基础上。因此，理论和实验的结合在物理化学实验教学过程中显得特别突出。

物理化学实验课程由以下两个教学环节组成。

（1）完成 18 个基础实验和 5 个中级实验。这些实验分别包含了热力学、电化学、动力学、表面与胶体、物质结构等方面的基本原理、重要实验方法和技术。通过实验的具体操作，使学生在物理化学实验技能上得到全面的基础训练，并巩固对相应化学原理的认识。

（2）对物理化学实验方法和技术进行较系统的讲授。讲授内容既包括本实验课程的学习方法、安全防护、数据处理、报告书写和实验设计思想等实验基本要求，同时也包括物理化学的基本实验方法和技术，如温度的测量和控制、真空技术、流动法技术、光学和电化学测试技术等。这些内容穿插在实验教学中进行。

上述两个教学环节中，实验的操作训练是核心，而讲授围绕着实验操作展开。同时要求学生在实验过程中勤于动手、开动脑筋、钻研问题，做好每个实验。为了达到上述目的，必须对学生提出明确的要求。

二、实验要求

1. 实验前的预习

（1）实验前应认真仔细阅读实验内容，预先了解实验的目的、原理，明确需要测定的物理量，掌握所用仪器的构造及操作方法，做到心中有数。

（2）在预习的基础上写出预习报告，将实验目的、实验原理、仪器试剂、实验步骤、数据处理简明扼要地写在实验报告本上，应特别注意影响实验成败的关键操作。

2. 实验过程

（1）进入实验室后按实验顺序到指定实验台，检查核对仪器，看有无缺损。

（2）严格按照操作规程进行实验，一般不要随意改动。若确有改动的必要，应取得指导教师的同意。

（3）充分利用实验时间，观察现象，记录数据，分析和思考问题，提高实验效率。

（4）实验完毕，必须将实验数据交指导教师审查合格后，再拆实验装置，如不合格需重做或补做。

（5）洗净并整理好仪器，清理好实验台面，然后才可离开实验室。

3. 实验报告

实验报告是实验的总结，学生应认真对待，它能够使学生在实验数据处理、做图、误差分析、问题归纳等方面得到训练和提高，为今后写科学研究论文打好基础。

物理化学实验报告一般应包括实验名称、实验目的、实验原理、仪器及试剂、实验步骤、数据及处理、结果与讨论等项目。

实验报告的写作是整个实验中的一个重要环节。要求实事求是，科学严谨，不能粗枝大叶，字迹潦草，严禁抄袭他人数据及结果。实验报告经指导教师批阅后，如认为有必要重写者，应在指定时间内重写。

第二节 物理化学实验的安全防护

物理化学实验的安全防护，是一个关系到培养良好的实验素养，保证实验顺利进行，确保实验者人身安全和实验室财产安全的重要问题。物理化学实验室里经常遇到高温、低温的实验条件，使用高气压、低气压、高电压、高频和带有辐射线的仪器，而且许多精密的自动化设备日益普遍使用，因此需要实验者具备必要的安全防护知识，懂得应采取的预防措施，以及一旦事故发生后应及时采取的处理方法。

在这里主要结合物理化学实验的特点，着重介绍使用受压容器和辐射源的安全防护，同时对实验者的人身安全防护做必要的补充。

一、使用受压容器的安全防护

物理化学实验室中受压容器主要指高压储气瓶、真空系统、供气流稳压用的玻璃容器，以及盛放液氮的保护瓶等。

1. 高压储气瓶的安全防护

高压储气瓶由无缝碳素钢或合金钢制成，按其所储存的气体及工作压力分类，如表 1-1 所列。

表 1-1 标准储气瓶型号分类表

气瓶型号	用途	工作压力/(kgf/cm^2)	试验压力/(kgf/cm^2)	
			水压试验	气压试验
150	氢、氧、氮、氩、氦、甲烷、压缩空气	150	225	150
125	二氧化碳、纯净水煤气	125	190	125
30	氨、氯、光气	30	60	30
6	二氧化硫	6	12	6

注：1kgf≈9.8N。

我国颁布了《气瓶颜色标志》(GB/T 7144—2016)，规定了各类气瓶的色标(参见表 1-2)，每个气瓶必须在其肩部刻上制造厂和检测单位的钢印标记。为了安全使用，各类气瓶应定期送检验单位进行技术检查，一般气瓶至少三年检验一次，充装腐蚀性气瓶的储气瓶至少两年检验一次；检验不合格者应减少使用或予以报废。

表 1-2 常用储气瓶的色标

气瓶名称	外表面颜色	字样	字样颜色	色环
氧气瓶	淡蓝	氧	黑	白
氢气瓶	淡绿	氢	大红	大红
氮气瓶	黑	氮	白	白
氩气瓶	银灰	氩	深绿	白
氦气瓶	银灰	氦	深绿	白
压缩空气瓶	黑	空气	白	白
氨气瓶	淡黄	氨	黑	
二氧化碳瓶	铝白	二氧化碳	黑	黑
氯气瓶	深绿	氯	白	
乙炔瓶	白	乙炔	大红	

使用储气瓶必须按正确的操作规程进行，以下简述有关注意事项。

(1) 气瓶放置要求　气瓶应存放在阴凉、干燥、远离热源（如夏日应避免日晒，冬天应与暖气片隔开，平时不要靠近炉火等）的地方，并将气瓶固定在稳固的支架、实验桌或墙壁上，防止受外来撞击和意外跌倒。易燃气体气瓶（如氢气瓶等）的放置房间，原则上不应有明火或电火花产生，确实难以做到时应该采取必要的防护措施。

(2) 使用时安装减压器　气瓶使用时要通过减压器使气体压力降至实验所需范围。安装减压器前应确定其连接尺寸规格是否与气瓶接头相符，接头处需用专用垫圈。一般可燃性气体气瓶接头的螺纹是反向的左牙纹，不燃性或助燃性气体气瓶接头的螺纹是正向的右牙纹。有些气瓶需使用专用减压器（如氨气瓶），各种减压器一般不得混用。减压器都装有安全阀，它是保护减压器安全使用的装置，也是减压器出现故障的信号装置。减压器的安全阀应调节到接受气体的系统或容器的最大工作压力。

(3) 气瓶操作要点　气瓶需要搬运或移动时应拆除减压器，旋上瓶帽，并使用专门的搬移车。开启或关闭气瓶时，实验者应站在减压接管的侧面，不能将头和身体对准阀门出口。气瓶开启使用时，应首先检查接头连接处和管道是否漏气，确认无误后方可继续使用。使用可燃性气瓶时，更要防止漏气或将用过的气体排放在室内，并保持实验室通风良好。使用氧气瓶时，严禁气瓶接触油脂，实验者的手、衣服和工具上也不得沾有油脂，因为高压氧气与油脂相遇会引起燃烧。氧气瓶使用时发现漏气，不得用麻、棉等物去堵漏，以防发生燃烧事故。使用氢气瓶，导管处应加防止回火装置。气瓶内气体不应全部用尽，应留有不少于 $1kgf/cm^2$ 的气体压力，并在气瓶上标有已用完的记号。

2. 受压玻璃仪器的安全防护

物理化学实验室的受压玻璃仪器包括供高压或真空试验的玻璃仪器，装载水银的容器、压力计，以及各种保温容器等。使用这类仪器时必须注意如下几点。

① 受压玻璃仪器的器壁应足够坚固，不能用薄壁材料或平底烧瓶之类的器皿。

② 供气流稳压用的玻璃稳压瓶，其外壳应裹有布套或细网套。

③ 物理化学实验中常用液氮作为获得低温的手段，在将液氮注入真空容器时，要注意真空容器可能发生破裂，不要把脸靠近容器的正上方。

④ 装载水银的 U 形压力计或容器，要防止使用时玻璃容器破裂，造成水银散溅到桌上或地上，因此装载水银的玻璃容器下部应放置搪瓷盘或适当的容器。使用 U 形水银压力计时，应防止系统压力变动过于剧烈而使压力计的水银散溅到系统内外。

⑤ 使用真空玻璃系统时，要注意任何一个活塞的开、闭均会影响系统的其他部分，因此操作时应特别小心，防止在系统内形成高温爆鸣气混合物或使爆鸣气混合物进入高温区。在开启或关闭活塞时，应两手操作，一手握活塞套，另一只手缓缓旋转内塞，务使玻璃系统各部分不产生力矩，以免扭裂。在用真空系统进行低温吸附实验时，当吸附剂吸附大量吸附质气体后，不能先将装有液氮的保温瓶从盛放吸附剂的样品管处移去，而应先启动机械泵对系统进行抽空，然后移去保温瓶。因为一旦先移去低温的保温瓶，又不能及时对系统抽空，则被吸附的吸附质气体由于吸附剂温度的升高，会大量脱附出来，导致系统压力过大，使 U 形压力计中的水银冲出或引起封闭系统爆裂。

二、使用辐射源的安全防护

物理化学实验室的辐射源，主要指产生 X 射线、γ 射线、中子流、带电粒子束的电离辐射和产生频率为 10～100000MHz 的电磁波辐射。电离辐射和电磁波辐射作用于人体时都会造成人体组织的损伤，引起一系列复杂的组织机能的变化，因此必须重视使用辐射源的安全防护。

1. 电离辐射的安全防护

电离辐射的最大容许剂量，我国目前规定从事放射性工作的专业人员，每日不得超过 0.05R（伦琴），非放射性工作人员每日不得超过 0.005R。

同位素源放射的 γ 射线较 X 射线波长短，能量大，但 γ 射线和 X 射线对机体的作用是相似的，所以防护措施也是一致的，主要采用屏蔽防护、缩短使用时间和远离辐射源等措施。前者是在辐射源与人体之间添加适当的物质作为屏蔽，以减弱射线的强度，屏蔽物质主要有铅、铅玻璃等；后者是根据受照射的时间越短，人体所接受的剂量越少，以及射线的强度随机体与辐射源的距离平方而衰减的原理尽量缩短工作时间和加大机体与辐射源的距离，从而达到安全防护的目的。在实验时由于X射线和γ射线有一定的出射方向，因此实验者应注意不要正对出射方向站立，而应站在侧边进行操作。对于暂时不用或多余的同位素放射源，应及时采取有效的屏蔽措施，储存在适当的地方。

防止放射性物质进入人体是电离辐射安全防护的重要前提，一旦放射性物质进入人体，则上述的屏蔽防护和缩时加距措施就失去意义。放射性物质要尽量在密闭容器内操作，操作时必须戴防护手套和口罩，严防放射性物质飞溅而污染空气，加强室内通风换气，操作结束后必须全身淋浴，切实防止放射性物质从呼吸道或食道进入体内。

2. 电磁波辐射的安全防护

高频电磁波辐射源作为特殊情况下的加热热源，目前已在光谱用光源和高真空技术中得到越来越多的应用。电磁波辐射能对金属、非金属介质以感应方式加热，因此也会对人体组织，如皮肤、肌肉、眼睛的晶状体以及血液循环、内分泌、神经系统等造成损害。

防护电磁波辐射的最根本的有效措施，是减少辐射源的泄漏，使辐射局限在限定的范围内。当设备本身不能有效地防止高频辐射的泄漏时，可利用能反射或吸收电磁波的材料，如金属、多孔性生胶和炭黑等做罩、网以屏蔽辐射源。操作电磁波辐射源的实验者应穿特制防护服和戴防护眼镜，镜片上涂有一层导电的二氧化锡、金属铬的透明或半透明的膜。同时，应加大工作处与辐射源之间的距离。

考虑到某些工作中不可避免地要经受一定强度的电磁波辐射，应按辐射时间长短不同，制定辐射强度的分级安全标准：每天辐射时间小于15min时，辐射强度小于$1mW/cm^2$；小于2h的情况下，辐射强度小于$0.1mW/cm^2$；在整个工作日内经常受辐射的，辐射强度小于$10\mu W/cm^2$。

除上述电离辐射的电磁波辐射外，在物理化学实验中还应注意紫外线、红外线和激光对人体，特别是眼睛的损害。紫外线的短波部分（200～300nm）能引起角膜炎和结膜炎。红外线的短波部分（760～1600nm）可透过眼球到达视网膜，引起视网膜灼伤症。激光对皮肤的烧伤情况与一般高温辐射性皮肤烧伤相似，不过它局限在较小的范围内。激光对眼睛的损伤是严重的，会引起角膜、虹膜和视网膜的烧伤，影响视力，甚至因晶体浑浊发展为白内障。防护紫外线、红外线以及激光的有效办法是戴防护眼镜，但应注意不同光源、不同光强度时需选用不同的防护镜片，而且要切记不应使眼睛直接对准光束进行观察。对于大功率的二氧化碳气体激光，尽量避免照射中枢神经系统引起伤害，实验者还需戴上防护头盔。

三、实验者人身安全防护要点

（1）实验者到实验室进行实验前，应首先熟悉仪器设备和各项急救设备的使用方法，了解实验楼的楼梯和出口，实验室内的电气总开关、灭火器具和急救药品在什么地方，以便一旦发生事故能及时采取相应的防护措施。

（2）大多数化学药品都有不同程度的毒性，原则上应防止任何化学药品以任何方式进入人体。必须注意，有许多化学药品的毒性在相隔很长时间以后才会显示出来；不能将使用少量、常量化学药品的经验，任意移用于大量化学药品的情况；更不应将常温、常压下实验的经验在进行高温、高压、低温、低压的实验时套用；当进行有危险性或在极端条件下的反应时，应使用防护装置，戴防护面具和眼镜。

（3）实验时应尽量少与有致癌变性能的化学物质接触，实在需要使用时应戴好防护手套，并尽可能在通风橱中操作。这些物质中特别要注意的是苯、四氯化碳、氯仿、1,4-二氧六环等常见溶剂，实验时通常用甲苯代替苯、用二氯甲烷代替四氯化碳和氯仿、用四氢呋喃代替 1,4-二氧六环。

（4）许多气体和空气的混合物有爆炸极限，当混合物的组分介于爆炸上限与爆炸下限之间时，只要有一适当的灼热源（如一个火花或一根高热金属丝）诱发，全部气体混合物便会瞬间爆炸。因此，实验时应尽量避免能与空气形成爆鸣混合气的气体散失到室内空气中，同时实验室工作时应保持室内通风良好，不使某些气体在室内积聚而形成爆鸣混合气。实验需要使用某些与空气混合有可能形成爆鸣气的气体时，室内应严禁明火和使用可能产生电火花的电器等，禁穿鞋底上有铁钉的鞋子。

（5）在物理化学实验中，实验者要接触和使用各类电气设备，因此必须了解使用电气设备的安全防护知识。

① 实验室所用的市电为频率 50Hz 的交流电。人体感觉到触电效应时电流强度约为 1mA，此时会有发麻和针刺的感觉。通过人体的电流强度到了 6～9mA，一触就会缩手。强度更高的电流会使肌肉强烈收缩，手抓住了带电体后便不能释放。电流强度达到 50mA 时人就有生命危险，因此使用电气设备安全防护的原则是不要使电流通过人体。

② 通过人体的电流强度大小取决于人体电阻和所加的电压。通常人体的电阻包括人体内部组织电阻和皮肤电阻。人体内部组织电阻约 1000Ω，皮肤电阻约为

1kΩ（潮湿流汗的皮肤）到数万欧姆（干燥的皮肤）。因此，我国规定 36V、50Hz 的交流电为安全电压，超过 45V 都是危险电压。

③ 电击伤人的程度与通过人体电流大小、通电时间长短、通电的途径有关。电流若通过人体心脏或大脑，最易引起电击死亡，所以实验时不要用潮湿有汗的手操作电脑，不要用手紧握可能荷电的电器，不应以两手同时触及电器，电器设备外壳均应接地。万一不慎发生漏电事故，应立即切断电源开关，对触电者采取急救措施。

第三节 实验测量误差和误差的计算

在物理化学实验中，通常是在一定的条件下测量某系统的一个或几个物理量，然后用计算或做图的方法求得另一些物理化学物理量的数值或验证规律。怎样选择适当的测量方法、怎样估计所测得结果的可靠程度、怎样对所得数据进行合理的处理，这是实验中经常遇到的问题。因此，要做好物理化学实验，必须进行正确的测量以及对数据进行合适的处理。

而在实验过程中，任何一种测量结果总是不可避免地会有一定的误差。为了得到合理的结果，一方面，要求实验者运用误差的概念，将所得的数据进行不确定度计算，正确表达测量结果的可靠程度；另一方面，可根据误差分析去选择最合适的仪器，或进而对实验方法进行改进。

下面介绍有关误差及不确定度的一些基本概念。

一、量的测定

测定各种量的方法虽然很多，但从测量方式上来讲，一般可分为以下两类。

1. 直接测量

将被测量的量直接与同一类量进行比较的方法称为直接测量。若被测的量直接由测量仪器的读数决定，仪器的刻度就是被测量的尺度，这种方法称为直接读数法。例如用米尺量长度，停表记时间，温度计测温度，压力表测气压等。当被测的量由直接与该被测量的度量比较而决定时，此方法叫作比较法。如用对消法测量电动势，利用电桥法测量电阻，用天平称质量等。

2. 间接测量

许多被测的量不能直接与标准的单位尺度进行比较，而要根据别的量的测量结果，通过一些公式计算出来，这种测量就是间接测量。例如用黏度法测高聚物的分子量，就是用毛细管黏度计测出纯溶剂和聚合物溶液的流出时间，然后利用公式和做图求得分子量的。

二、测量中的误差

在任何一类测试中，都存在一定误差，即测量值与真实值之间存在一定的差值。根据误差的性质和来源，可以把测量误差分为系统误差、随机误差和过失误差。

1. 系统误差

在指定的测量条件下，多次测量同一量时，如果测量误差的绝对值和符号总是保持恒定，使测量结果永远偏向一个方向，那么这种测量误差称为系统误差。系统误差产生的原因有以下几个因素。

（1）仪器误差　仪器装置本身的精密度有限，例如仪器零位未调好，引进零位误差；温度计、移液管、滴定管的刻度不准确；仪器系统本身的问题等。

（2）测量方法的影响　采用了近似的测量方法或近似公式，例如根据理想气体状态方程计算被测蒸气的摩尔质量时，由于真实气体对理想气体的偏差，故用外推法求得摩尔质量总比实际的摩尔质量大。

（3）仪器使用时环境因素的影响　测量环境的温度、湿度、压力等对测量数据的影响。

（4）化学试剂的纯度不符合要求。

（5）测量者个人的习惯性误差　例如有人对颜色不敏感，滴定时等当点总是偏高或偏低；读数时眼睛的位置总是偏高或偏低等。

系统误差不能通过增加测量次数加以消除。通常用几种不同的实验技术或实验方法、改变实验条件、调换仪器、提高试剂的纯度等以确定有无系统误差的存在，确定其性质，然后设法消除或减小，以提高测量的准确度。

2. 随机误差

随机误差是指在相同的实验条件下多次测量同一物理量时，其绝对值和符号都以不可预料的方式变化着的误差。随机误差在实验中总是存在，无法完全避免。随机误差服从概率分布，如在同一实验条件下测量同一物理量时，实验数据的分布符合一般统计规律，即误差的正态分布。

这种规律可以用图 1-1 曲线表示，该曲线称为随机误差的正态分布曲线。

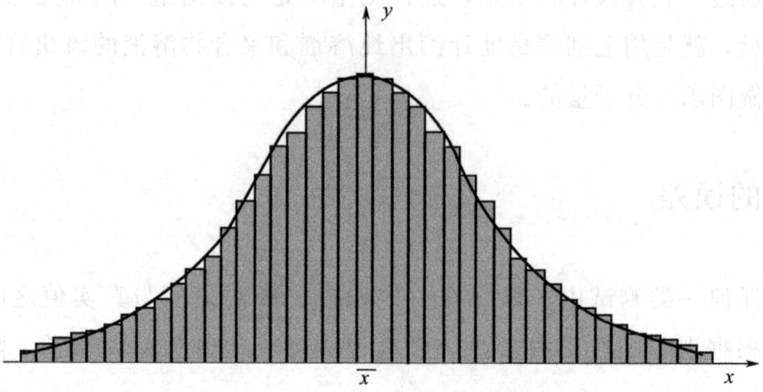

图 1-1　随机误差的正态分布曲线

误差的正态分布具有以下特性。

（1）对称性　绝对值相等的正误差和负误差出现的概率几乎相等。

（2）单峰性　绝对值小的误差出现的概率大，而绝对值大的误差出现的概率小。

（3）有界性　在一定的实验条件下的有限次测量中，误差的绝对值不会超过某一界限。由此可见，在一定的实验条件下，实验随机误差的算术平均值随着测量次数无限增加而趋近于零。因此，为了减少随机误差的影响，在实际测量中，常常对一个物理量进行多次重复测量以提高测量的精密度和再现性。

3. 过失误差

出于实验者的粗心，如标度看错、记录写错、计算错误所导起的误差，称为过失误差。这类误差无规则可寻，必须要求实验者细心操作，过失误差是可以完全避免的。

三、测量的精密度和准确度

在一定条件下对某一个物理量进行 n 次测量，所得的结果为 x_1、x_2、…、x_n，其算数平均值 $\overline{x}$ 为：

$$\overline{x}=\frac{1}{n}\sum_{i=1}^{n}x_i \tag{1-1}$$

那么单次测量值 x_i 与算术平均值 $\overline{x}$ 的偏差程度就称为测量的精密度。在测量中，表征测量精密度的值为标准误差 S：

$$S=\sqrt{\frac{\sum_{i=1}^{n}(x_i-\overline{x})^2}{n-1}} \tag{1-2}$$

在定义上，测量准确度的与测量的精密度是有区别的。准确度是指测量偏离真值的程度，而精密度是指测量偏离平均值的程度。

随机误差小，数据重复性好，测量的精密度就高。系统误差和随机误差都小，测量值的准确度就高。在一组测量中，尽管精密度很高，但准确度并不一定很好；相反，准确度好的测量值，精密度一定很高。从图 1-2 中可以看出，A 的测量结果精密度较高，但准确度不高；B 的测量结果的准确度较高，但精密度不高；只有 C 的测量结果的准确度和精密度都较高。

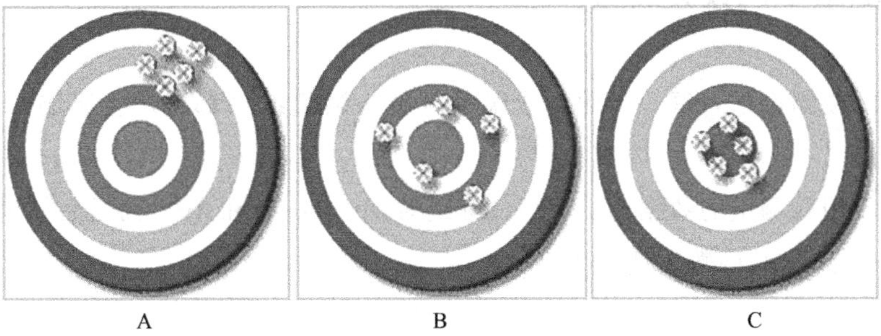

图 1-2 测量结果的精密度和准确度的关系

四、如何提高测量结果的精密度和准确度

1. 尽量消除或减小可能引进的系统误差

产生系统误差的部分原因如前所述，故应找具体原因采取相应措施加以消除。例如提高所用试剂的纯度、改进测量方法、选用合适的仪器、对仪器进行校正等。选用仪器必须按照实验要求所用仪器的类型、规格等。仪器的精度不能劣于实验要求的精度，但也不必过分优于实验要求的精度。

2. 减小测量过程中的随机误差

在相同条件下，进行多次重复测量，当测量值 x 近于正态分布时，可取该条件下的一组数据的算术平均值作为测量结果。除此之外，还可以采取增加测量的样本等方法。

3. 置信界限和可疑数据的舍弃

期望一个被测量的值在指定的概率下所可能落入的一段极差范围内的值，就叫作置信界限。对置信区间的可信的程度就叫作置信度。根据正态分布可知，个别测量值超出测量平均值$\pm 3\sigma$ 的概率为 0.3%。由于小概率事件是不可能发生的，因此可以判断这样的值为异常值。对于这样的值的处理必须慎重，通常可用置信界限的概念来决定是否舍弃。

比较简单的常用于判断异常值的方法为“$4\bar{d}$”检验：首先在求算平均值 $\bar{x}$ 和平均偏差 $\bar{d}$ 时，先不考虑可疑的数据，然后将可疑数据与平均值比较，如果它与平均值之差比平均偏差 $\bar{d}$ 大 4 倍以上，则可舍弃。不过，每五个数据最多只能舍弃一个，而且不能舍弃那些有两个或两个以上相互一致的数据。

五、间接测量中的误差传递

间接测量中，每一步的测量误差对最终测量结果都会产生影响，这称为误差传递。

设间接测量的数据为 x 和 y，其绝对误差为 $\mathrm{d}x$ 和 $\mathrm{d}y$，而最后结果为 u，绝对误差为 $\mathrm{d}u$，其函数表达式为：

$$u=F(x,y) \tag{1-3}$$

$$\mathrm{d}u=\left(\frac{\partial F}{\partial x}\right)_y \mathrm{d}x+\left(\frac{\partial F}{\partial y}\right)_x \mathrm{d}y \tag{1-4}$$

因此测量误差 $\mathrm{d}x$、$\mathrm{d}y$ 都会影响最后结果 u，使函数具有误差 $\mathrm{d}u$。设各自变量的平均误差 Δx、Δy 足够小，可代替它们的微分 $\mathrm{d}x$、$\mathrm{d}y$，并考虑到在最不利的情况下，直接测量的正负误差不能对消而引起误差积累，所以取其绝对值，则：

$$\Delta u=\left|\left(\frac{\partial F}{\partial x}\right)_y \Delta x\right|+\left|\left(\frac{\partial F}{\partial y}\right)_x \Delta y\right| \tag{1-5}$$

式(1-5) 就是间接测量中计算最终结果绝对误差的基本公式。

如果将式(1-5) 两边取对数，再求微分，同理可得间接测量中计算最终结果相对误差的基本公式：

$$\frac{\Delta u}{u}=\frac{1}{F(x,y)}\left[\left|\left(\frac{\partial F}{\partial x}\right)_y \Delta x\right|+\left|\left(\frac{\partial F}{\partial y}\right)_x \Delta y\right|\right] \tag{1-6}$$

【例 1.1】 在本书第二章实验九中，用凝固点降低法测定溶质的摩尔质量。溶质 B 的摩尔质量 M_B 可用下式计算得出：

$$M_B=\frac{K_f m_B}{m_A \Delta T_f}=\frac{K_f m_B}{m_A(T_f^*-T_f)}$$

式中 m_A、m_B——溶液中溶剂 A 和溶质 B 的质量；

T_f^*、T_f——纯溶剂 A 和溶液的凝固点；

K_f——凝固点下降系数。

设溶质 B 的质量 m_B 为 0.3000g，在分析天平上称量的绝对误差 $\Delta m_B=$

0.0004g；溶剂 A 的质量 m_A 为 20.0g，在台秤上称量的绝对误差 $\Delta m_A=0.1g$；测量凝固点用贝克曼温度计，准确度为 0.002K，纯溶剂 A 的凝固点 T_f^* 三次测量值分别为 277.951K、277.947K、277.952K。纯溶剂 A 的平均凝固点 $\langle T_f^* \rangle$ 为：

$$\langle T_f^* \rangle=\frac{277.951K+277.947K+277.952K}{3}=277.950K$$

每次测量的绝对误差分别为 0.001K、−0.003K、0.002K，则平均绝对误差 $\langle \Delta T_f^* \rangle$ 为：

$$\langle T_f^* \rangle=\frac{0.001K+0.003K+0.002K}{3}=\pm 0.002K$$

那么纯溶剂 A 的凝固点 T_f^* 应该为：$T_f^*=277.950K\pm 0.002K$

溶液凝固点 T_f 的三次测定值分别为 277.650K、277.654K、277.645K，同样算得 $\langle T_f \rangle=277.650K$，$\langle \Delta T_f \rangle=\pm 0.003K$，$T_f=277.650K\pm 0.003K$。

这样，凝固点降低值 ΔT_f 为：

$$\Delta T_f=T_f^*-T_f=(277.950K\pm 0.002K)-(277.650K\pm 0.003K)=0.300K\pm 0.005K$$

其相对误差为：

$$\frac{\Delta(\Delta T_f)}{\Delta T_f}=\frac{0.005K}{0.300K}=\pm 0.017$$

而：

$$\frac{\Delta m_B}{m_B}=\frac{0.0004g}{0.3000g}=\pm 1.3\times 10^{-3}$$

$$\frac{\Delta m_A}{m_A}=\frac{0.1g}{20.0g}=\pm 5\times 10^{-3}$$

由此，可求得测得溶质 B 的 M_B 的相对误差为：

$$\frac{\Delta M_B}{M_B}=\frac{\Delta m_B}{m_B}=\frac{\Delta m_A}{m_A}=\frac{\Delta(\Delta T_f)}{\Delta T_f}=$$

$$\pm(1.3\times 10^{-3}+5\times 10^{-3}+1.7\times 10^{-2})=\pm 0.023$$

因此，测得的溶质的摩尔质量其最大相对误差为 2.3%。由上述计算可以得出：本实验误差主要来自测量温度的准确性。称重的准确性对提高实验结果 M_B 的准确度影响不大，所以过分准确的称重（如用分析天平称溶剂的质量）没有必要。本实验的关键是提高温度测量的精度。所以，需要使用贝克曼温度计，同时要很好地控制过冷现象，以免影响温度读数。

由此可见，事先计算各个测量的误差，分析其影响，能使我们选择正确的实验方法，选用精密度适宜的仪器，抓住实验测量的关键，获得较好的实验结果。

第四节 实验数据的记录与表达

一、实验数据的记录

实验测量的误差问题紧密地与正确记录测量结果联系在一起，由于测量的物理量或多或少都有误差，那么，一个物理的数值和数学上的数值就有着不同的意义。例如：

数学上　1.35＝1.35000……

物理上　（1.35±0.01）m≠（1.3500±0.0001）m

因为测量的数据不仅反映出量的大小、数据的可靠程度，而且还反映了仪器的精密度和实验方法，如（1.35±0.01）m 可用普通米尺测量，而（1.3500±0.0001）m 则只能用更精密的仪器才行。因此物理量的每一位数都是有实际意义的。有效数字的位数就指明了测量的精确程度，它包括测量中可靠的几位和最后估计（有疑问）的一位数。任何一次直接测量都要记录到仪器刻度的最小估计读数，即记到第一位可疑数字。如滴定管测量溶液体积时，最小估计读数为 0.01mL；贝克曼温度计测量温度时，最小估计读数为 0.001℃。

二、实验数据的表达

数据是表达实验结果的重要方式之一。因此，要求实验者将测量得到的数据正确地记录下来，加以整理、归纳和处理，并正确表达实验结果所获得的规律。实验数据的表达方法主要有列表法和做图法。同时，随着计算机技术的发展，实验数据的计算机处理技术日益为广大实验者推崇。表达方法分别介绍如下。

1. 列表法

在物理化学实验中，多数测量至少包括两个变量，应尽可能将这些实验数据列表表示出来，使得全部数据能一目了然，便于处理运算，容易检查，减少误差。

列表时应注意以下几点。

① 每一个表都应写出序号和简明而又完备的名称。

② 在表格的每一行或每一列的第一栏应写出表头，即详细地写上名称及其单

位，如 p/Pa、T/K 等。

③ 表中的数值应用最简单的形式表示，公共的乘方因子应放在表头注明。

④ 每一行中的数字排列要整齐，小数点应对齐。

⑤ 原始数据可与处理的结果并列在一张表上，而把处理方法和公式在表下注明。

⑥ 表中所有数值的填写都必须遵守有效数字的规则。

表 1-3 为不同温度下水的饱和蒸气压和表面张力，其形式可以作为一般参考。

表 1-3　不同温度下水的饱和蒸气压和表面张力

t/℃	T/K	P/kPa	ln(p/kPa)	σ/(10^{-2}N/m)
0	273	0.6473	−0.4349	7.564
20	293	2.4561	0.8986	7.275
40	313	7.6950	2.0406	6.956

2. 做图法

利用图形表示实验数据及结果有很多好处，它能直观显示出数据的特点，如极大值、极小值、转折点等；还能利用图形做切线，求斜率等。因此，做图技术应认真掌握。下面列出做图的一般步骤及做图规则。

(1) 工具的选择　在处理物理化学实验数据时，做图所用工具主要有铅笔、直尺、曲线板、曲线尺和圆规等。铅笔以中等硬度为宜，直尺和曲线板应选用透明的，圆规可选择专供绘制小圆用的“点圆规”。

(2) 坐标纸的选择　直角坐标纸最为常用，半对数坐标纸和对数-对数坐标纸也常用到。将一组测量数据绘图时，究竟使用什么形式的坐标纸要尝试后才能确定。例如，在表达三组分体系相图时常用三角坐标纸。

(3) 画坐标轴及比例尺的选择　用直角坐标纸做图时，以自变量为横轴，因变量为纵轴，画上坐标轴，并在轴旁注明该轴所代表变量的名称及单位，在纵轴左面及横轴下面每隔一定距离写下该处变量应有之值，以便做图及读数；横轴与纵轴的读数不一定从零开始，视具体实验数据范围而定。

坐标轴上比例尺的选择极为重要，应遵守下述规则：

① 要能表示出全部有效数字，以使图上读出的各物理量的精密度与测量时的精密度一致；

② 坐标轴上每一小格所对应的数值应便于读数和计算，如 0.5、1、2，不宜

用 3、7、9 或小数；

③ 要考虑充分利用图纸，若做的图形为直线或近乎直线，应使其倾斜角接近 45°。

(4) 做代表点　将测得的数据，以点描绘于图上，各点可用×、△、○、□等不同符号表示。在同一个图上如有几组不同的测量值时，各测量值的代表点应用不同符号表示，以便于区别。

(5) 连线　做出各代表点后，用曲线板或曲线尺做出尽可能接近于实验点的曲线。曲线应光滑均匀，细而清晰，曲线不必通过所有各点，只要求各点均匀分布在曲线两侧，并且各点与曲线间距离应尽可能小且近于相等。

曲线的具体画法：先用淡铅笔轻轻地循各代表点的变动趋势，手描一条曲线，然后用曲线板逐段凑合手描线的曲率，做出光滑的曲线。这里要特别注意各段接合处的连续性。

(6) 写图名　曲线做好后应写上清楚完备的图名；有时图线为直线而欲求斜率时，应在直线上取两点，平行于横、纵轴画上虚线，并加以计算。

根据以上做图规则，将直线图和曲线图的规范 (a) 和不规范 (b) 做图对比示于图 1-3 中。

3. 实验数据的计算机处理

(1) 手工做图与计算机处理数据的优缺点　用坐标纸手工做图，成本低，耗时长，尤其是连直线时结果不唯一且人为误差大，连曲线时难以光滑，做切线时同样会产生较大误差。

具体如图 1-4 所示。

物理化学实验数据处理过程一般为：对实验数据做图或对数据经过计算后做图→做数据点的拟合线→求拟合直线的斜率或曲线上某点的切线→根据斜率求物理量。这一过程可以用计算机处理完成，具有所得结果准确且唯一，做图误差小，有利于客观评价实验结果的优点；并能克服手工绘图费时费力、偶然性和误差较大的缺点。

(2) 计算机处理物理化学数据的软件分类　当前用于物理化学实验数据处理的计算机应用软件很多，如 Microsoft Excel、Origin 及 Matlab 语言等软件。其中 Microsoft Excel 软件因为具有简单、易学、操作简便、易于学生掌握等优点而成为学生处理实验数据首选的方法之一。Microsoft Excel 是一个功能强大、使用方便的表格式数据综合管理和分析系统，在处理实验数据的过程中经常要用到的 Excel 功能有：函数计算功能、制图功能、表格制作功能。Origin 软件是 Microcal Software 公司推出的一个集图形绘制、数据处理、统计与分析为一体的综合应用

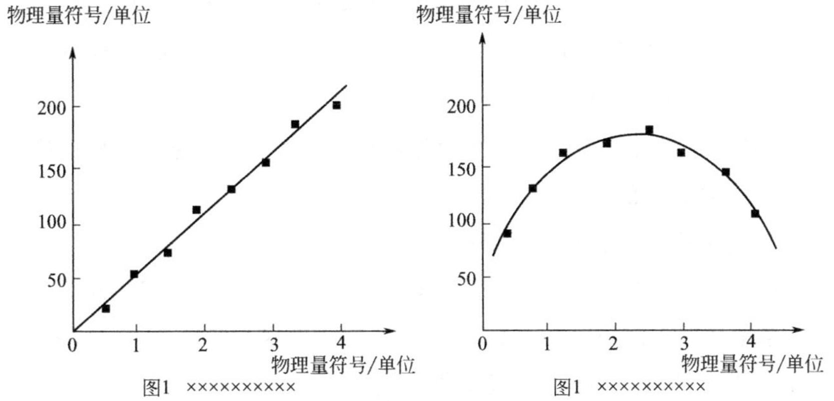

(a) 规范图

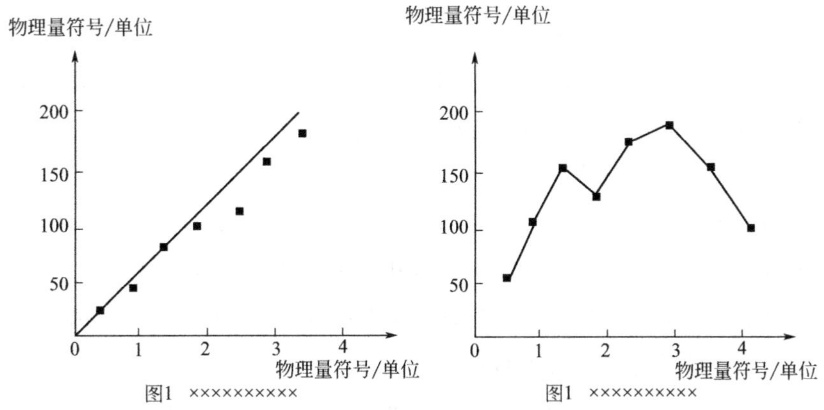

(b) 不规范图

图 1-3 直线图和曲线图的规范图和不规范图对比

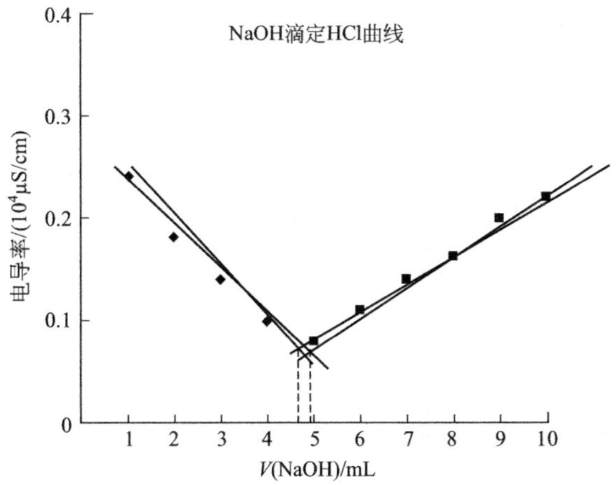

图 1-4 手工做图引入误差示例

系统。Origin 软件自诞生以来，由于其强大的数据处理和图形化功能，已被化学工作者广泛应用。它的主要功能和用途包括：对实验数据进行常规处理和一般的统计分析，如计数、排序、求平均值和标准偏差、t 检验、快速傅里叶变换、比较两列均值的差异、进行回归分析等；此外，还可用数据做图，用图形显示不同数据间的关系，用多种函数拟合曲线等。

下面具体介绍 Excel 和 Origin 软件在物理化学实验数据处理中的应用。

（3）Excel 软件的应用

1）处理实验数据的基本步骤如下。

① 在 Excel 工作表中输入实验数据，可以按行输入，也可以按列输入。

② 单击“图表向导”按钮，依次完成以下步骤：步骤 1——图表类型，选中“XY 散点图”；步骤 2——图表源数据，选定相应的 X、Y 轴数据；步骤 3——图表选项，完成图名、轴名等的填写；步骤 4——图表位置，最好将图“作为新的对象插入”到数据表所在页面。

③ 对图形进行编辑：计算机软件自动生成的图形往往不合乎规范，常常需要对图形的大小、位置、横纵坐标轴的刻度范围、比例尺以及字体、字号进行修改或重新设定，以达到美观规范。

④ 绘制趋势线，也叫“回归分析”：按函数关系在“类型”中选择相应的直线或曲线类型，并在“选项”中选定相应的方程式及相关系数，从而确定出所要求的斜率、截距等，并可由相关系数是否接近于 1 判断出实验数据的误差大小。

2）Excel 软件处理实验数据的实例如下。

① 以电导滴定实验的数据处理为例，介绍直线的做图程序，并对数据的系列划分做一比较。

步骤一：打开 Excel 软件后，在工作表中输入数据。可以按行输入，也可以按列输入。本例中按列输入数据（见图 1-5）。

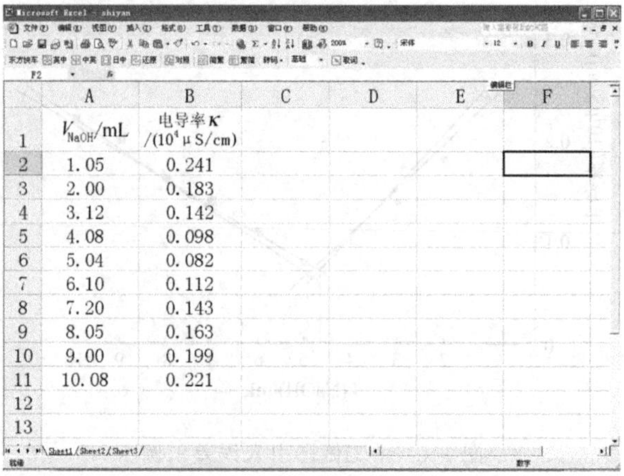

	A	B
1	V_{NaOH}/mL	电导率 κ /(10^4 μS/cm)
2	1.05	0.241
3	2.00	0.183
4	3.12	0.142
5	4.08	0.098
6	5.04	0.082
7	6.10	0.112
8	7.20	0.143
9	8.05	0.163
10	9.00	0.199
11	10.08	0.221

图 1-5 利用 Excel 软件处理数据步骤一：输入数据

步骤二：单击“插入”菜单中“图表”；或直接单击工具栏中“图表向导”按

钮。选中“XY 散点图”，依次按各步骤提示完成操作（见图 1-6）。

步骤三：点击完成，生成图表，但是计算机自动生成的图往往并不规范，如图 1-7 所示。

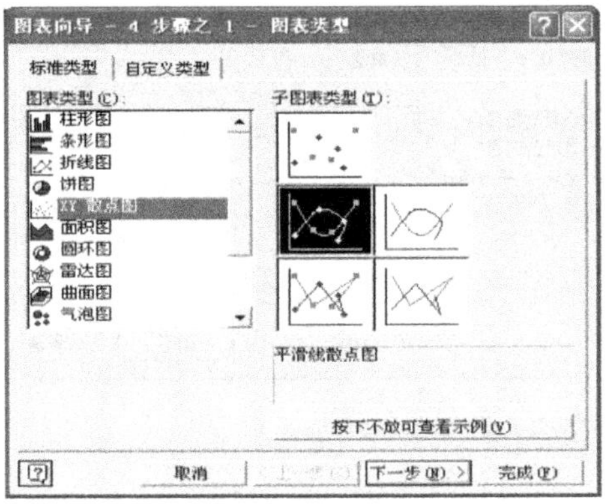

图 1-6　利用 Excel 软件处理数据步骤二：选择图表类型

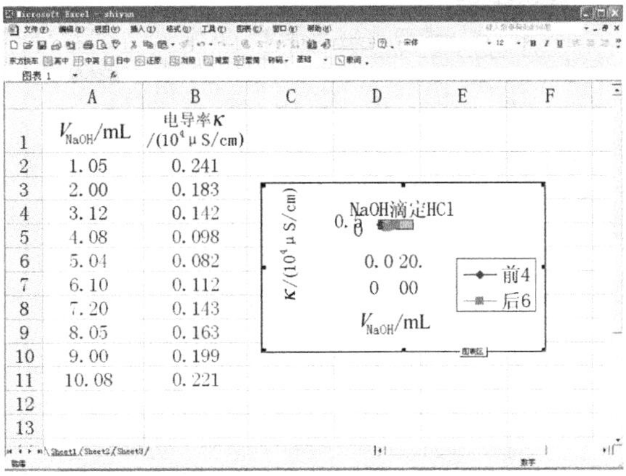

图 1-7　利用 Excel 软件处理数据步骤三：生成图表

步骤四：对图形的大小、位置、横纵坐标轴的刻度范围、比例尺以及字体字号进行修改或重新设定，以达到美观规范，如图 1-8 所示。

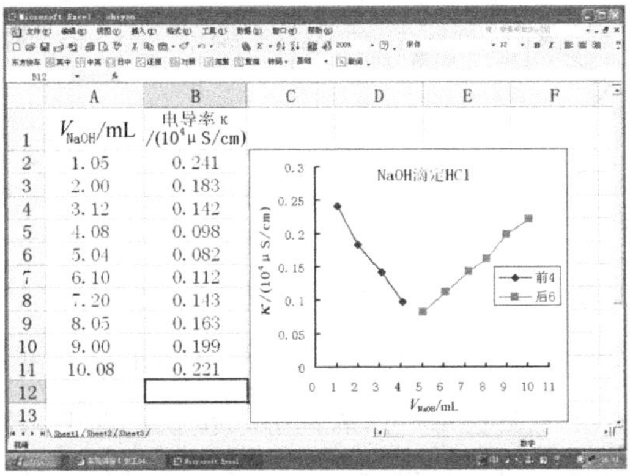

图 1-8　利用 Excel 软件处理数据步骤四：图表修整

步骤五：在图中单击选中需要进行线性回归分析的系列，在“图表”菜单中选中“添加趋势线”；或单击右键，在快捷菜单中选中“添加趋势线”，在“类型”选项卡中选择“线性”，在“选项”中选择“显示公式”“显示 R 平方值”（见图 1-9）。

步骤六：根据图表实际情况，对线性回归分析结果进行合理的调整。如图 1-10中直线的相关系数 R 可以看出前 4 后 6 的划分方式比前 5 后 5 的线性更好。

② 下面以溶液表面吸附实验的数据处理为例，介绍利用 Excel 软件处理曲线的做图程序。

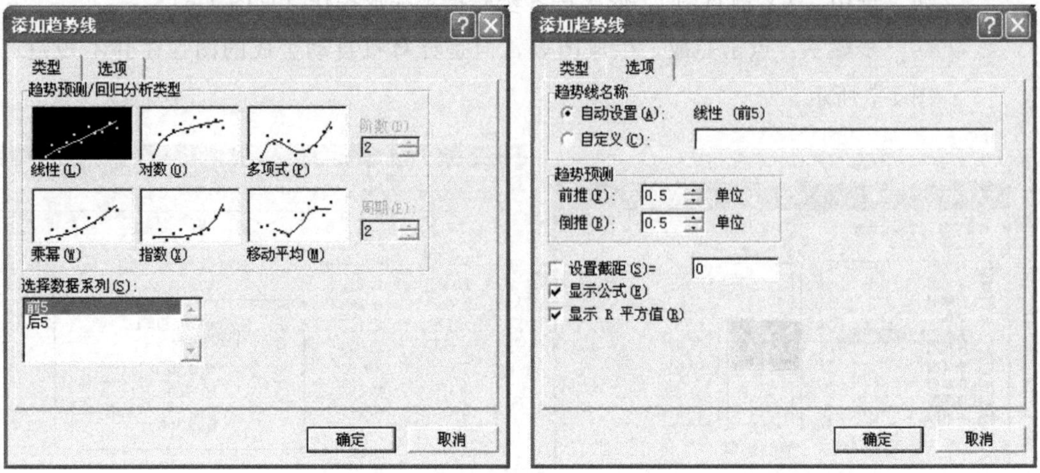

图 1-9　利用 Excel 软件处理数据步骤五：线性回归分析

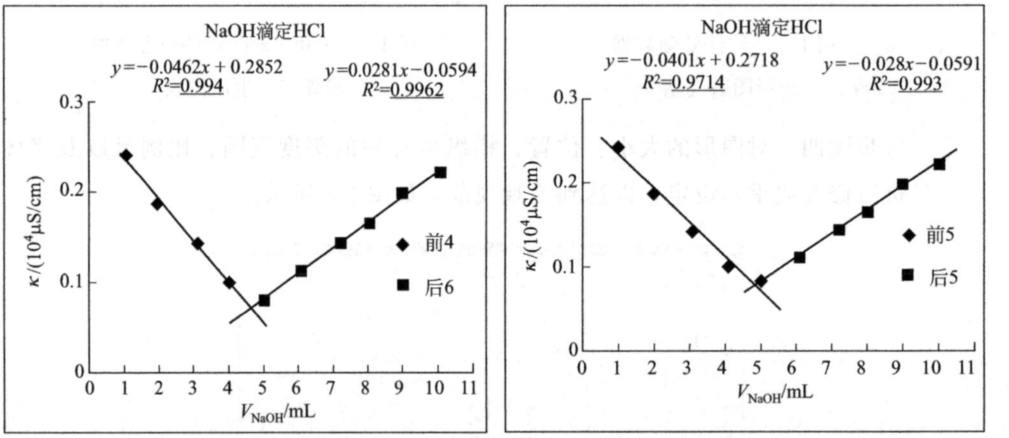

图 1-10　利用 Excel 软件处理数据步骤六：线性回归线的调整

打开 Excel 软件后，依次按上面直线的处理步骤完成操作：依次在工作表中按行输入数据；单击工具栏中“图表向导”按钮；选中“XY 散点图”；计算机自动生成的图并不美观，对图形的大小、位置、横纵坐标轴的刻度范围、比例尺以及字体、字号进行修改或重新设定，以达到美观规范；“添加趋势线”时，在“类型”选项卡中选择“多项式”，“阶数”设定为“2”，在“选项”中选择“显示公式”“显示 R 平方值”。结果如图 1-11 所示，其中左图是计算机自动生成的图形；右图是经过编辑后的图形。

(4) Origin 软件的应用

Origin 软件有如下基本功能：

① 输入数据并做图；

② 将数据计算后做图；

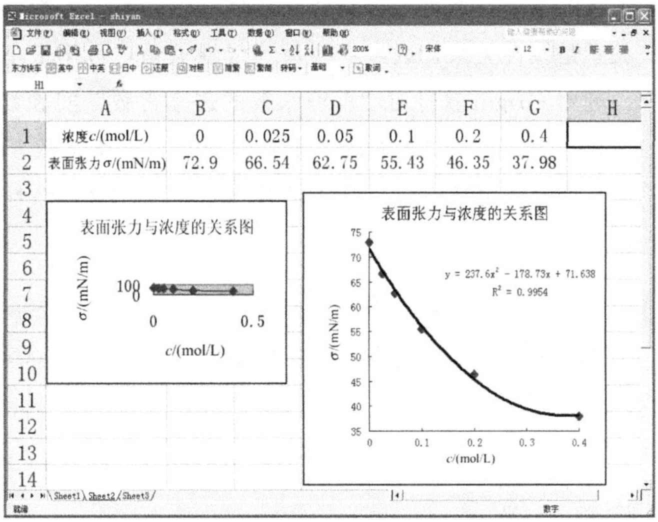

图 1-11 利用 Excel 软件进行曲线分析图例

③ 数据排序；

④ 选择需要的数据范围做图；

⑤ 数据点屏蔽；

⑥ 曲线拟合功能。

下面主要针对复杂图表处理和曲线拟合进行具体介绍。

1）利用 Origin 进行复杂图表处理　首先我们把实验数据输入到 Origin 软件的工作表中后，利用 Origin 软件的图表功能绘制实验图形。以三组分体系相图的实验为例，传统的相图绘制是利用三角坐标纸手工绘制，等边三角形的每条边均被等分为 100 份，再从所得的点做各边的平行线，组成了规则的网格。在这样的坐标纸上即可按照罗塞布姆（H. W. B. Roozeboom）等边三角形法做图。这种传统手工制图不仅耗时费力，而且误差较大、图形粗糙。利用 Origin 软件可以在计算机上方便快捷地完成相图绘制，具体步骤为：首先输入三列数据（X，Y，X 三列，且数据都是归一化的）；然后在【plot】菜单中点击【Ternary】，在三角坐标中绘制出溶解度点；在图上点右键出现【Plot Details】菜单，选择【Plot Type】框中“Line＋Symbol”即可得到溶解度曲线。

2）利用 Origin 进行曲线拟合　利用 Origin 软件在作线性拟合和非线性曲线拟合时，可以屏蔽某些偏差较大的数据点，以降低曲线的偏差，得到更为准确的结果，且方便快捷。

① 线性拟合。当绘出散点图或者点线图后，选择 Analysis 菜单中的 Fit Linear 或 Tools 菜单中的 Linear Fit，即可对图形进行线性拟合。结果记录中显示拟合直线的公式、斜率和截距的值及其误差，相关系数和标准偏差等数据。物理

化学实验中涉及的图形类型可分为直线形和曲线形两种，多数情况下两个物理量之间的函数关系是线性关系，或经变换后为线性关系，可用最小二乘法进行直线拟合。例如，利用 Origin 软件对“蔗糖水解的速率常数”实验数据进行处理（见图 1-12)，以 ln（$\alpha_t-\alpha_\infty$）对 t 做图，由斜率可求得速率常数 $k(T_1)$ 和 $k(T_2)$，并根据阿伦尼乌斯方程可求得该反应的活化能 E。采用这种线性处理方法必须测定最终旋光度 α_∞ 值。

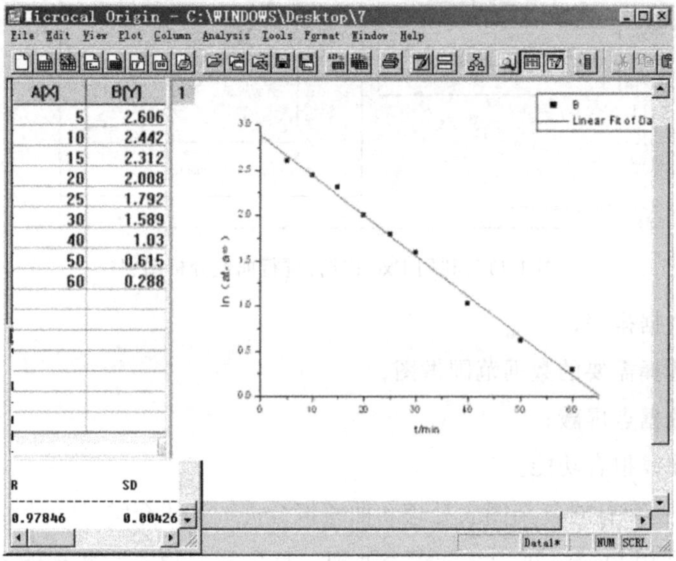

图 1-12　利用 Origin 软件进行“蔗糖转化的速率常数”数据的线性拟合

② 非线性拟合。物理化学中常会遇到不易化为线性模型，或者化为线性模型之后求解引起较大误差的情况，此时就必须用逐次逼近的拟合方法处理。这样可完全消除做图过程中产生的误差，相同实验数据得到不因人而异的唯一正确的科学的实验结果。Origin 提供了多种非线性曲线拟合方式：

一是在 Analysis 菜单中提供了多项式拟合、指数衰减拟合、指数增长拟合、S 形拟合、Gaussian 拟合、Lorentzian 拟合和多峰拟合等多种拟合方式；在 Tools 菜单中提供了多项式拟合和 S 形拟合。

二是在 Analysis 菜单中的 Non-Linear Curve Fit 选项提供了许多拟合函数的公式和图形。

三是 Analysis 菜单中的 Non-Linear Curve Fit 选项可让用户自定义函数，可根据用户自己建立的化学模型进行拟合。例如利用 Origin 软件用非线性拟合方法处理乙酸乙酯皂化反应实验数据，可以在不测定反应起始和终了电导值的简化实验条件下，方便、快速、准确地获得反应速率常数及反应级数，建立动力学方程。再例如在处理“溶液表面吸附”实验的数据时，利用 Origin 进行非线性拟合代替传统的做图、做切线、再直接拟合的方法，如图 1-13 所示。

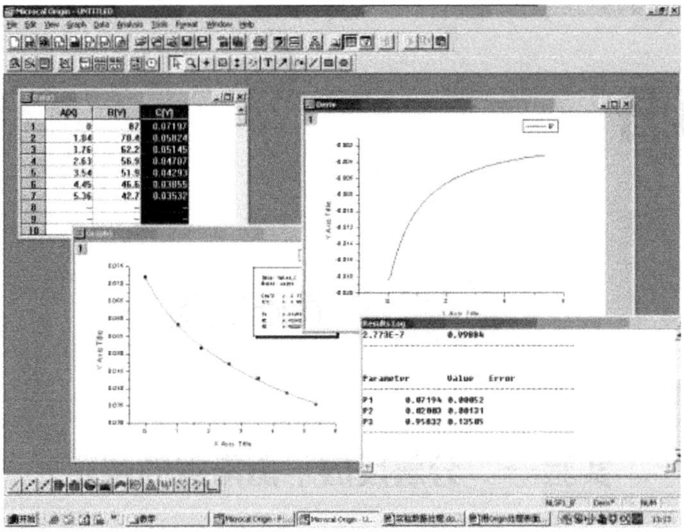

图 1-13 利用 Origin 软件进行“溶液表面吸附”数据的非线性拟合

该方法具有简单快捷、拟合参数能直接反映实验数据质量的特点，克服了用镜面法绘制曲线切线的随意性，避免了计算中较大误差的引入。

第二章

实验部分

第一节 基础实验

实验一　分解反应平衡常数的测定

一、实验目的

① 用静态平衡压力的方法测定一定温度下氨基甲酸铵的分解压力，并求出分解反应的平衡常数。

② 了解温度对反应平衡常数的影响，由不同温度下平衡常数的数据，计算等压反应热效应 $\Delta_r H_m^{\ominus}$、标准反应吉布斯自由能变化 $\Delta_r G_m^{\ominus}$ 和标准熵变 $\Delta_r S_m^{\ominus}$。

③ 学会低真空实验技术。

二、实验原理

氨基甲酸铵是合成尿素的中间产物，很不稳定，易发生如下分解反应：

$$NH_2COONH_4(s) \rightleftharpoons 2NH_3(g) + CO_2(g)$$

该反应是可逆的多相反应，若不将分解产物从体系中移走，则很容易达到平衡。在压力不太大时，气体的逸度近似为1，且纯固态物质的活度为1，所以分解反应的平衡常数 K_p 为：

$$K_p = p_{NH_3}^2 p_{CO_2}$$

式中　p_{NH_3}——平衡时 NH_3 的分压；

　　　p_{CO_2}——平衡时 CO_2 的分压。

又因固体氨基甲酸铵的蒸气压可以忽略，故体系的总压 $p_{总}$ 为：

$$p_{总} = p_{NH_3} + p_{CO_2} \tag{2-1}$$

从分解反应式可知：

$$p_{NH_3}=2p_{CO_2} \tag{2-2}$$

则有：

$$p_{NH_3}=\frac{2}{3}p_{总}；\quad p_{CO_2}=\frac{1}{3}p_{总}$$

$$K_p=\left(\frac{2}{3}p_{总}\right)^2\left(\frac{1}{3}p_{总}\right)=\frac{4}{27}p_{总}^3 \tag{2-3}$$

可见，当体系达到平衡后，只要测量其平衡总压，便可求得实验温度下的平衡常数 K_p 及标准平衡常数 $K_p^{\ominus}$。

温度对平衡常数的影响如下式：

$$\frac{\mathrm{dln}(K_p^{\ominus})}{\mathrm{d}T}=\frac{\Delta_r H_m^{\ominus}}{RT^2} \tag{2-4}$$

式中 T——热力学温度；

$\Delta_r H_m^{\ominus}$——等压反应热效应。

若温度变化范围不大，可视为常数。将其积分得：

$$\ln K_p^{\ominus}=-\frac{\Delta_r H_m^{\ominus}}{RT}+c \tag{2-5}$$

以 $\lg K_p^{\ominus}$ 对 $\frac{1}{T}$ 做图，应为一条直线，其斜率为 $-\frac{\Delta_r H_m^{\ominus}}{2.303R}$，由此可求得 $\Delta_r H_m^{\ominus}$。

由某温度下的平衡常数，可按下式算出该温度下的标准反应吉布斯自由能变化 $\Delta_r G_m^{\ominus}$

$$\Delta_r G_m^{\ominus}=-RT\ln K_p^{\ominus} \tag{2-6}$$

式中 R——摩尔气体常数，J/(K·mol)，取值为 8.314J/(K·mol)。

利用实验温度范围内分解反应的平均等压热效应和某温度下的标准吉布斯自由能变化 $\Delta_r G_m^{\ominus}$，可近似地算出该温度下的标准熵变 $\Delta_r S_m^{\ominus}$

$$\Delta_r S_m^{\ominus}=\frac{\Delta_r H_m^{\ominus}-\Delta_r G_m^{\ominus}}{T} \tag{2-7}$$

三、实验仪器与试剂

(1) 实验仪器

① 数字压力计，1 台；

② 恒温水浴，1 套；

③ 样品管，1 个；

④ 真空泵，1 套；

⑤ 缓冲储气罐，1 个。

（2）实验试剂　硅油、氨基甲酸铵（自制）。

四、实验步骤

（1）按照图 2-1 所示，安装好实验装置。

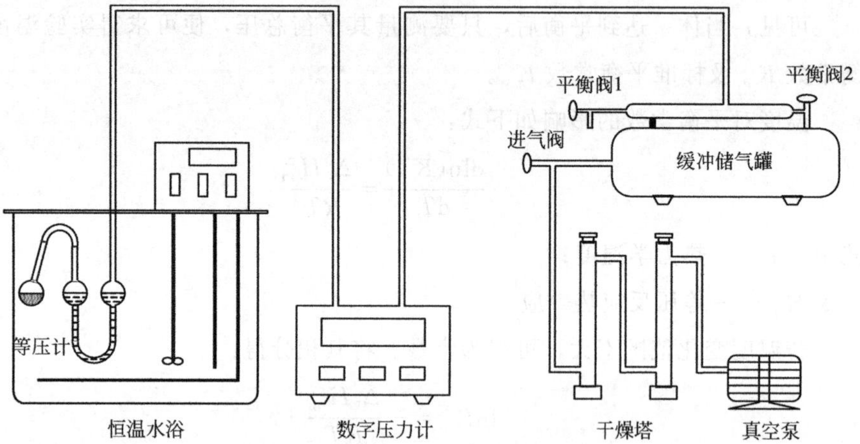

图 2-1　分解反应平衡常数的测定实验装置

（2）接通数字压力计，打开缓冲储气罐的平衡阀 1，使压力传感器通大气，按下“采零”键，以消除仪表系统的零点漂移，此时数字压力计的 LED 屏上显示“0000”。

（3）抽真空　关闭玻璃缓冲瓶活塞；然后打开玻璃三通阀，关闭平衡阀 1，接着打开缓冲储气罐上的进气阀和平衡阀 2，接通真空泵电源，开始抽真空，抽至压力计的读数至－75kPa 左右；先关闭缓冲储气罐的进气阀和平衡阀 2；然后关闭玻璃三通阀，打开玻璃缓冲瓶活塞通大气，这一步是防止泵油倒吸的，最后关闭真空泵电源。

（4）调节缓冲储气罐上的平衡阀 1，使样品管内两边硅油液面高度相等，关闭平衡阀 1。反复调节，直到 1min 内液面变化在 2mm 之内即为达平衡，此时压力计的读数即为 $p_{平衡}$。

（5）分别测定 25.0℃、27.5℃、30.0℃、32.5℃、35.0℃时体系的平衡压力 $p_{平衡}$。

（6）测试完毕，打开缓冲储气罐的进气阀和平衡阀 1、2，释放储气罐中的压力，使系统处于常压下备用。关闭压力计电源，将样品管拿出恒温槽。

五、数据记录与处理

（1）记录不同温度下氨基甲酸铵分解产生的平衡压力及计算所得不同温度下

氨基甲酸铵分解反应平衡常数的数值，完成表 2-1。

表 2-1 氨基甲酸铵分解反应不同温度下实验测量数据表

$t/℃$	25.0	27.5	30.0	32.5	35.0
T/K					
$10^3/(T/K)$					
$P_{平衡}/kPa$					
$P_{总}=(P_0+P_{平衡})/kPa$					
$K_p/10^2=[4/27(P_{总})^3]/10^2$					
$\lg K_p$					

（2）根据表 2-1 中的数据以 $\lg K_p^\ominus$ 对 $\frac{1}{T}$ 做图。

（3）在图中曲线上任意取两点计算直线的斜率 k，进而计算氨基甲酸铵分解反应的平均等压反应热效应 $\Delta_r H_m^\ominus$、氨基甲酸铵分解反应的标准吉布斯自由能变化 $\Delta_r G_m^\ominus(298K)$ 和标准熵变 $\Delta_r S_m^\ominus(298K)$。

（4）实验结论：

① 氨基甲酸铵在不同温度下的分解平衡常数。

② 该体系的 $\Delta_r H_m^\ominus$、$\Delta_r G_m^\ominus(298K)$ 和 $\Delta_r S_m^\ominus(298K)$。

六、注意事项

（1）等压计的封闭液，如果采用水银会污染环境，而采用液体石蜡，液体石蜡本身有一定的蒸气压，会影响测量结果，故本实验采用蒸气压极小的硅油作封闭液。

（2）用真空泵对系统抽气时，因为氨有腐蚀性，当氨和二氧化碳一起吸入泵内时将会生成凝结物，以致损坏泵及泵油，因此在真空泵前应装吸附浓硫酸的硅胶的干燥塔，用来吸收氨。

七、提问与思考

① 试述本实验测量装置的检测方法？

② 当将空气缓缓放入系统时，如放入的空气过多，将有何现象出现，怎样克服？

③ 本实验和纯液体的饱和蒸气压实验都使用等压计，测定的体系和测定的方法有何区别？

氨基甲酸铵的合成

氨基甲酸铵的制备方法：干燥的氨和干燥的二氧化碳接触后只生成氨基甲酸铵；如果有水存在，还会生成碳酸铵或碳酸氢铵。因此，原料气和反应体系必须事先干燥。此外，生成的氨基甲酸铵极易在反应容器的壁上形成一层黏附力很强的致密层，很难将其剥离，故反应容器选用聚乙烯薄膜袋，反应后只要对其揉搓即可得到白色粉末状的氨基甲酸铵产品。自制反应装置如下图所示：

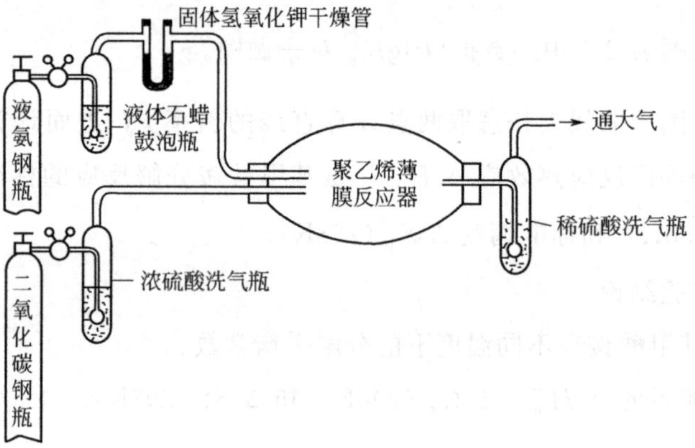

自制氨基甲酸铵反应装置示意

操作步骤：先开启二氧化碳钢瓶，控制二氧化碳流量不要太大，在浓硫酸洗气瓶中可看到正常鼓泡；然后开启液氨钢瓶，使液氨流量比二氧化碳大1倍，可以从液体石蜡鼓泡瓶中的气泡估计流量。如果二氧化碳和液氨的配比适当，反应又很完全（从反应器表面能感到温热），可由尾气鼓泡瓶看出此时尾气的流量接近于零。通气约1h，能得到200～400g白色粉末状氨基甲酸铵产品，装瓶备用。

实验二　电导法测定表面活性剂的临界胶束浓度

一、实验目的

① 用电导法测定十二烷基硫酸钠的临界胶束浓度。

② 了解表面活性剂的特性及胶束形成原理。

③ 掌握电导率仪的使用方法。

二、实验原理

具有明显"两亲"性质的分子，既含有亲油的足够长的（大于10个碳原子）烃基，又含有亲水的极性基团（通常是离子化的），由这类分子组成的物质称为表面活性剂，如肥皂和各种合成洗涤剂等。

表面活性剂分子都是由极性部分和非极性部分组成的，若按离子的类型分类，可分为三大类：

① 阴离子型表面活性剂，如羧酸盐（肥皂）、烷基硫酸盐（十二烷基硫酸钠）、烷基磺酸盐（十二烷基苯磺酸钠）等；

② 阳离子型表面活性剂，主要是胺盐，如十二烷基二甲基叔胺和十二烷基二甲基氯化铵；

③ 非离子型表面活性剂，如聚氧乙烯类。

表面活性剂进入水中，在低浓度时呈分子状态，并且三三两两地把亲油基团靠拢而分散在水中。当溶液浓度加大到一定程度时，许多表面活性物质的分子立刻结合成很大的集团，形成"胶束"。以胶束形式存在于水中的表面活性物质是比较稳定的。表面活性物质在水中形成胶束所需的最低浓度称为临界胶束浓度（critical micelle concentration，CMC）。CMC可看作是表面活性对溶液的表面活性的一种量度，因为CMC越小，则表示此种表面活性剂形成胶束所需浓度越低，达到表面饱和吸附的浓度越低。也就是说只要很少的表面活性剂就可起到润湿、乳化、加溶、起泡等作用。在CMC点上，由于溶液的结构改变导致其物理及化学性质（如表面张力、电导、渗透压、浊度、光学性质等）同浓度的关系曲线出现明显的转折，如图2-2所示。因此，通过测定溶液的某些物理性质的变化可以测定CMC。

这个特征行为可用生成聚合物或胶束来说明，当表面活性剂溶于水中后，不但定向地吸附在溶液表面，而且达到一定浓度时还会在溶液中发生定向排列而形成胶束。表面活性剂为了使自己成为溶液中的稳定分子，有可能采取两种途径：一是把亲水基留在水中，亲油基伸向油相或空气；二是让表面活性剂的亲油基团相互靠在一起，以减少亲油基与水的接触面积。前者就是表面活性剂分子吸附在界面上，其结果是降低界面张力，形成定向排列的单分子膜；后者就形成了胶束。由于胶束的亲水基方向朝外，与水分子相互吸引，使表面活性剂能稳定溶于水中。

随着表面活性剂在溶液中浓度的增长，球形胶束可能转变成棒形胶束，以至层状胶束；后者可用来制作液晶，它具有各向异性的性质。

本实验利用DDSJ-308A型电导率仪测定不同浓度的十二烷基硫酸钠溶液的电

导值（也可换算成摩尔电导率），并作电导值（或摩尔电导率）与浓度的关系图，从图中的转折点求得临界胶束浓度。

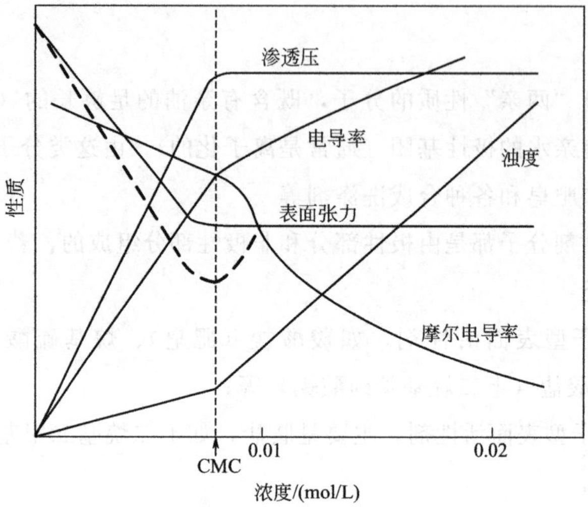

图 2-2　25℃时十二烷基硫酸钠溶液的物理性质和浓度的关系

三、实验仪器与试剂

（1）实验仪器　DDSJ-308A 型电导率仪 1 台（附带电导电极 1 支），恒温水浴 1 套。

（2）实验试剂　浓度为 0.002mol/dm^3、0.004mol/dm^3、0.006mol/dm^3、0.007mol/dm^3、0.008mol/dm^3，0.009mol/dm^3、0.010mol/dm^3、0.012mol/dm^3、0.014mol/dm^3、0.046mol/dm^3、0.018mol/dm^3、0.020mol/dm^3 的十二烷基硫酸钠溶液，电导水。

四、实验步骤

① 本实验使用计算机辅助进行，实验使用的是 DDSJ-308A 型电导率仪，请仔细阅读使用说明书。

② 调节恒温水浴温度至 25℃，浓度为 0.002mol/dm^3、0.004mol/dm^3、0.006mol/dm^3、0.007mol/dm^3、0.008mol/dm^3，0.009mol/dm^3、0.010mol/dm^3、0.012mol/dm^3、0.014mol/dm^3、0.046mol/dm^3、0.018mol/dm^3、0.020mol/dm^3 的十二烷基硫酸钠在水浴中恒温至少 10min。

③ 打开电导率仪，选择模式为测定电导率，仪器的电极常数已经标示于电极

上并已经在仪器中设定完成。

④ 打开计算机上雷磁数据采集软件，选择“设置”菜单中的“开始通讯”，这时计算机与电导率仪同步，并在数字显示区显示当前样品的电导率值。

⑤ 用 DDSJ-308A 型电导率仪测定上述各溶液的电导率。首先用滤纸将电导池上的水吸干再进行测定（注意：滤纸不要接触 Pt 电极）。当显示区数字稳定不变时，按下“记录”，记录当前测定值。将备注改为浓度，并键入相应的浓度值。

五、数据记录与处理

① 实验数据已经记录在计算机中，先按下工具栏中的“将数据传到 Word”按钮，将数据传到 Word 中。将 Word 文件命名并保存。

② 用 Origin 或 Excel 软件作电导率-浓度关系散点图，根据要求处理实验结果，并写出实验结论。

六、注意事项

① 配制的溶液必须保证表面活性剂完全溶解。

② 电解质溶液的电导率随温度的变化而改变，因此在测量时应保持被测体系处于恒温条件下。

③ 注意电导率仪应按由低到高的浓度顺序测量样品的电导率。

七、提问与思考

① 实验中影响临界胶束浓度的因素有哪些？

② 若要知道所测得的临界胶束浓度是否正确，可用什么实验方法检验之？

③ 非离子型表面活性剂能否用本实验方法测定临界胶束浓度？为什么？若不能，则可用何种方法测定？

实验三　黏度法测定聚合物的分子量

一、实验目的

① 掌握乌贝路德（Ubbelohde）黏度计（即乌氏黏度计）测定黏度的原理和方法。

② 测定聚合物——聚苯乙烯的平均分子量。

二、实验原理

黏度是指液体对流动所表现的阻力，这种力反抗液体中邻接部分的相对移动，因此可看作是一种内摩擦。图 2-3 是液体流动的示意图。

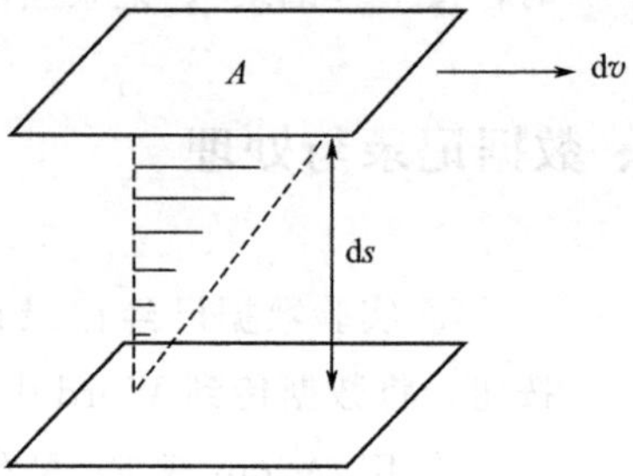

图 2-3 液体流动示意

当相距为 ds 的两个液层以不同速度（v 和 $v+dv$）移动时，产生的流速梯度为 dv/ds。当建立平稳流动时，维持一定流速所需的力（即液体对流动的阻力）f' 与液层的接触面积 A 以及流速梯度 dv/ds 成正比，即

$$f'=\eta A\frac{dv}{ds} \tag{2-8}$$

若以 f 表示单位面积液体的黏滞阻力，$f=f'/A$，则

$$f=\eta\frac{dv}{ds} \tag{2-9}$$

式(2-9) 称为牛顿黏度定律表示式，其比例常数 η 称为黏度系数，简称黏度，单位为 Pa・s。

聚合物稀溶液的黏度，主要反映了液体在流动时存在着内摩擦。其中因溶剂分子之间的内摩擦表现出来的黏度叫纯溶剂黏度，记作 η_0；此外，还有聚合物分子相互之间的内摩擦，以及聚合物与溶剂分子之间的内摩擦。三者之总和表现为溶液的黏度 η。在同一温度下，一般来说，$\eta>\eta_0$。相对于溶剂，其溶液黏度增加的分数，称为增比黏度，记作 η_{sp}，即

$$\eta_{sp}=\frac{\eta-\eta_0}{\eta_0} \tag{2-10}$$

而溶液黏度与纯溶剂黏度的比值称为相对黏度，记作 η_r，即

$$\eta_r=\frac{\eta}{\eta_0} \tag{2-11}$$

η_r 也是整个溶液的黏度行为，η_{sp} 则意味着已扣除了溶剂分子之间的内摩擦效应，两者关系为：

$$\eta_{sp}=\frac{\eta}{\eta_0}-1=\eta_r-1 \tag{2-12}$$

对于聚合物溶液，增比黏度 η_{sp} 往往随溶液的浓度 c 的增加而增加。为了便于比较，将单位浓度下所显示出的增比浓度，即 η_{sp}/c 称为比浓黏度；而 $\ln\eta_r/c$ 称为

比浓对数黏度。η_r 和 η_{sp} 都是无量纲的量。

为了进一步消除聚合物分子之间的内摩擦效应，必须将溶液浓度无限稀释，使得每个聚合物分子彼此相隔极远，其相互干扰可以忽略不计。这时溶液所呈现出的黏度行为基本上反映了聚合物与溶剂分子之间的内摩擦。这一黏度的极限值记为：

$$\lim_{c \to 0} \frac{\eta_{sp}}{c} = [\eta] \tag{2-13}$$

$[\eta]$ 被称为特性黏度，其值与浓度无关。实验证明，当聚合物、溶剂和温度确定以后，$[\eta]$ 的数值只与聚合物平均分子量 $\overline{M}$ 有关，它们之间的半经验关系可用 Mark Houwink 方程式表示：

$$[\eta] = K\overline{M}^{\alpha} \tag{2-14}$$

式中 K——比例常数；

α——与分子形状有关的经验常数。

它们都与温度、聚合物、溶剂性质有关，在一定的分子量范围内与分子量无关。

K 和 α 的数值只能通过其他绝对方法确定，例如渗透压法、光散射法等。黏度法只能通过测定 $[\eta]$ 求算出 $\overline{M}$。

测定液体黏度的方法主要有 3 类：

① 用毛细管黏度计测定液体在毛细管里的流出时间；

② 用落球式黏度计测定圆球在液体里的下落速度；

③ 用旋转式黏度计测定液体与同心轴圆柱体相对转动的情况。

测定聚合物的 $[\eta]$ 时，用毛细管黏度计最为方便。当液体在毛细管黏度计内因重力作用而流出时遵守泊肃叶（Poiseuille）定律：

$$\frac{\eta}{\rho} = \frac{\pi h g r^4 t}{8lV} - m\frac{V}{8\pi l t} \tag{2-15}$$

式中 ρ——液体的密度；

l——毛细管长度；

r——毛细管半径；

t——流出时间；

h——流经毛细管液体的平均液柱高度；

g——重力加速度；

V——流经毛细管的液体体积；

m——与仪器的几何形状有关的常数，当 $r/l \ll 1$ 时，可取 $m=1$。

对某一支指定的黏度计而言，令 $\alpha = \frac{\pi h g r^4}{8lV}$，$\beta = m\frac{V}{8\pi l t}$，则式(2-15) 可改写为：

$$\frac{\eta}{\rho}=\alpha t-\frac{\beta}{t} \tag{2-16}$$

式(2-16) 中 $\beta<1$；当 $t>100\text{s}$ 时，等式右边第二项可以忽略。设溶液的密度ρ 与溶剂密度ρ_0 近似相等。这样，通过分别测定溶液和溶剂的流出时间 t 和 t_0 就可求算 η_r：

$$\eta_r=\frac{\eta}{\eta_0}=\frac{t}{t_0} \tag{2-17}$$

进而可分别计算得到 η_{sp}、η_{sp}/c 和 $\ln\eta_r/c$ 值。配制一系列不同浓度的溶液分别进行测定，以 η_{sp}/c 和 $\ln\eta_r/c$ 为同一纵坐标，c 为横坐标做图，得两条直线，分别外推到 $c=0$ 处（见图 2-4），其截距即为［η］，代入［η］$=K\overline{M}^{\alpha}$，即可得到$\overline{M}$。

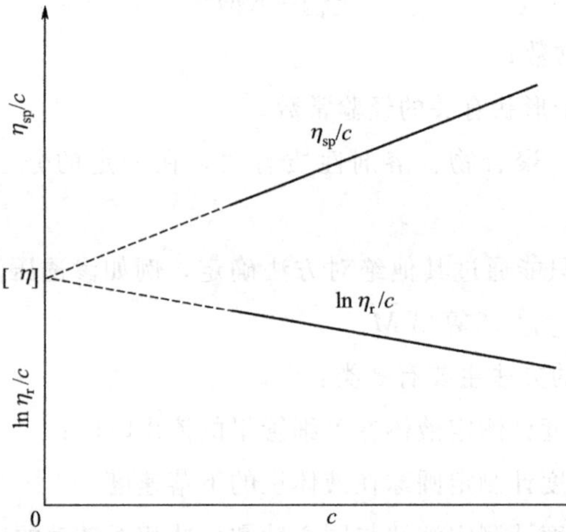

图 2-4　外推法求［η］示意

三、实验仪器与试剂

（1）实验仪器

① 乌氏黏度计，1 支；

② 恒温水浴，1 套；

③ 移液管，1 支；

④ 秒表，1 只。

（2）实验试剂　聚苯乙烯的苯溶液，苯（分析纯）。

四、实验步骤

① 开启恒温水浴（见图 2-5），控制水浴温度为 25℃。

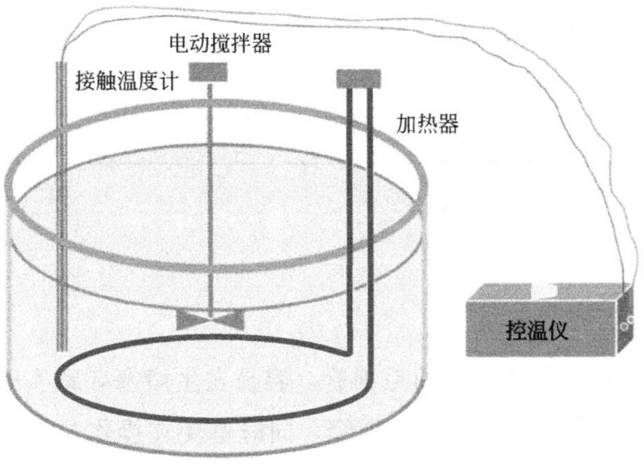

图 2-5 恒温水浴示意

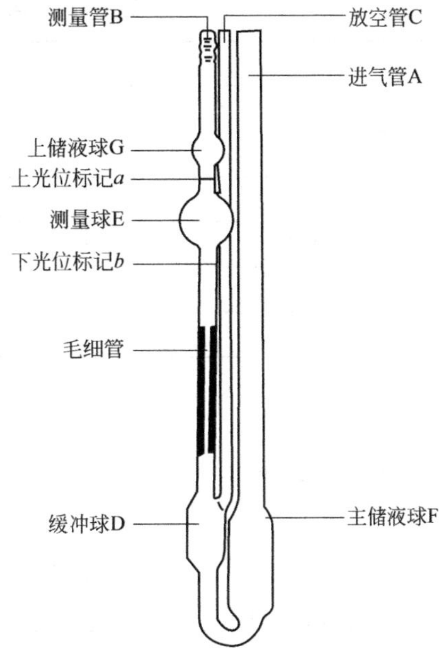

图 2-6 乌氏黏度计示意

② 倒出黏度计（见图 2-6）中的苯，加入少量丙酮，倾去，吹干，用移液管从 A 管加入 10mL 的聚苯乙烯的苯溶液 10mL。恒温 10min，用弹簧夹夹住 C 管上的橡皮管，用洗耳球从 B 管将溶液从 F 球经 D 球、毛细管、E 球缓慢吸至上储液球 G 球，放开 C 管，让溶液自由下落，当液面通过刻度线 a 时，按下秒表开始计时；当液面通过刻度线 b 时，按停秒表。这就是溶液 1 的流出时间 t_1。重复 3 次，若流出时间 $t \geqslant 100$s，则 3 次的最大偏差应小于 1.0s；若 $t < 100$s，则 3 次的最大偏差应小于 0.5s。

③ 然后用移液管依次加入 5mL、5mL、10mL、10mL 的苯，分别测定流出时间 t，每次必须将溶液混合均匀，并恒温 10min 后进行测定。

五、数据记录与处理

① 为了做图方便，假定起始浓度为 1，那么加苯稀释后浓度分别为 2/3、1/2、1/3、1/4，将不同溶液测得的流出时间记录在表 2-2 中，并计算出相应的黏度。

② 用 η_{sp}/c 和 $\ln\eta_{\gamma}/c$ 对 c 做图，得两条直线，外推至 $c=0$ 处，求出 $[\eta]$。

③ 由 $[\eta]=K\overline{M}^{\alpha}$ 计算 $\overline{M}$，对于聚苯乙烯的苯溶液，25℃，$K=1.14\times10^{-4}$，$\alpha=0.73$。

表 2-2　不同组溶液的流出时间及黏度记录表

<table>
<tr><th colspan="2" rowspan="2"></th><th colspan="4">流出时间/s</th><th rowspan="2">η_{γ}</th><th rowspan="2">$\ln\eta_r$</th><th rowspan="2">η_{sp}</th><th rowspan="2">η_{sp}/c</th><th rowspan="2">$\ln\eta_r/c$</th></tr>
<tr><th>t_1</th><th>t_2</th><th>t_3</th><th>$\bar{t}$</th></tr>
<tr><td rowspan="5">浓度</td><td>$c_0=1$</td><td></td><td></td><td></td><td></td><td colspan="5">—</td></tr>
<tr><td>$c_1=2/3$</td><td></td><td></td><td></td><td></td><td></td><td></td><td></td><td></td><td></td></tr>
<tr><td>$c_2=1/2$</td><td></td><td></td><td></td><td></td><td></td><td></td><td></td><td></td><td></td></tr>
<tr><td>$c_3=1/3$</td><td></td><td></td><td></td><td></td><td></td><td></td><td></td><td></td><td></td></tr>
<tr><td>$c_4=1/4$</td><td></td><td></td><td></td><td></td><td></td><td></td><td></td><td></td><td></td></tr>
</table>

六、注意事项

① 由于乌氏黏度计 B 管中部有一个特别细的毛细管，容易发生堵塞导致实验失败，所以应注意在使用前一定疏通好黏度计的毛细管，同时避免在操作过程中引入灰尘或者水滴。

② 乌氏黏度计 C 管是一根中空管，在用洗耳球进行混合液体操作中特别容易发生倒吸，一定注意防止。

③ 本实验所用的求 [η] 的方法称为外推法，结果较为可靠。但在实际工作中，往往由于试样少，或者要测定大量同品种的试样，可采用“一点法”，即在一个浓度下测定 η_{sp}，直接计算出 [η] 值。

七、提问与思考

① 乌氏黏度计中的支管 C 有什么作用？除去支管 C 是否仍可以测黏度？

② 毛细管粗或细各有什么优缺点？

③ 评价黏度法测定聚合物分子量的优缺点，指出影响测定结果准确性的因素。

实验四　双液系的气-液平衡相图的绘制

一、实验目的

① 绘制在 $p^{\ominus}$ 下苯-乙醇双液系的气-液平衡相图，了解相图和相率的基本概念。

② 掌握测定二组分液体的沸点及正常沸点的方法。

③ 掌握用折光率确定二组分液体组成的方法。

二、实验原理

1. 气-液相图

液体的沸点是指液体的蒸气压与外界压力相等时的温度。单组分液体在一定外压下的沸点为一定值，把两种完全互溶的挥发性液体（组分 A 和 B）混合的二组分体系称为双液系；两组分若能按任意比例互相溶解，称为完全互溶双液系。在一定温度下平衡共存的气、液两相组成通常并不相同。根据相律的计算公式：

$$自由度=组分数-相数+2$$

因此，一个气液共存的二组分体系，其自由度为 2。因此在恒压下将溶液蒸馏，测定馏出物（气相）和蒸馏液（液相）的组成，就能找出平衡时气、液两相的成分并绘出 T-x 图。

苯-乙醇这一双液系基本接近于理想溶液。但大多数的实际体系与拉乌尔（Raoult）定律有一定的偏差，偏差不大时温度-组分相图与苯-乙醇相图相似，溶液的沸点介于两纯物质的沸点之间，但是，有些体系偏差很大，以致其相图出现极值。正偏差大的体系在 T-x 图上呈现极小值，负偏差很大时则会有极大值。这样的极值称为恒沸点，其气、液两相的组成相同。苯-乙醇这一双液系具有最低恒沸点。如图 2-7、图 2-8 所示。

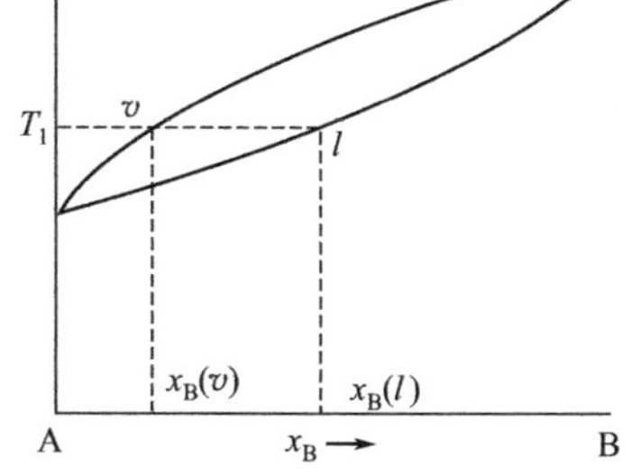

图 2-7 简单的 T-x 图

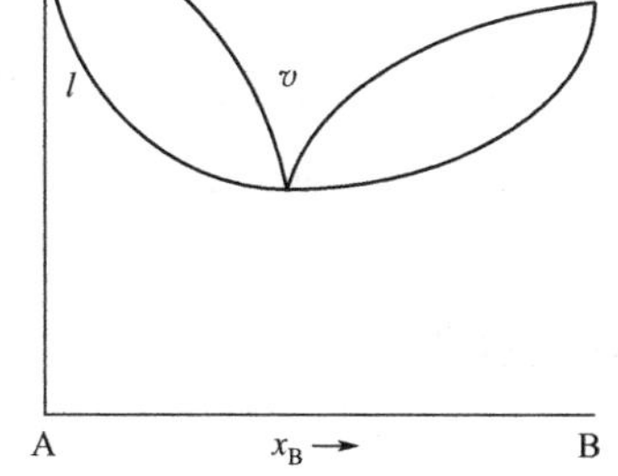

图 2-8 具有最低恒沸点的 T-x 图

通常，测定一系列不同配比溶液的沸点及气、液两相的组成，就可绘制气-液体系的相图。压力不同时，双液系相图将略有差异。本实验要求将外压校正到一个大气压力（101.325kPa）。

2. 沸点测定仪

本实验所用沸点测定仪是一只带回流冷凝管的长颈圆底烧瓶。冷凝管底部有一半球形小室，用于收集冷凝下来的气相样品。电流经变压器和粗导线通过浸于溶液中的电热丝，这样既可减少溶液沸腾时的过热现象，还能防止暴沸。

3. 组成分析

本实验选用苯-乙醇双液系，两者折光率相差颇大，而折光率测定只需要少量样品，所以可用折光率-组成工作曲线来测得平衡体系的两相组成。

三、实验仪器与试剂

(1) 实验仪器

① 沸点测定仪，1 只；

② 长滴管，10 只；

③ 调压变压器，1 只；

④ 数字式 Abbe 折光仪，1 台；

⑤ 超级恒温槽，1 台；

⑥ 玻璃漏斗，1 只。

(2) 实验试剂

① 丙酮（分析纯）；

② 苯（分析纯）；

③ 乙醇（分析纯）；

④ 蒸馏水。

实验室预先配制苯-乙醇系列溶液，以乙醇摩尔分数计大约为 5%、10%、20%、40%、60%、70%、85%、95%。

四、实验步骤

① 打开冷却水。

② 打开超级恒温槽，调节温度为 25℃。

③ 将沸点测定仪加热装置连接好（见图 2-9），向沸点测定仪中加入待测样品，加入量应淹没白瓷管 2cm 左右。加热样品时电压调节在 13V 左右，待温度稳定2～3min 后（气相样品足够用）记录温度（沸点）；关闭加热装置，用滴管取气

相样品测定折光率 3 次；再取液相样品，测定折光率 3 次。

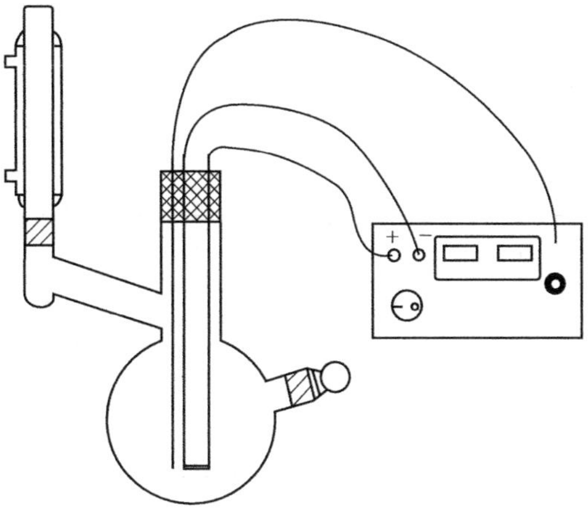

图 2-9 双液系二组分气-液相图实验装置

注意：在温度稳定以前，不能打开任何一个活塞，因为样品组成易变化。

④ 更换沸点测定仪中的样品时，为避免折断沸点测定仪，应先取下冷凝管，从侧口倒出样品，然后用漏斗加入下一个样品。

⑤ 从 5%～95%依次测量样品的沸点和气、液相组成，最后用蒸馏水校正折光仪，但蒸馏水不需要测定沸点。

五、数据记录与处理

(1) 记录实验数据 分别如表 2-3、表 2-4 所列。

表 2-3 乙醇的工作曲线数据

折光率	1.4970	1.4820	1.4690	1.4375	1.4245	1.4104	1.3962	1.3710	1.3590
乙醇的百分含量/%	0	10.0	18.5	40.0	50.0	60.0	70.0	89.9	100.0

表 2-4 苯-乙醇样品的沸点及折光率数据表

室温： ℃ 大气压： kPa

粗略的乙醇组分(x)/%	沸点/℃	ΔT/K	$T_{正常}$/K	n_D^{25}(g)			x_g/%	n_D^{25}(l)			x_l/%
				n_g	$\overline{n}_g$	$n_{g校正}$		n_l	$\overline{n}_l$	$n_{l校正}$	
纯苯											
5											

续表

粗略的乙醇组分(x)/%	沸点/℃	ΔT/K	$T_{正常}$/K	n_D^{25}(g)			x_g/%	n_D^{25}(l)			x_l/%
				n_g	$\overline{n}_g$	$n_{g校正}$		n_l	$\overline{n}_l$	$n_{l校正}$	
10											
20											
40											
60											
70											
85											
95											
乙醇											

注：表中 ΔT—溶液沸点的压力校正值；$T_{正常}$—溶液的正常沸点；n_D^{25}(g)—25℃气相样品的折光率；n_D^{25}(l)—25℃液相样品的折光率；x_g—气相样品中乙醇的质量分数；x_l—液相样品中乙醇的质量分数。

（2）绘制乙醇的工作曲线。

（3）温度校正　在 $p^{\ominus}$ 下测得的沸点称为正常沸点，通常外界压力并不恰好等于101.325kPa，因此对实验测定的值作压力校正。校正公式从特鲁顿（Trouton）规则及克劳修斯-克拉佩龙（Clausius-Clapeyron）方程推导得出，对实验测得的温度进行校正。

$$\Delta t_{压}/\mathrm{K}=\frac{(273.15+t_A/℃)}{10}+\frac{(101325-p/\mathrm{Pa})}{101325}$$

$$T_{正常}=t_A+273.15+\Delta t_{压}$$

式中　$\Delta t_{压}$——沸点压力校正值；

t_A——实验测定溶液的沸点；

p——实验室大气压强；

$T_{正常}$——溶液的正常沸点。

（4）根据测定的折光率，在乙醇的工作曲线上找到相应的乙醇的百分含量，将苯、乙醇及系列溶液的沸点和气液两相组成列表绘制苯-乙醇的温度-组成相图。从图中可以确定苯-乙醇双液系的最低恒沸点和恒沸物组成。

六、提问与思考

① 在测定恒沸点时，溶液过热或者出现分馏现象，将会使相图图形发生什么变化？

② 为什么工业上常生产95%酒精？只用精馏含水酒精的方法是否可能获得无水酒精？

③ 讨论本实验的主要误差来源。

实验五　燃烧热的测定

一、实验目的

① 掌握燃烧热的定义，了解恒压燃烧热和恒容燃烧热的差别及相互关系。

② 了解氧弹量热计的结构及各部分作用，掌握氧弹量热计的使用方法。

③ 用氧弹量热计测定苯甲酸和萘的燃烧热。

④ 学会雷诺图解法校正温度改变值。

二、实验原理

1. 燃烧热与量热

（1）燃烧热　根据热化学的定义，1mol 物质完全氧化时的反应热称作燃烧热。所谓完全氧化，对燃烧产物有明确规定，如有机化合物中的碳氧化成一氧化碳不能认为是完全氧化，只有氧化成二氧化碳才是完全氧化。

燃烧热的测定除了有其实际应用价值外，还可以用于求算化合物的生成热、键能等。

（2）量热　量热法是热力学的一种基本实验方法。在恒容或恒压条件下可以分别测得恒容燃烧热 Q_v 和恒压燃烧热 Q_p。由热力学第一定律可知，Q_v 等于体积内能变化 ΔU；Q_p 等于其焓变 ΔH。若把参加反应的气体和反应生成的气体都作为理想气体处理，则它们之间存在以下关系：

$$\Delta H=\Delta U+\Delta(pV) \tag{2-18}$$

$$Q_p=Q_v+\Delta nRT \tag{2-19}$$

式中　Δn——反应前后反应物和生成物中气体的物质的量之差；

R——摩尔气体常数；

T——反应时的热力学温度。

2. 氧弹热量计

本实验所使用的氧弹热量计是一种环境恒温式的热量计。

氧弹热量计的基本原理是能量守恒定律。样品完全燃烧后所释放的能量使得氧弹本身及其周围的介质和热量计有关的附件温度升高，则测量介质在燃烧前后体系温度的变化值，就可求算该样品的恒容燃烧热。其关系式如下：

$$-\frac{n_{样}}{M}Q_v-lQ_l=(m_{水}C_{水}+C_{计})\Delta T \tag{2-20}$$

式中　$m_{样}$——样品的质量；

M——样品的摩尔质量；

Q_v——样品的恒容燃烧热；

l——引燃用的铁丝的长度；

Q_l——引燃用的铁丝单位长度的燃烧热；

$m_{水}$——水的质量；

$C_{水}$——水的比热容；

$C_{计}$——热量计的水当量（除水之外热量计每升高 1K 所需的热量）；

ΔT——样品燃烧前后水温的变化值。

为了保证样品完全燃烧，氧弹中必须充以高压氧气或其他氧化剂。因此氧弹应有很好的密封性，耐高压且耐腐蚀。氧弹应放在一个与室温一致的恒温套壳中。盛水桶与套壳之间有一高度抛光的挡板，以减少热辐射和空气的对流。

用雷诺校正图（温度-时间曲线，见图 2-10）确定实验中的 ΔT。

如图 2-10 所示，图中 b 点相当于开始燃烧的点，c 为观察到的最高点的温度读数，做相当于环境温度的平行线 TO，于 T-t 线相交于 O 点；过 O 点做垂直线 AB，此线与 ab 线和 cd 线的延长线交于 E、F 两点，则 E 点和 F 点所表示的温度差即为欲求温度的升高值 ΔT。图 2-10 中 EE' 为开始燃烧到温度升至环境温度这一段时间 Δt_1 内，因环境辐射和搅拌引起的能量造成量热计温度的升高，必须扣除。FF' 为温度由环境温度升到最高温度 c 这一段时间 Δt_2 内，量热计向环境辐射出能量而造成的温度降低，故需添上，由此可见 E、F 两点的温度差较客观地表示了样品燃烧后使量热计温度升高的值。

有时量热计绝热情况良好，热漏小，但由于搅拌不断引进少量能量，使燃烧后最高点不出现，如图 2-10(b) 所示，这时 ΔT 仍可按相同原理校正。

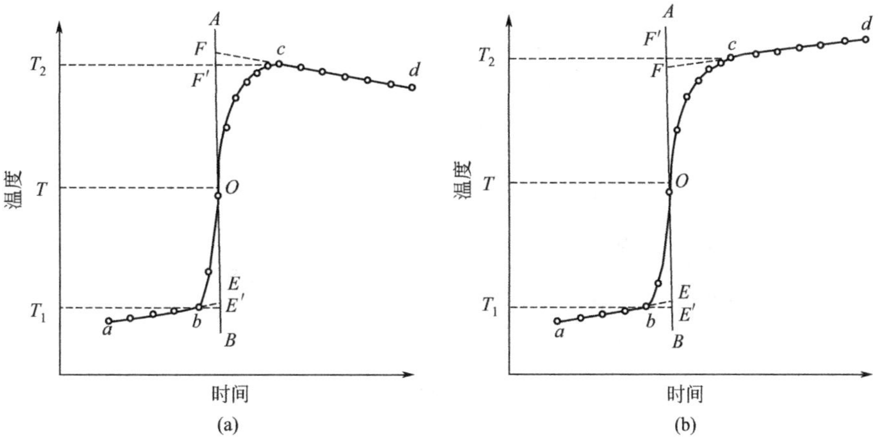

图 2-10 雷诺校正图

三、实验仪器与试剂

(1) 实验仪器

① 氧弹量热计（GQ3500），1 套；

② 压片机，1 台；

③ 氧气钢瓶，1 只；

④ 贝克曼温度计，1 支；

⑤ 燃烧丝（铜镍合金），50cm。

(2) 实验试剂

① 苯甲酸（分析纯），5g；

② 萘（分析纯），5g。

四、实验步骤

(1) 全过程采用计算机辅助实验，贝克曼温度计换用 SWJ-Ⅱd 精密数字温度温差仪，并使用 SHR-15 燃烧热的实验装置。

(2) 氧弹充氧气时间约为 3min。

(3) 苯甲酸的燃烧热及温度的测量，实验装置如图 2-11 所示。

① 将氧弹放于测量筒中，将点火电极与氧弹接好，加入 3000mL 的水，盖上盖子，小心放入温度传感器，打开精密数字温度温差仪的电源和氧弹热量计面板上的电源开关，开启搅拌开关，进行搅拌。此时，电源灯、搅拌灯和点火灯都亮。

图 2-11　燃烧热测定的实验装置

② 打开计算机上的测定燃烧热的应用程序，并设定好通讯串口和采样的时间。其中，通讯串口左手为 COM1，右手为 COM2；采样时间为 10s。

③ 水温基本稳定后，将温差计“采零”并“锁定”。同时在应用程序界面上点下开始绘图按钮。大约 7～8min 后，按下“点火”按钮，“点火灯”熄灭。样品开始燃烧，水温上升很快，表明点火成功。当温度升至小于 0.002℃时（大约 20min），按下“停止绘图”。记录下第一、二段校正曲线的起始点和终止点的编号和中间温度。

④ 按下“水当量计算”，依次输入燃烧丝长度（本实验为 10cm）、样品的质量、燃烧丝系数（本实验为－4.1J/cm，注意应输入 4.1）、棉线的质量（0g）和系数（0J/g）、样品的恒容燃烧热（本实验为 26460J/g）。在弹出的对话框中输入所记录下第一、二段校正曲线的起始点和终止点的编号和中间温度，对温度进行校正后可以得到水当量。按下“保存”，起名后保存于给定电脑的位置上。按下“清除”，清除上述数据。

⑤ 称取 0.6g 左右（不超过 0.7g）已干燥的萘，代替苯甲酸，同上述步骤测定萘的燃烧热。等到图线完成后，按下“燃烧热计算”，依次输入燃烧丝长度（本实验为 10cm）、样品的质量、燃烧丝系数（本实验为－4.1J/cm，注意应输入 4.1）、棉线的质量（0g）和系数（0J/g）、样品摩尔质量（128.2g/mol）、室温（单位为℃，程序进行换算）、反应前后物质的量变化 ΔN（本实验应输入－2）。同前，再输入所记录下第一、二段校正曲线的起始点和终止点的编号和中间温度可以得到待测物的燃烧热。

(4) 将温差计“采零”或正式测量后一定要“锁定”。

五、数据记录与处理

（1）实验数据记录 如表 2-5 所列。

表 2-5 苯甲酸和萘的燃烧热测定实验数据表

样品	质量/g	第一段校正曲线		中间温度/℃	第二段校正曲线	
		起始点	终止点		起始点	终止点
苯甲酸						
萘						

苯甲酸的燃烧热为−26460J/g，引燃燃烧丝的燃烧热值−4.1J/cm。

（2）做苯甲酸和萘燃烧的雷诺校正图，由 ΔT 计算水当量和萘的恒容燃烧热 Q_v，并计算其恒压燃烧热 Q_p。

六、注意事项

① 试样在氧弹中燃烧产生的压力可达 14MPa，因此在使用后将氧弹内部擦干净，以免引起弹壁腐蚀，降低其强度。

② 氧弹、量热容器、搅拌器在使用完毕后，应用干布擦去水迹，保持表面清洁干燥。

③ 氧气遇油脂会爆炸，因此氧气减压器、氧弹以及氧气通过的各个部件、各连接部分不允许有油污，更不允许使用润滑油。如发现污垢，应用乙醚或其他有机溶剂清洗干净。

④ 坩埚在每次使用后，必须清洗和除去碳化物，并用纱布清除黏着的污点。

七、提问与思考

① 固体样品为什么要压成片状？

② 在量热学测定中，还有哪些情况可能需要用到雷诺校正方法？

实验六 最大泡压法测定溶液的表面张力

一、实验目的

① 了解表面张力的性质，表面自由能的意义以及表面张力和吸附的关系。

② 掌握用最大泡压法测定表面张力的原理和技术。

③ 测定不同浓度正丁醇-水溶液的表面张力，计算表面吸附量和正丁醇分子的横截面积。

二、实验原理

1. 表面自由能

从热力学观点看，液体表面缩小是一个自发过程，这是使体系总的自由能减小的过程。如欲使液体产生新的表面 ΔA，则需要对其做功。功的大小应与 ΔA 成正比：

$$-W=\sigma\Delta A \tag{2-21}$$

式中 σ——液体的表面自由能，亦称表面张力 J/m^2，其表示液体表面自动缩小趋势的大小，其量值与液体的成分、溶质的浓度、温度及表面气氛等因素有关。

2. 溶液的表面吸附

纯物质表面层的组成与内部的组成相同，因此纯液体降低表面自由能的唯一途径是尽可能缩小其表面积。对于溶液，由于溶质能使溶剂表面张力发生变化，因此可以调节溶质在表面层的浓度来降低表面自由能。

根据能量最低原则，当表面层溶质比溶液内部大时，溶质能降低溶剂的表面张力；反之，表面层中溶质的浓度比内部的浓度低时，溶质使溶剂的表面张力升高。这种表面浓度与溶液内部浓度不同的现象叫作溶液的表面吸附。显然，在指定的温度和压力下，溶质的吸附量与溶液的表面张力及溶液的浓度有关，从热力学方法可知它们之间的关系遵守吉布斯（Gibbs）吸附方程：

$$\Gamma=-\frac{c}{RT}\left(\frac{d\sigma}{dc}\right)_T \tag{2-22}$$

式中 Γ——表面吸附量，mol/m^2；

T——热力学温度，K；

c——稀溶液浓度，mol/dm^3；

R——摩尔气体常数。

式(2-22) 中，$\left(\frac{d\sigma}{dc}\right)_T<0$ 则 Γ 为正吸附；$\left(\frac{d\sigma}{dc}\right)_T>0$ 则 Γ 为负吸附。本实验测定正吸附情况。

有些物质溶入溶剂后能使溶剂的表面张力显著降低，这类物质被称为表面活性物质。表面活性物质具有显著的不对称结构，它们是由亲水的极性基团和憎水的非极性基团构成的。对于有机化合物来说，表面活性物质的极性部分一般为—NH_3^+、—OH、—SH、—COOH、—SO_2OH 等。正丁醇就属于这样的化合物。它们在水溶液表面排列的情况随其浓度不同而异，如图 2-12 所示。浓度低时，分子可以平躺在表面上；浓度增大时，分子的极性基团取向溶液内部，而非极性基团基本上取向空间；当浓度增至一定程度，溶质分子占据了所有表面，就形成了饱和吸附层。

3. 做σ-c 曲线图

以表面张力对浓度做图，可以得到 σ-c 曲线，如图 2-13 所示。从图中可以看出，在开始时表面张力随浓度增加而迅速下降，以后的变化比较缓慢。在 σ-c 曲线上任选一点 i 做切线，即可得到该点所对应浓度 c_i 的斜率 $(\mathrm{d}\Gamma/\mathrm{d}c_i)_T$。再由式(2-22) 可求得不同浓度下的 Γ 值。

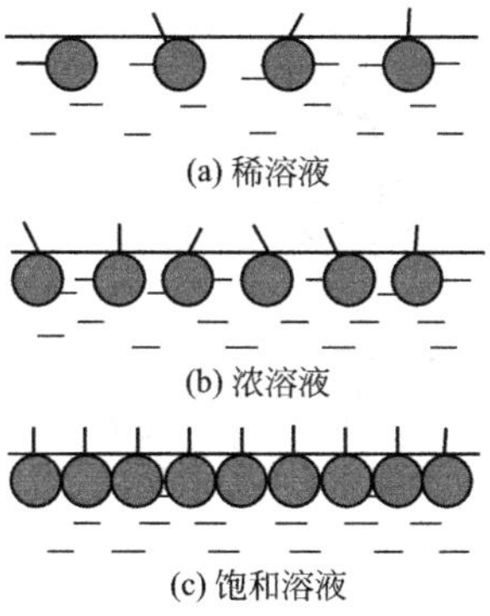

图 2-12 表面活性物质分子在水溶液表面的排列情况示意

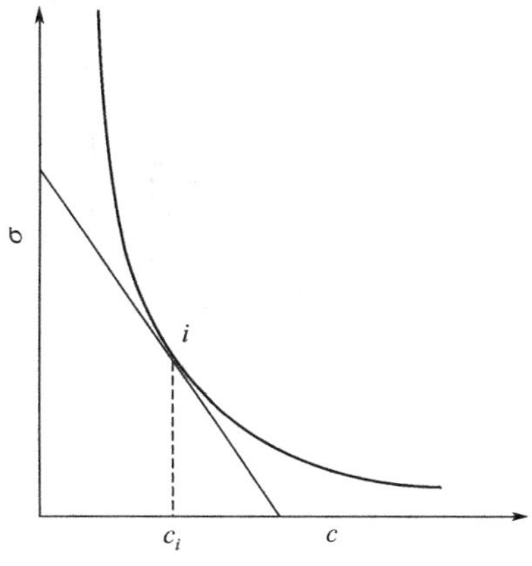

图 2-13 表面张力与浓度的关系

4. 饱和吸附与溶质分子的横截面积

吸附量 Γ 与浓度 c 之间的关系，可以用朗谬尔（Langmuir）吸附等温式表示：

$$\Gamma=\Gamma_\infty\frac{Kc}{1+Kc} \tag{2-23}$$

式中 Γ_∞——饱和吸附量；

K——常数。

将式(2-23) 取倒数可得：

$$\frac{c}{\Gamma}=\frac{c}{\Gamma_\infty}+\frac{1}{K\Gamma_\infty} \tag{2-24}$$

如做$\frac{c}{\Gamma}$-c 图，则图中直线斜率的倒数即为 Γ_∞。

如果以 N 代表 $1m^3$ 表面上溶质的分子数，则有：

$$N=\Gamma_{\infty}L \tag{2-25}$$

式中 L——阿伏伽德罗常数。

由此可得每个溶质分子在表面上所占据的横截面积为：

$$\sigma_B=\frac{1}{\Gamma_{\infty}L} \tag{2-26}$$

因此，若测得不同浓度溶液的表面张力，从 σ-c 曲线上求出不同浓度的吸附量 Γ，在从 $\frac{c}{\Gamma}$-c 直线上求出 Γ_{∞}，便可计算出溶质分子的横截面积 σ_B。

5. 最大泡压法

测定表面张力的方法很多，本实验用最大泡压法测定正丁醇水溶液的表面张力，实验装置如图 2-14 所示。

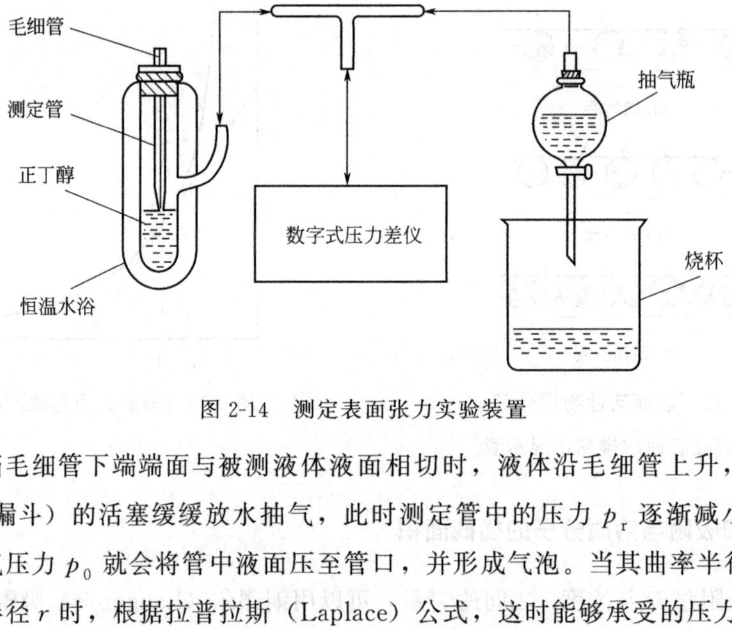

图 2-14　测定表面张力实验装置

当毛细管下端端面与被测液体液面相切时，液体沿毛细管上升，打开抽气瓶（滴液漏斗）的活塞缓缓放水抽气，此时测定管中的压力 p_r 逐渐减小，毛细管中的大气压力 p_0 就会将管中液面压至管口，并形成气泡。当其曲率半径恰好等于毛细管半径 r 时，根据拉普拉斯（Laplace）公式，这时能够承受的压力差为最大：

$$\Delta p_{max}=p_0-p_r=\frac{2\sigma}{r} \tag{2-27}$$

随着放水抽气，大气压力将把该气泡压出管口。曲率半径再次增大，此时气泡表面膜所能承受的压力差必然会减少，而测定管中的压力差却在进一步加大，所以立即导致气泡的破裂。最大压力差 Δp_{max} 可用数字式压力差仪直接读出。

将 Δp_{max} 代入式（2-27）即得：

$$\sigma=\frac{r}{2}\Delta p_{max} \tag{2-28}$$

可用已知表面张力的物质确定。用同一根毛细管测定未知的表面张力 σ_1 时，可用下列公式计算：

$$\sigma_1=\frac{r}{2}\Delta p_1=K'\Delta p_1 \tag{2-29}$$

式中 K'——毛细管常数。

三、实验仪器与试剂

（1）实验仪器

① 表面张力测定装置，1 套；

② 恒温水槽，1 台；

③ 数字式压力差仪，1 台；

④ 烧杯（50mL），1 只。

（2）实验试剂 正丁醇水溶液（0.02mol/dm^3、0.05mol/dm^3、0.10mol/dm^3、0.15mol/dm^3、0.20mol/dm^3、0.25mol/dm^3、0.30mol/dm^3、0.40mol/dm^3、0.50mol/dm^3）。

四、实验步骤

（1）调节恒温水浴至 25℃。

（2）测定毛细管常数 将玻璃器皿认真洗涤干净，在测定管中注入蒸馏水，使管内液面刚好与毛细管口接触，置于恒温水浴内恒温 10min。毛细管须保持垂直并注意液面位置，然后按图 2-14 接好测量系统；慢慢打开抽气瓶活塞，注意气泡形成的速率应保持稳定，通常控制在 8～12 个气泡/min 为宜；读取数字式压力差仪的读数，读数 3 次，取平均值。

（3）测定正丁醇水溶液的表面张力 按照上面的实验步骤（2）分别测量不同浓度的正丁醇水溶液。从稀到浓依次进行。每次测量前必须用少量被测溶液洗涤测定管，尤其是毛细管部分，确保毛细管内外溶液的浓度一致。

五、数据记录与处理

（1）数据记录 如表 2-6 所列。

（2）计算毛细管常数 K'，纯水的表面张力见书后附录二附表 2-15。

（3）根据式(2-29)，分别计算不同浓度正丁醇水溶液的表面张力，填入

表 2-6中。

表 2-6　正丁醇水溶液的表面张力

浓度/(mol/dm³)	0	0.02	0.05	0.10	0.15	0.20	0.25	0.30	0.40	0.50
Δp/mmH_2O										
$\Delta\overline{p}$/mmH_2O										
σ/(10^{-3}N/m)										

注：$1mmH_2O=9.80665Pa$。

（4）做 σ-c 图，并在曲线上取 10 个点，用镜像法分别做出每个点的切线（用镜子先做该点的法线，然后做法线的垂线，即该点的切线），并求得对应的斜率；并由式(2-27) 计算各浓度的吸附量，结果填入表 2-7 中。

表 2-7　正丁醇浓度及饱和吸附量数据表

浓度/(mol/dm³)	0.02	0.05	0.10	0.15	0.20	0.25	0.30	0.40	0.50
$\frac{d\sigma}{dc}$/(10^{-4}N·m²/mol)									
$\frac{c}{\Gamma}$/(10^{-6}mol/m²)									
$\frac{c}{\Gamma}$/m									

（5）做出 $\frac{c}{\Gamma}$-c 图，得到一条直线，由直线斜率求取 Γ_∞，并根据式(2-26) 计算 σ_B 值。

六、注意事项

① 实验过程中一定控制好“管内液面与毛细管口相切”，这是决定实验成败的关键。因为最大压差实际测定的是毛细管内外压差，如果毛细管口没有切上，则无法产生压差，如果毛细管口深入液面以下，则 Δp 中多出液面高度产生的额外压差，不仅干扰实验结果还会影响气泡的产生。

② 做好本实验的关键在于玻璃器皿必须洗涤清洁，毛细管应保持垂直，其端部应平整，溶液恒温后，体积会略有变化。

③ 实验测得各种直链醇的横截面积为 0.274～0.289nm²。

七、提问与思考

① 在测量中，如果抽气速率过快，对测量结果有何影响？

② 如果将毛细管末端悬空或者插入溶液内部进行测量可以吗？为什么？

③ 本实验中为什么要读取最大压力差？

④ 表面张力中玻璃器皿的清洁与否与温度的不恒定对测量数据有何影响？

实验七　纯液体饱和蒸气压的测量

一、实验目的

① 明确纯液体饱和蒸气压的定义和气液两相平衡的概念，深入了解纯液体饱和蒸气压和温度的关系——克劳修斯-克拉佩龙方程式。

② 用数字压力计测定不同温度下四氯化碳的饱和蒸气压，初步掌握低真空实验技术。

③ 学会用图解法求被测液体在实验温度范围内的平均摩尔汽化热与正常沸点。

二、实验原理

一定温度下，与纯液体处于平衡状态时的蒸气压力，称为该温度下的饱和蒸气压。这里的平衡状态是指动态平衡。在某一温度下，被测液体处于密闭真空容器中，液体分子从表面逃逸成蒸气，同时蒸气分子因碰撞而凝结成液相，当两者速率相同时就达到了动态平衡。此时气相中的蒸气密度不再改变，因而具有一定的饱和蒸气压。

纯液体的蒸气压是随温度变化而改变的，它们之间的关系可用克劳修斯-克拉佩龙（Clausius-Clapeyron）方程式来表示：

$$\frac{\mathrm{d}\ln\{p^*\}}{\mathrm{d}T}=\frac{\Delta_{\mathrm{vap}}^{\ominus}H_{\mathrm{m}}}{RT^2} \tag{2-30}$$

式中　p^*——纯液体在温度 T 时饱和蒸气压数值；

T——热力学温度；

$\Delta_{\mathrm{vap}}^{\ominus}H_{\mathrm{m}}$——液体摩尔汽化热；

R——摩尔气体常数。

如果温度变化范围不大，$\Delta_{\mathrm{vap}}^{\ominus}H_{\mathrm{m}}$ 视为常数，可当作平均摩尔汽化热。将式（2-30）积分得：

$$\ln\{p^*/[p]\}=\frac{-\Delta_{\mathrm{vap}}^{\ominus}H_{\mathrm{m}}}{RT}+c \tag{2-31}$$

式中 c——积分常数，与压力 p^* 的单位有关。

由式(2-31) 可知，在一定温度范围内，测定不同温度下的饱和蒸气压，以 $\ln\{p^*/[p]\}$对 $1/T$ 做图，可得一条直线。由该直线的斜率可求得实验温度范围内液体的平均摩尔汽化热。当外压为 101.325kPa 时，液体的饱和蒸气压与外压相等时的温度称为该液体的正常沸点。从所做图中可求得其正常沸点。

本实验采用静态法，即将被测物质放在一个密闭的体系中，在不同温度下直接测量其饱和蒸气压，在不同外压下测量相应的沸点。此法适用于蒸气压比较大的液体。

三、实验仪器与试剂

(1) 实验仪器

① 饱和蒸气压测定装置，1 套；

② 恒温水浴，1 套；

③ 数字压力计，1 台；

④ 真空泵，1 台。

(2) 实验试剂　四氯化碳（分析纯）。

四、实验步骤

(1) 本实验测定四氯化碳的蒸气压，不做露茎校正。

(2) 按照装置图 2-15 安装好实验仪器。打开冷却水，接通数字压力计电源，打开平衡阀 1、平衡阀 2 和进气阀，使压力传感器通大气；按下采零键，以消除仪表系统的零头漂移，此时 LED 显示“0000”。

(3) 抽真空　关闭玻璃缓冲瓶活塞，然后打开玻璃三通阀，关闭平衡阀 1，接着打开缓冲储气罐上的进气阀和平衡阀 2；接通真空泵电源，开始抽真空，抽至压力计的读数至－75kPa 左右；先关闭缓冲储气罐的进气阀和平衡阀 2，然后关闭玻璃三通阀，打开玻璃缓冲瓶活塞通大气，这一步是防止泵油倒吸的，最后关闭真空泵电源。

(4) 调节恒温水浴温度为 25℃，调节平衡阀 1，使 b、c 管液面相平；关闭平衡阀 1，读取温度和压力值。同理测定其他温度下的饱和蒸气压。注意升温过程中要不断调节平衡阀 1，增加压强，既要防止暴沸又不能使空气倒灌。升到设定温度后，保持 3min 左右，即可测定饱和蒸气压，每个温度都应保持基本相同的时间读数，以减小测量误差。

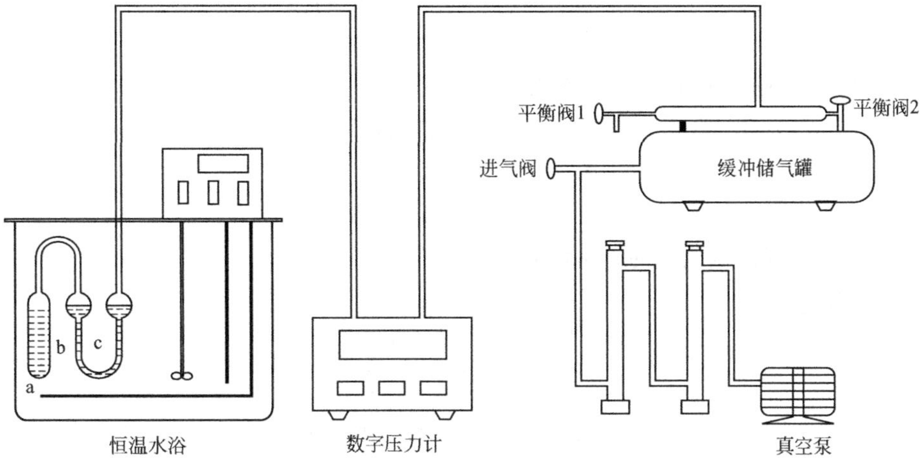

图 2-15 饱和蒸气压测定装置图

(5) 实验结束后，打开进气阀、平衡阀 2、平衡阀 1，释放缓冲储气罐中的压力，使系统处于常压下备用；取出样品管，待其恢复室温后关闭冷却水。

五、数据记录与处理

① 记录实验测得的数字压力计的读数并计算四氯化碳在不同温度下的平衡压力值（见表 2-8），并做 p^*-T 图。

表 2-8 数字压力计的读数及四氯化碳在不同温度下的平衡压力值数据表

t/℃	25	30	35	40	45	50
T/K						
$p_{读数}$/kPa						
$p^*=(p_0+p_{读数})$/kPa						

② 从 p^*-T 图上均匀地取 10 个点，数据记录在表 2-9 中，根据结果做 $\ln p^*$-$1/T$ 图。

表 2-9 从 p^*-T 图中取 10 个点的数据表

T/K										
p^*/kPa										
$T/10^{-3}$K										
$\ln p^*$										

③ 从 $\ln p^*$-$1/T$ 图中取 2 个点的坐标值计算直线的斜率 k 及四氯化碳摩尔汽化热 $\Delta_{vap}^{\ominus}H_m$。

因为

$$\ln\{p^*/[p]\}=\frac{-\Delta_{vap}^{\ominus}H_m}{RT}+c \quad (2\text{-}32)$$

所以直线 $\ln p^*$-$1/T$ 图的斜率为：

$$k=\frac{\Delta_{vap}^{\ominus}H_m}{R} \quad (2\text{-}33)$$

$$\Delta_{vap}^{\ominus}H_m=-Rk \quad (2\text{-}34)$$

④ 计算四氯化碳的正常沸点。

首先计算 c 值

$$c=\ln p^*+\frac{\Delta_{vap}^{\ominus}H_m}{RT} \quad (2\text{-}35)$$

当 $p^*=p^{\ominus}$ 时，在直线 $\ln p^*$-$1/T$ 上任取一点，将其坐标值代入式(2-36)，计算出四氯化碳的正常沸点。

$$T_{沸}=\frac{\Delta_{vap}^{\ominus}H_m}{R(c-\ln p^{\ominus})} \quad (2\text{-}36)$$

六、注意事项

① 测定前，必须将 a、b 管中的空气驱干净。

② 整个实验过程中，要严防空气倒灌，否则实验要重做。

③ 停止抽真空时，应先使真空泵通大气（防止泵油的倒灌），然后切断电源。实验结束时，应缓慢地将平衡阀 1 打开，使系统通大气，然后关闭冷却水，使实验装置复原。

七、提问与思考

① 为什么要检查装置是否漏气？系统漏气或脱气不干净会对实验结果产生什么影响？

② 使用真空泵时应注意哪些问题？

实验八　二组分固-液相图的绘制

一、实验目的

① 了解固-液相图的基本特点。

② 用热分析方法绘制铅-锡二组分金属相图。

二、实验原理

1. 二组分固-液相图

人们常用图形来表示体系的存在状态与组成、温度、压力等因素的关系。以体系所含物质的组成为自变量，温度为应变量所得到的 T-x 图是常见的一种相图。二组分相图已经得到广泛的研究和应用。固-液相图多应用于冶金、化工等部门。

二组分体系的自由度与相的数目有以下关系：

$$自由度=组分数-相数+2 \tag{2-37}$$

由于一般的相变均在常压下进行，所以压力 p 一定，因此以上的关系式变为：

$$自由度=组分数-相数+1 \tag{2-38}$$

又因为一般物质其固、液两相的摩尔体积相差不大，所以固-液相图受外界压力的影响颇小。这是它与气-液平衡体系最大的差别。

图 2-16 以邻硝基氯苯、对硝基氯苯为例表示有最低共熔点相图的构成情况：高温区为均匀的液相；下面是三个两相共存区，至于两个互不相溶的固相 A、B 和液相 L 三相平衡共存现象则是固-液相图所特有的。从式(2-38) 可知，压力既已确定，在这三相共存的水平线上，自由度等于零。处于这个平衡状态下的温度 T_E、物质组成 A、B 和 x_E 都不可变。T_E 和 x_E 构成的这一点成为最低共熔点。

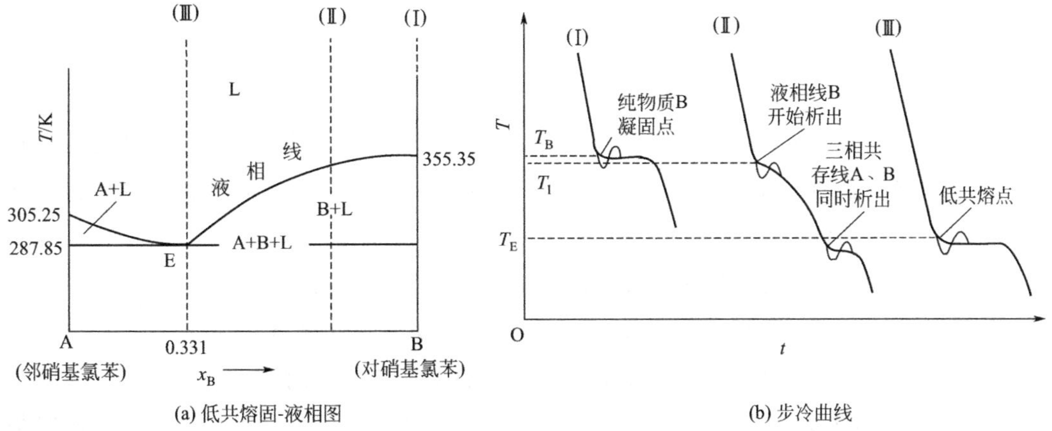

图 2-16　简单低共熔固-液相图及其步冷曲线示意

其他类型的固-液相图将在下面讨论。

2. 热分析法和步冷曲线

热分析法是相图绘制工作中常用的一种实验方法。按一定比例配成均匀的液相体系，让它缓慢冷却。以体系温度对时间做图，则为步冷曲线。曲线的转折点表征了某一温度下发生相变的信息。由体系的组成和相变点的温度作为 T-x 图上的一个点，众多实验点的合理连接就成了相图上的一些相线，并构成若干相区。这就是用热分析法绘制固-液相图的概要。

图 2-16(b) 为与图 2-16(a) 标示的三个组成相应的步冷曲线。曲线（Ⅰ）表示将纯 B 液体冷却至 T_B 时，体系温度将保持恒定，直到样品完全凝固。曲线上出现一个水平段后再继续下降。在一定压力下，单组分的两相平衡体系自由度为零，T_B 是定值。曲线（Ⅲ）具有最低共熔物的成分，该液体冷却时，情况与纯 B 体系相似。与曲线（Ⅰ）相比，其组分数由 1 变为 2，但析出的固相数也由 1 变为 2，所以 T_E 也是定值。

曲线（Ⅱ）代表了上述两组成之间的情况。设把一个组成为 x_1 的液相冷却至 T_1 时，即有 B 的固相析出。与前两种情况不同，这时体系还有一个自由度，温度将继续下降。不过，由于 B 的凝固所释放的热效应将使该曲线的斜率明显变小，在 T_1 处出现一个转折。

三、实验仪器与试剂

（1）实验仪器　SWKY-Ⅰ型数字控温仪，KWL-09 型可控升降温电炉。

（2）实验试剂　含锡 20%、40%、61.9%、80%的一组铅-锡样品。

四、实验步骤

（1）实验使用计算机辅助进行，温度使用 SWKY-Ⅰ型数字控温仪测定并通过串口与电脑通讯进行测定，加热使用的是 KWL-09 型可控升降温电炉。固-液相图实验测定装置如图 2-17 所示。

（2）每一组分别测定两种样品，两组共同使用所测得的实验数据。样品中含锡 20%和 61.9%为一组测定，含锡 40%和 80%为一组测定。

（3）将待测样品管放入加热炉中，将数字控温仪打开，设置终止温度为 400℃，点击数字控温仪上的“工作/置数”按钮，设置到“工作”状态，此时加热炉开始加热，应注意避免烫伤。

（4）在电脑上双击“金属相图多探头数据处理系统 V3.00”图标，此时，在屏幕上显示应用界面，然后点击“设置-通讯口-COM3”，并“设置-设置坐标系-填入合适的横、纵坐标”；再然后点击要记录数据的窗口，再点击“数据通讯-开始通讯”，弹出一个“实验参数”窗口；输入学生信息及样品信息，设置实验结束温

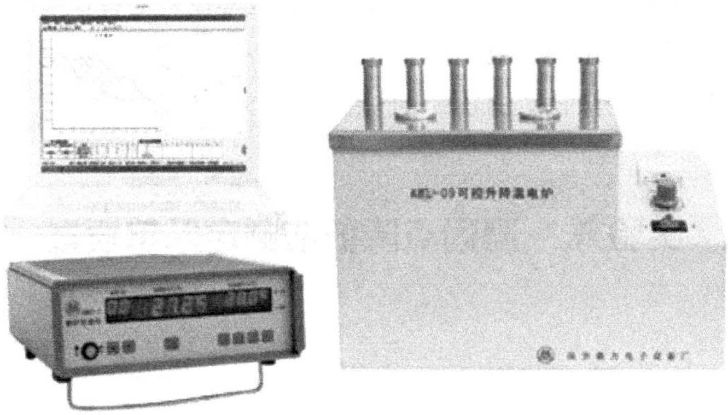

图 2-17 固-液相图实验测定装置

度，选择探头编号。

(5) 当数字控温仪上显示加热炉开始降温时，数字控温仪上的“工作/置数”按钮设置到“置数”状态，点击“实验窗口”中的“确定”，此时电脑开始绘图；当温度达到结束温度时，点击“数据通讯-停止通讯”，就可以得到样品的步冷曲线。点击“文件-保存”，输入文件名，选择保存的路径“D://”，点击“确定”。

(6) 用上述的方法测定两种样品，记录好实验数据。

(7) 样品步冷曲线绘完后，切换到“数据处理”窗口，点击“文件-打开”，依次打开刚刚保存的步冷曲线，在工具栏中选择曲线，用鼠标在相应的步冷曲线上找到拐点、最低共熔点温度，然后把数据输入“步冷曲线属性”表格对应的位置。

(8) 执行“数据处理-数据映射”命令，软件自动把曲线拐点、最低共熔点和样品百分比填到二组分合金相图数据表格中，纯 Sn 和纯 Pb 的温度手动输入表格中。

(9) 输入完成后，点击“数据处理-绘制相图”命令，弹出“绘制相图方式”窗口，选择简单二组分金属相图，点击“确定”，就可以得到相图。

(10) 执行“文件-保存”，输入文件名、路径，保存相图，然后点击“文件-打印”，得到实验数据。

五、注意事项

加热过程中，样品管的温度很高，不要直接用手接触，以免烫伤！

六、提问与思考

① 步冷曲线各段的斜率以及水平段与长短与哪些因素有关？

② 根据实验结果讨论各步冷曲线的降温速率控制是否得当？

③ 如果用差热分析法或差示扫描量热法来测绘相图，是否可行？

④ 试从实验方法比较测绘气-液相图和固-液相图的异同点。

实验九　凝固点降低法测定摩尔质量

一、实验目的

① 通过本实验加深对稀溶液依数性的理解。

② 掌握溶液凝固点的测量技术。

③ 用凝固点降低法测定萘的摩尔质量。

二、实验原理

固体溶剂与溶液成平衡的温度称为溶液的凝固点。含非挥发性溶质的二组分稀溶液的凝固点低于纯溶剂的凝固点。凝固点降低是稀溶液依数性的一种表现。当确定了溶剂的种类和数量后，溶剂凝固点降低值仅取决于所含溶质分子的数目。对于理想溶液，根据相平衡条件，稀溶液的凝固点降低与溶液成分关系由范特霍夫（van′t Hoff）凝固点公式给出：

$$\Delta T_{\mathrm{f}}=\frac{R(T_{\mathrm{f}}^{*})^{2}}{\Delta_{\mathrm{f}}H_{\mathrm{m}}(\mathrm{A})}\frac{n_{\mathrm{B}}}{n_{\mathrm{A}}+n_{\mathrm{B}}} \tag{2-39}$$

式中　ΔT_{f}——凝固点降低值；

T_{f}^{*}——纯溶剂的凝固点；

$\Delta_{\mathrm{f}}H_{\mathrm{m}}(\mathrm{A})$——摩尔凝固热；

n_{A}——溶剂的物质的量；

n_{B}——溶质的物质的量。

当溶液浓度很稀时，$n_{\mathrm{B}}\leqslant n_{\mathrm{A}}$，则

$$\Delta T_{\mathrm{f}}=\frac{R(T_{\mathrm{f}}^{*})^{2}}{\Delta_{\mathrm{f}}H_{\mathrm{m}}(\mathrm{A})}\frac{n_{\mathrm{B}}}{n_{\mathrm{A}}}=\frac{R(T_{\mathrm{f}}^{*})^{2}}{\Delta_{\mathrm{f}}H_{\mathrm{m}}(\mathrm{A})}M_{\mathrm{A}}m_{\mathrm{B}}=K_{\mathrm{f}}m_{\mathrm{B}} \tag{2-40}$$

式中　M_{A}——溶剂的摩尔质量；

m_{B}——溶质的质量摩尔浓度；

K_{f}——质量摩尔凝固点降低常数，K·kg/mol。

若已知某种溶剂的凝固点降低常数 K_f，并测得溶剂和溶质的质量分别为 m_A、m_B，以及稀溶液的凝固点降低值 ΔT_f，则可通过下式计算溶质的摩尔质量 M_B：

$$M_B=\frac{K_f m_B}{\Delta T_f m_A} \tag{2-41}$$

凝固点降低值的大小，直接反映了溶液中溶质有效质点的数目。如果溶质在溶液中有离解、缔合、溶剂化和配合物生成等情况，这些均影响溶质在溶剂中的表观分子量。因此凝固点降低法也可用来研究溶液的一些性质，例如电解质的电离度、溶质的缔合度、溶剂的渗透系数和活度系数等。

纯溶剂的凝固点为其液相和固相共存的平衡温度。若将液态的纯溶剂逐步冷却，在未凝固前温度将随时间均匀下降，开始凝固后因放出凝固热而补偿了热损失，体系将保持液-固两相共存的平衡温度而不变，直至全部凝固，温度再继续下降，理论上其冷却曲线（或称步冷曲线）应如图 2-18 中 1 所示。但实际过程中，当液体温度达到或稍低于其凝固点时，晶体并不析出，这就是所谓的过冷现象。此时若加以搅拌或加入晶种，促使晶核产生，则会迅速形成大量晶体，并放出凝固热，使体系温度迅速回升到稳定的平衡温度，待液体全部凝固后温度再逐渐下降，冷却曲线如图 2-18 中的 2 的形状。

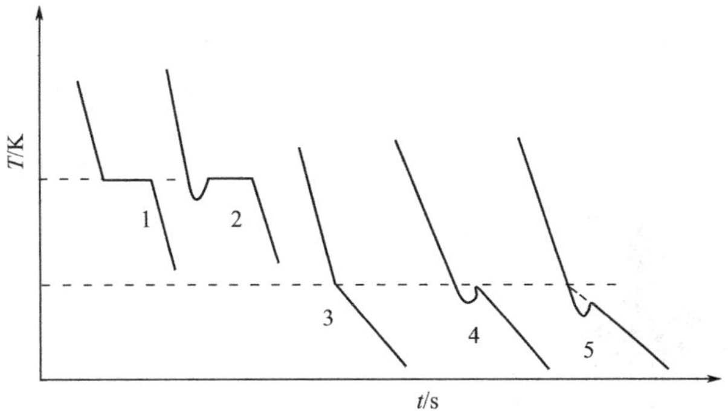

图 2-18 纯溶剂和溶液的冷却曲线示意

溶液的凝固点是该溶液与溶剂的固相共存的平衡温度，其冷却曲线与纯溶剂不同。当有溶剂凝固析出时，剩余溶液的浓度逐渐增大，因而溶液的凝固点也逐渐下降。因有凝固热放出，冷却曲线的斜率发生变化，即温度的下降速度变慢，如图 2-18 中 3 所示。本实验要测定已知浓度溶液的凝固点。如果溶液过冷程度不大，析出固体溶剂的量很少，对原始溶液浓度影响不大，则以过冷回升的最高温度作为该溶液的凝固点，如图 2-18 中 4 所示。但若过冷太多，凝固的溶剂过多，溶液的浓度变化过大，则会出现图 2-18 中的 5 的形状，测得的凝固点将偏低，影响溶质摩尔质量的测定结果。因此在测量过程中应该设法控制适当的过冷程度，一般可通过控制寒剂的温度、搅拌速率等方法来达到。

确定凝固点的另一种方法是外推法，首先记录绘制纯溶剂与溶液的冷却曲线，做曲线后面部分（已经有固体析出）的趋势线并延长使其与曲线的前面部分相交，如图 2-18 中曲线 5 中的虚线部分的交点，该交点即为凝固点。

三、实验仪器与试剂

（1）实验仪器

① 凝固点测定装置，1 套；

② 数字式贝克曼温度计，1 台；

③ 电子天平，1 台；

④ 移液管（25mL），1 支。

（2）实验试剂　苯（分析纯），萘（分析纯），碎冰。

四、实验步骤

1. 仪器安装

按图 2-19 将凝固点测定装置安装好。凝固点管、数字式贝克曼温度计探头及搅拌棒均需清洁和干燥，防止搅拌时搅拌棒与管壁或温度计相互摩擦，数字式贝克曼温度计如图 2-20 所示，其使用参见本书第三章仪器第一节相关内容。

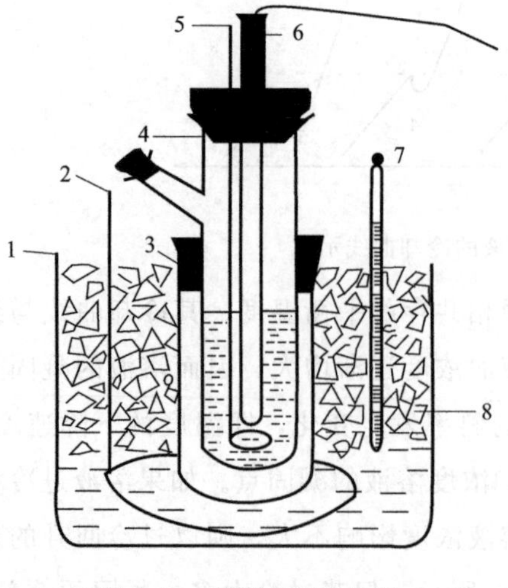

图 2-19　凝固点测定装置

1—冰水缸；2—冰水浴搅拌器；3—空气套管；4—凝固点管；5—溶液搅拌器；6—数字式贝克曼温度计；7—普通温度计；8—冰水浴

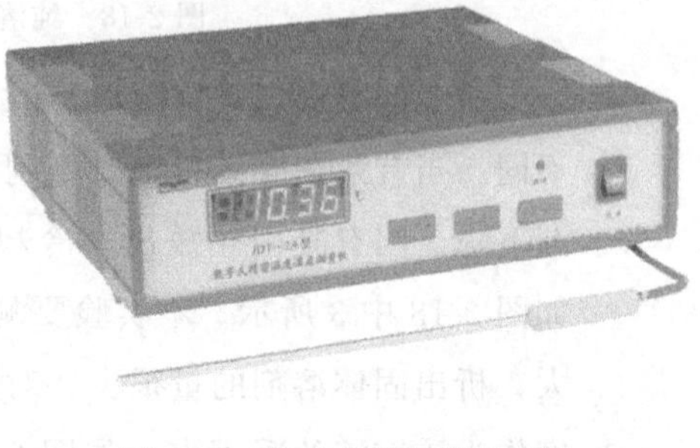

图 2-20　数字式贝克曼温度计

2. 调节冰水浴的温度

调节冰水的量使其温度为 3.5℃左右（冰水浴的温度以不低于所测溶液凝固点 3℃为宜）。实验时，冰水浴应经常搅拌并间断地补充少量的碎冰，使冰水浴温度基本保持不变。

3. 溶剂凝固点的测定

① 用移液管准确吸取 25mL 苯，加入凝固点管中，加入的苯要足够浸没数字式贝克曼温度计的探头，但也不要太多，注意不要将苯溅在管壁上。塞紧软木塞，以避免苯挥发。

② 先将盛有苯的凝固点管直接插入冰水浴中，上下移动搅拌棒，使溶剂逐步冷却。当有固体析出时从冰水浴中取出凝固点管，将管外冰水擦干，插入空气套管中，缓慢而均匀地搅拌（约每秒一次）。观察贝克曼温度计读数，直至温度稳定，此为苯的近似凝固点。

③ 取出凝固点管，用手温热使管中的固体完全融化。擦干后将凝固点管插入空气套管中，搅拌使溶剂较快地冷却，当溶剂温度降低至高于近似凝固点 0.5℃时，缓慢搅拌（约每秒一次），使苯温度均匀地逐渐降低。当温度低于近似凝固点 0.2～0.3℃时应急速搅拌（防止过冷超过 0.5℃），促使固体析出。当固体析出时温度开始上升，立即改为缓慢搅拌，记录温度稳定时贝克曼温度计的读数，此即为苯的凝固点。重复测定 3 次，要求溶剂凝固点的绝对平均误差小于±0.003℃。

4. 溶液凝固点的测定

取出凝固点管，使管中的苯融化。称取 0.2～0.3g 萘［或者取事先压片好的萘片（约 1g）的 1/4 左右］，用电子天平精确称量其质量。将萘加入凝固点管的苯中，并搅拌使萘完全溶解，测定该溶液的凝固点，其方法与纯溶剂相同。但是溶液的凝固点是取过冷后温度回升所达到的最高温度。重复测定 3 次，要求其绝对平均误差小于±0.003℃。

5. 实验中搅拌速率的控制

本实验关键在于搅拌速率，开始缓慢搅拌，至接近近似凝固点时，改为急速搅拌，温度开始上升时立即缓慢搅拌，直至温度稳定后读数。

五、数据记录与处理

（1）实验数据记录　如表 2-10 所列。

表 2-10　溶剂和溶液的凝固点记录表

样品	质量/g	凝固点/℃			凝固点降低值 ΔT/℃
		粗测	测量值	平均值	
苯					—
苯+萘					

（2）实验数据处理

① 根据苯的密度随温度的变化式(2-42)，算出苯的质量 m_A：

$$\rho_t/(g/cm^3)=0.9001-1.0636\times10^{-3}t(℃) \tag{2-42}$$

② 由测定的苯、萘的苯溶液的凝固点 T_f^*、T_f，算出加入萘后的凝固点降低值 ΔT_f，并根据式(2-41) 计算萘的摩尔质量。注：已知苯的 $K_f=5.12K\cdot kg/mol$。

六、注意事项

①“凝固点降低法测定摩尔质量”是有近百年历史的经典实验，它不仅是一种比较简便和准确的测量溶质摩尔质量的方法，而且在溶液热力学研究和实际应用上都有重要的意义，因此迄今为止几乎所有重要的物理化学实验教科书中都有这个实验。

② 市售的分析纯苯一般会吸收空气中的水蒸气，并含有微量的杂质，因此实验前需用高效精馏柱蒸馏精制，并用 5A 分子筛进行干燥；否则会使纯溶剂凝固点测量值偏低。而且，高温高湿季节不宜安排本实验，因水蒸气容易进入测量体系，影响测量结果。

③ 本实验测量的关键是控制过冷程度和搅拌速率。理论上，在恒压条件下纯溶剂体系只要两相平衡共存就可达到平衡温度。但实际上，只有固相充分分散到液相中，也就是固液两相的接触面相当大时才能达到平衡。如凝固点管置于空气套管中，温度不断降低到凝固点将继续降低，产生过冷现象。这时应控制过冷程度，采取突然搅拌的方式，使骤然析出大量微小结晶得以保证两相的充分接触，从而测得固液两相共存的平衡温度。为判断过冷程度，本实验先测近似凝固点；为使过冷状况下大量微晶析出，本实验规定了搅拌方式。对于二组分的溶液体系，由于凝固点的溶剂量多少将会直接影响溶液的浓度，因此控制过冷程度和确定搅

拌速率就更为重要。

七、提问与思考

① 在冷却过程中，凝固点管的管内液体有哪些热交换存在？它们对凝固点的测定有何影响？

② 当溶质在溶液中有解离、缔合、溶剂化和形成配合物时，测定的结果有何意义？

③ 加入溶剂中的溶质的量应该如何确定？加入量过多或者过少将会有何影响？

④ 估算实验测量结果的误差，说明影响测量结果的主要因素。

实验十　原电池电动势的测定及应用

一、实验目的

① 测定 Zn-Cu 电池的电动势和 Cu、Zn 电极的电极电势。

② 学会几种电极的制备和处理方法。

③ 掌握 SDC-Ⅲ数字电位差计的测量原理和正确的使用方法。

二、实验原理

原电池由正、负两极和电解质组成。电池在放电过程中，正极起还原反应，负极起氧化反应，电池内部还可以发生其他反应，电池反应是电池中所有反应的总和。

电池除可用来提供电能外，还可用它来研究构成此电池的化学反应的热力学性质。从化学热力学知道，在恒温、恒压、可逆条件下，电池反应有以下关系：

$$\Delta G = -nFE \tag{2-43}$$

式中　ΔG——电池反应的吉布斯自由能增量；

n——电极反应中得失电子的数目；

F——法拉第常数，96500C/mol；

E——电池的电动势。

测出该电池的电动势E后，进而可求出其他热力学函数。但必须注意，测定电池电动势时，首先要求电池反应本身是可逆的，可逆电池应满足如下条件：

① 电池反应可逆，亦即电池电极反应可逆；

② 电池中不允许存在任何不可逆的液接界；

③ 电池必须在可逆的情况下工作，即充放电过程必须在平衡态下进行，亦即允许通过电池的电流为无限小。

因此在制备可逆电池、测定可逆电池的电动势时应符合上述条件，在精确度不高的测量中，常用正负离子迁移数比较接近的盐类构成“盐桥”来消除液接电位。

在进行电池电动势测量时，为了使电池反应在接近热力学可逆条件下进行，一般采用电位差计测量。原电池电动势主要是两个电极的电极电势的代数和，如能分别测定出两个电极的电势，就可计算得到由它们组成的电池电动势。由式(2-43) 可推导出电池的电动势以及电极电势的表达式。

下面以锌-铜电池为例进行分析。电池表示式为：

$$Zn(s)|ZnSO_4(m_1)\|CuSO_4(m_2)|Cu(s)$$

上述电池表示式中，符号“|”代表固相（Zn 或 Cu）和液相（$ZnSO_4$ 或 $CuSO_4$）两相界面；“‖”代表连通两个液相的“盐桥”；m_1 和 m_2 分别为 $ZnSO_4$ 和 $CuSO_4$ 的质量摩尔浓度。

当电池放电时：

负极起氧化反应：　$Zn(s) \rightleftharpoons Zn^{2+}(a_{Zn^{2+}})+2e^-$

正极起还原反应：　$Cu^{2+}(a_{Cu^{2+}})+2e^- \rightleftharpoons Cu(s)$

电池总反应为：　$Zn(s)+Cu^{2+}(a_{Cu^{2+}}) \rightleftharpoons Zn^{2+}(a_{Zn^{2+}})+Cu(s)$

电池反应的吉布斯自由能变化值为：

$$\Delta G=\Delta G^{\ominus}+RT\ln\frac{a_{Zn^{2+}}+a_{Cu}}{a_{Cu^{2+}}+a_{Zn}} \tag{2-44}$$

式中　$\Delta G^{\ominus}$——标准态时自由能的变化值；

　　a——物质的活度。

纯固体物质的活度等于 1，即 $a_{Cu}=a_{Zn}=1$。而在标准态时，$a_{Cu^{2+}}=a_{Zn^{2+}}=1$，则有：

$$\Delta G=\Delta G^{\ominus}=-nFE^{\ominus} \tag{2-45}$$

式中　$E^{\ominus}$——电池的标准电动势。

由式(2-43)～式(2-45) 可得：

$$E=E^{\ominus}-\frac{RT}{nF}\ln\frac{a_{Zn^{2+}}}{a_{Cu^{2+}}} \tag{2-46}$$

对于任一电池，其电动势（E）等于阳极电极电势（ϕ_+）与阴极电极电势（ϕ_-）的差值，其计算式为：

$$E=\phi_+-\phi_- \tag{2-47}$$

对铜-锌电池而言：

$$\phi_+=\phi^\ominus_{Cu^{2+},Cu}-\frac{RT}{2F}\ln\frac{1}{a_{Cu^{2+}}} \tag{2-48}$$

$$\phi_-=\phi^\ominus_{Zn^{2+},Zn}-\frac{RT}{2F}\ln\frac{1}{a_{Zn^{2+}}} \tag{2-49}$$

式中 $\phi^\ominus_{Cu^{2+},Cu}$、$\phi^\ominus_{Zn^{2+},Zn}$——当 $a_{Cu^{2+}}=a_{Zn^{2+}}=1$ 时，铜电极和锌电极的标准电极电势。

对于单个离子，其活度是无法测定的，但强电解质的活度（a）与物质的平均质量摩尔浓度（m）和平均活度系数之间有以下关系：

$$a_{Zn^{2+}}=\gamma_\pm m_1 \tag{2-50}$$

$$a_{Cu^{2+}}=\gamma_\pm m_2 \tag{2-51}$$

式中 $\gamma_\pm$——离子的平均活度系数，其数值大小与物质浓度、离子的种类、实验温度等因数有关，$\gamma_\pm$ 的数值可参见书后附录二附表 2-16。

在电化学中，电极电势的绝对值至今无法测定，在实际测量中是以某一电极的电极电势作为零标准，然后将其他的电极（被研究电极）与它组成电池，测量其间的电动势，则该电动势即为该被测电极的电极电势。被测电极在电池中的正、负极性，可由它与零标准电极两者的还原电势比较而确定。通常将氢电极在氢气压力为 101325Pa、溶液中氢离子活度为 1 时的电极电势规定为 0V，即 $\phi^\ominus_{H^+,H_2}=0$，称为标准氢电极，然后与其他被测电极进行比较。

由于氢电极使用不便，常用另外一些易制备、电极电势稳定的电极作为参比电极，甘汞电极（SCE）是其中最常用的一种。这些标准电极与标准氢电极比较而得到的电势已经精确测出，参见书后附录二附表 2-9～表 2-12。

以上所讨论的电池是在电池总反应中发生了化学变化，因而被称为化学电池。还有一类电池叫作浓差电池，这种电池在净作用过程中，仅仅是一种物质从高浓度（或高压力）状态向低浓度（或低压力）状态转移，从而产生电动势，而这种电池的标准电动势 $E^\ominus$ 等于 0V。例如电池 Cu(s)|Cu(0.01mol/dm^3)‖Cu(0.1mol/dm^3)|Cu(s)就是浓差电池的一种。

电池电动势的测量工作必须在电池可逆条件下进行，为此使用电位差计进行测量以满足要求，电位差计的工作原理和使用方法参阅第三章第四节的相关内容。必须指出，电极电势的大小不仅与电极种类、溶液浓度有关，而且与温度有关。在书后附录二附表 2-10 中列出的数据是在温度为 298K 时，以水为溶剂的各种电极的标准电极电势。本实验是在实验温度下测得的电极电势 ϕ_T，由式(2-48) 和式(2-49) 可计算 $\phi_T^{\ominus}$。为了比较方便起见，可采用下式求出温度为 298K 时的标准电极电势 $\phi_{298}^{\ominus}$：

$$\phi_T^{\ominus}=\phi_{298}^{\ominus}+\alpha(T-298)+\frac{1}{2}\beta(T-298)^2 \tag{2-52}$$

式中 α、β——电极电势的温度系数。

对于 Zn-Cu 电池来说：

铜电极（Cu^{2+}/Cu），$\alpha=-1.6\times10^{-5}$ V/K，$\beta=0$；

锌电极［Zn^{2+}/Zn（Hg）］，$\alpha=1.0\times10^{-4}$ V/K，$\beta=6.2\times10^{-7}$ V/K^2。

三、实验仪器与试剂

（1）实验仪器

① 电位差计（SDC-Ⅲ），1 台；

② 饱和 Ag | AgCl 电极，1 支；

③ 饱和甘汞电极，1 支；

④ 锌电极，1 支；

⑤ 铜电极，2 支；

⑥ 电极管，3 支；

⑦ 电极管座，3 个；

⑧ 盐桥，4 只；

⑨ 烧杯（50mL），4 只。

（2）实验试剂

① 硫酸铜（0.1mol/dm^3），100mL；

② 硫酸铜（0.01mol/dm^3），100mL；

③ 饱和 KCl 溶液，100mL；

④ 硫酸锌（0.1mol/dm^3），100mL。

四、实验步骤

1. 电极制备与处理

（1）饱和甘汞电极和饱和 Ag | AgCl 电极　本实验所需的饱和甘汞电极和饱和 Ag | AgCl 电极为商用现成电极，只需在测试前检查两支电极内部的饱和 KCl 是否充足，检查标准为饱和 KCl 溶液能够将电极片浸没，同时溶液内部没有气泡。

（2）锌电极　由于使用多次的锌电极表面存在氧化层，需要用 6mol/dm^3 的硝酸浸洗锌电极以除去表面的氧化层，取出后用水洗涤，再用蒸馏水淋洗，然后放入含有饱和硝酸亚汞溶液的烧杯中，使锌电极表面上形成一层均匀的锌汞齐，用棉花擦拭 3～5s 后再用蒸馏水淋洗。

如果锌电极表面比较干净，可以直接进行下面操作：在烧杯中倒入 0.1mol/dm^3 的 $ZnSO_4$ 溶液，将电极管插入电极管座上固定，并捏紧夹子，让电极管的虹吸管管口插入盛有 $ZnSO_4$ 溶液的烧杯中，向电极管内加入 $ZnSO_4$ 溶液，直至液面升至电极管的虹吸管最高点（或者刚好经过最高点），这时候快速在电极管的管口插入锌电极。

注意：电极的虹吸管内（包括管口）不可有气泡，也不能有漏液现象，锌电极必须浸没在 $ZnSO_4$ 溶液中。

（3）铜电极　将铜电极在 6mol/dm^3 的硝酸溶液中浸洗，除去表面的氧化层和杂物，取出后用水冲洗，再用蒸馏水淋洗。

如果铜电极表面比较干净，可以直接装配铜电极，安装方法与锌电极相同。

2. 电池组合

按图 2-21 所示，将饱和 KCl 溶液注入 50mL 的烧杯内，直接放入饱和甘汞电极，再与上面装好的锌电极通过盐桥（已制好）相连，即成下列电池：

$$Zn|ZnSO_4(0.1000mol/dm^3)\|KCl(饱和)|Hg_2Cl_2|Hg$$

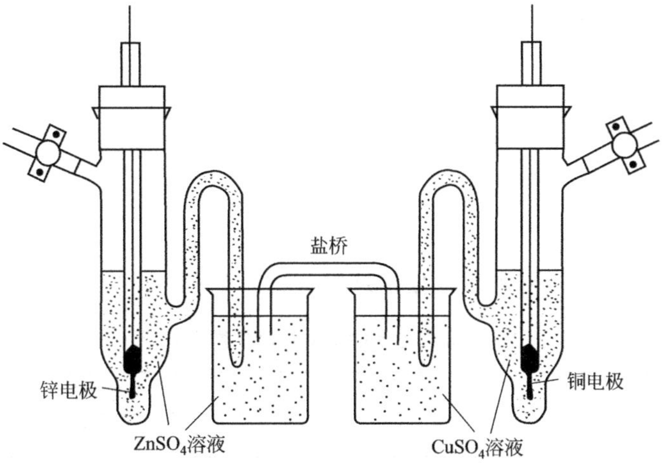

图 2-21　电池装置示意

同法分别组成下列电池：

$$Zn|ZnSO_4(0.1000mol/dm^3)\|KCl(饱和)|AgCl|Ag$$

$$Hg|Hg_2Cl_2\|KCl(饱和)\|CuSO_4(0.1000mol/dm^3)|Cu$$

$$Ag|AgCl \| KCl(饱和) \| CuSO_4(0.1000mol/dm^3)|Cu$$

$$Zn|ZnSO_4(0.1000mol/dm^3) \| CuSO_4(0.1000mol/dm^3)|Cu$$

$$Cu|CuSO_4(0.1000mol/dm^3) \| CuSO_4(0.1000mol/dm^3)|Cu$$

3. 电动势的测定

① 按照电位差计电路图（电位差计见图 2-22），接好电动势测量线路。

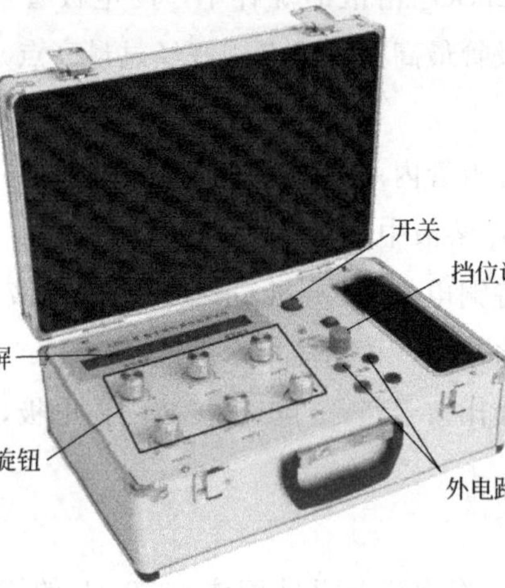

图 2-22 SDC-Ⅲ数字电位差计示意

② 根据标准电池的温度系数，计算实验温度下的标准电池电动势。以此对电位差计进行标定。

③ 分别测定以上 6 个电池的电动势。

五、数据记录与处理

1. 数据记录

6 组电池的电动势测量数据记录如表 2-11 所列。

表 2-11 6 组电池的电动势测量数据记录表

电池	电动势/V			平均值/V
	E_1	E_2	E_3	
$Zn\|ZnSO_4(0.1000mol/dm^3) \| KCl(饱和)\|Hg_2Cl_2\|Hg$				
$Zn\|ZnSO_4(0.1000mol/dm^3) \| KCl(饱和)\|AgCl\|Ag$				
$Hg\|Hg_2Cl_2\|KCl(饱和) \| CuSO_4(0.1000mol/dm^3)\|Cu$				
$Ag\|AgCl\|KCl(饱和) \| CuSO_4(0.1000mol/dm^3)\|Cu$				
$Zn\|ZnSO_4(0.1000mol/dm^3) \| CuSO_4(0.1000mol/dm^3)\|Cu$				
$Cu\|CuSO_4(0.1000mol/dm^3) \| CuSO_4(0.1000mol/dm^3)\|Cu$				

2. 数据处理

① 根据饱和甘汞电极的电极电势温度校正公式，计算实验温度下的电极电势：

$$\phi_{SCE}/V=0.2415-7.61\times10^{-4}(T/K-298) \quad (2\text{-}53)$$

② 根据测定的各电池的电动势，分别计算铜、锌电极的 ϕ_T、$\phi_T^{\ominus}$、$\phi_{298}^{\ominus}$。

③ 根据有关公式计算 Zn-Cu 电池的理论电动势 $E_{理}$，并与实验值 $E_{实}$ 进行比较。如表 2-12 所列。

表 2-12 Cu、Zn 电极的温度系数及标准电极电势

电极	$\alpha\times10^3/(V/K)$	$\beta\times10^6/(V/K^2)$	$\phi_{298}^{\ominus}/V$
Cu^{2+}/Cu	−0.016	—	0.3419
$Zn^{2+}/Zn(Hg)$	0.100	0.62	−0.7627

六、注意事项

(1) 电动势的测量方法属于平衡测量，在测量过程中尽可能做到在可逆条件下进行，为此应注意以下几点：

① 测量前可根据电化学基本知识初步估算一下被测电池的电动势大小，以便在测量时能迅速找到平衡点，这样可以避免电极极化。

② 要选择最佳实验条件使电极处于平衡状态。制备锌电极要锌汞齐化，成为 Zn(Hg)，而不是直接用锌棒。因为锌棒中不可避免地会含有其他金属杂质，在溶液中本身会成为微电池；锌电极电势较低（−0.7627V），在溶液中，氢离子会在锌的杂质上放电，且锌是较活泼的金属，易被氧化。如果直接用锌棒作为电极，将严重影响测量结果的准确性。锌汞齐化能使锌溶解于汞中，或者说锌原子扩散在惰性金属汞中，处于饱和的平衡状态，此时锌的活度仍为 1，氢在汞上的超电势较大，在该实验条件下不会释放出氢气。所以锌汞齐化后，锌电极易建立平衡。制备铜电极时也应注意：电镀后，铜电极不宜在空气中暴露时间过长，否则镀层会氧化，应尽快清洗。

③ 为了判断所测量的电动势是否为平衡电势，一般应在 15min 左右的时间内等间隔地测量 7～8 个数据。若这些数据是在平均值附近摆动，偏差小于 ±0.5mV，则可认为已达平衡，并取最后 3 个数据的平均值作为该电池的电动势。

(2) 前面已经讲到必须要求电池可逆，并且要求电池在可逆的情况下工作，但是严格说来，本实验测定的并不是可逆电池。因为当电池工作时，除了在负极进行氧化和在正极进行还原反应以外，在 $ZnSO_4$ 和 $CuSO_4$ 溶液交界处还要发生

Zn^{2+}向$CuSO_4$溶液的扩散过程。而且当有外电流反向流入电池中时，电极反应虽然可以逆向进行，但是在两溶液交界处离子的扩散与原来不同，是Cu^{2+}向$ZnSO_4$溶液中迁移。因此，整个电池的反应实际上是不可逆的。但是由于在组装电池时溶液之间插入了盐桥，可近似地当作可逆电池来处理。

七、提问与思考

① 在用电位差计测量电动势过程中，若数字电位差计的补偿值为正导致无法读数，可能是什么原因？

② 用Zn（Hg）与Cu组成电池时，有人认为锌表面有汞，因而铜应该为负极，汞为正极，请分析此结论是否正确？

③ 选择盐桥应注意哪些问题？

实验十一　旋光法测定蔗糖转化反应的速率常数

一、实验目的

① 了解旋光仪的基本原理，掌握旋光仪的正确使用方法。

② 了解反应的反应物浓度与旋光度之间的关系。

③ 测定蔗糖转化反应的速率常数和半衰期。

二、实验原理

蔗糖在水中转化成葡萄糖与果糖，其反应为：

$$\underset{(\text{蔗糖})}{C_{12}H_{22}O_{11}} + H_2O \longrightarrow \underset{(\text{葡萄糖})}{C_6H_{12}O_6} + \underset{(\text{果糖})}{C_6H_{12}O_6}$$

该反应是一个二级反应，在纯水中的反应速率极慢，通常需要在H^+催化作用下进行。由于反应时水是大量存在的，尽管有部分水分子参加了反应，仍可近似地认为整个反应过程中水的浓度是恒定的，而且H^+是催化剂，其浓度也保持不变，因此蔗糖转化反应可看作一级反应。

一级反应的速率方程可由下式表示：

$$-dc/dt = Kc \tag{2-54}$$

式中　c——时间t时的反应物浓度；

K——反应速率常数。

式(2-54) 积分可得：

$$\ln c = \ln C_0 - Kt \tag{2-55}$$

式中 C_0——反应开始时的反应物浓度。

当 $c=0.5C_0$ 时，t 可用 $t_{1/2}$ 表示，即为反应半衰期：

$$t_{1/2} = \ln 2/K = 0.693/K \tag{2-56}$$

从式(2-55) 不难看出，在不同时间测定反应物的相应浓度，并以 $\ln c$ 对 t 做图，可得一直线，由直线斜率即可得反应速率常数 K。然而反应是在不断进行的，要快速分析出反应物的浓度是困难的，但蔗糖及其转化物都具有旋光性，而且它们的旋光能力不同，故可以利用体系在反应进程中旋光度的变化来度量反应的进程。

测量物质旋光度的仪器称为旋光仪。溶液的旋光度与溶液中所含物质的旋光能力、溶液性质、溶液浓度、样品管长度及温度等均有关系。当其他条件固定时，旋光度 α 与反应物浓度 C 呈线形关系，即

$$\alpha = \beta C \tag{2-57}$$

式中，比例常数 β 与物质旋光能力、溶液性质、溶液浓度、样品管长度、温度等有关。

物质的旋光能力用比旋光度来度量，比旋光度用下式表示：

$$[\alpha]_D^{20} = \frac{100\alpha}{lC_A} \tag{2-58}$$

式中 $[\alpha]_D^{20}$——比旋光度，(°)，其右上角的“20”表示实验时温度为 20℃，D 是指用钠灯光源 D 线的波长（即 589nm）；

α——测得的旋光度，(°)；

l——样品管长度，dm；

C_A——浓度，g/100mL。

作为反应物的蔗糖是右旋性物质，其比旋光度 $[\alpha]_D^{20}=66.6°$；生成物中葡萄糖也是右旋性物质，其比旋光度 $[\alpha]_D^{20}=52.5°$，但果糖是左旋性物质，其比旋光度 $[\alpha]_D^{20}=-91.9°$。由于生成物中果糖的左旋性比葡萄糖右旋性大，所以生成物呈现左旋性质。因此随着反应进行，体系的右旋角不断减小，反应至某一瞬间，体系的旋光度可恰好等于零，而后就变成左旋，直至蔗糖完全转化，这时左旋角达到最大值 α_∞。

设体系最初的旋光度为：

$$\alpha_0 = \beta_{反} C_0 \quad (t=0,\text{蔗糖尚未转化}) \tag{2-59}$$

体系最终的旋光度为：

$$\alpha_{\infty}=\beta_{生} C \quad (t=\infty, 蔗糖已完全转化) \qquad (2\text{-}60)$$

式(2-59) 和式(2-60) 中，$\beta_{反}$ 和 $\beta_{生}$ 分别为反应物与生成物的比例常数。

当时间为 t 时，蔗糖浓度为 C，此时旋光度为 α_t，即：

$$\alpha_t=\beta_{反} C+\beta_{生}(C_0-C) \qquad (2\text{-}61)$$

由式(2-59)～式(2-61) 联立可解得：

$$C_0=(\alpha_0-\alpha_{\infty})/(\beta_{反}-\beta_{生})=\beta'(\alpha_0-\alpha_{\infty}) \qquad (2\text{-}62)$$

$$C=(\alpha_t-\alpha_{\infty})/(\beta_{反}-\beta_{生})=\beta'(\alpha_t-\alpha_{\infty}) \qquad (2\text{-}63)$$

将式(2-62) 和式(2-63) 代入式(2-55) 即得：

$$\ln(\alpha_t-\alpha_{\infty})=-K_t+\ln(\alpha_0-\alpha_{\infty}) \qquad (2\text{-}64)$$

显然，以 $\ln(\alpha_0-\alpha_{\infty})$ 对 t 做图可得一直线，从直线斜率即可求得反应速率常数 K_0。

三、实验仪器与试剂

（1）实验仪器

① 旋光仪（WZZ-2A），1 台；

② 容量瓶（50mL），2 只；

③ 移液管（25mL），2 支；

④ 烧杯（250mL），1 只。

（2）实验试剂

① 蔗糖（分析纯），50g；

② HCl（$4mol/dm^3$），100mL。

四、实验步骤

（1）将旋光仪电源插头插入 220V 交流电源。仪器预热 20min。

旋光仪仪器实物如图 2-23 所示。

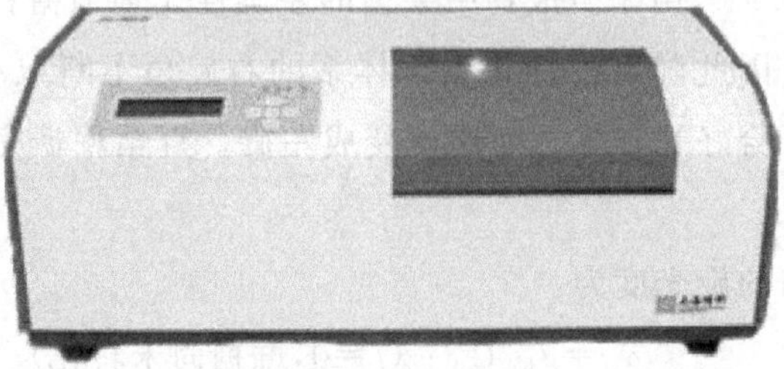

图 2-23　旋光仪

(2) 用托盘天平称 12g 蔗糖于 200mL 烧杯内，加入约 30mL 蒸馏水，搅拌并使之完全溶解；然后移入 50mL 容量瓶中，加水稀释至刻度，摇匀。

(3) 预热结束后，按“测量”键，这时液晶屏上应有数字显示。

(4) 用蒸馏水润洗旋光管至少 3 次，装满蒸馏水，并将旋光管放入样品室，盖上箱盖，待示数稳定后，按“清零”键。

(5) 从配制好的蔗糖溶液中移取 25mL 于烧杯中，用移液管移取 25mL 的 HCl 溶液，加入烧杯中，加入 1/2 时开始计时。待全部加入后，充分搅拌，并用该待测溶液润洗旋光管至少 3 次后迅速装满旋光管，并用软布揩干旋光管外部的液体后，放入样品室，盖上箱盖。

(6) 读数　开始时每分钟读一次数，20min 后每 2min 读一次数，40min 后每 5min 读一次数，直到出现负值。然后再读 2～3 个负值，记录数据。

(7) 实验完毕后，取出试管，依次关闭光源，电源。

五、数据记录与处理

(1) 记录实验数据于表 2-13 中，并根据数据做 α-t 图。

表 2-13　时间与旋光度数据表

t/min	2	3	4	5	6	7	8	9	10	11	12
α											
t/min	13	14	15	16	17	18	19	20	22	24	26
α											
t/min	28	30	32	34	36	38	40	45	50	55	60
α											

(2) 在曲线上每隔 5min 选取 10～12 个点，记录数据在表 2-14 中，并做 $\lg(\alpha_1-\alpha_2)$-t图。

表 2-14　$\lg(\alpha_1-\alpha_2)$-t 数据表

t	5	10	15	20	25	30
$\alpha_1-\alpha_2$						
$\lg(\alpha_1-\alpha_2)$						

读出斜率 k，并根据式(2-65)～式(2-67) 求出该反应的速率常数 K 和半衰期 $t_{1/2}$，即：

$$\lg(\alpha_1-\alpha_2)=-kt/2.303+\lg[\alpha_0(1-e^{-k\Delta t})] \tag{2-65}$$

$$k=-2.303K \tag{2-66}$$

$$t_{1/2}=0.693/k \tag{2-67}$$

六、注意事项

① 在蔗糖溶液和盐酸溶液混合时，应先加糖，后加酸。

② 试管中若有气泡，应先让气泡浮在凸颈处。通光面两端的雾状水滴应用软布揩干，试管螺帽不宜旋得太紧，以免产生应力，影响读数。试管放置时应注意标记的位置和方向。

③ 在求算 $\lg(\alpha_1-\alpha_2)$ 时，应尽量使用时间间隔大的两组数据，以免出现负值。例如，取了 12 个点，A，B，C，D……则应 $\alpha_A-\alpha_G$，$\alpha_B-\alpha_H$，$\alpha_C-\alpha_I$……

七、提问与思考

① 实验中用蒸馏水来校正旋光仪的零点，试问在蔗糖转化反应过程中所测定的旋光度 a_t，是否必须要进行零点校正？

② 配制蔗糖溶液和盐酸溶液时是将盐酸加到蔗糖溶液里去，可否将蔗糖溶液加到盐酸溶液中去？为什么？

实验十二　络合物磁化率的测定

一、实验目的

① 掌握古埃（Gouy）法磁天平测定物质磁化率的原理和实验方法。

② 通过测定一些络合物的磁化率，求算其未成对电子数并判断这些分子的配键类型。

二、实验原理

1. 物质的磁感应强度和磁性质表达

物质在外磁场作用下会被磁化产生附加磁场。物质的磁感应强度表达如下式：

$$\vec{B}=\vec{B}_0+\vec{B}'=\mu_0\vec{H}+\vec{B}' \tag{2-68}$$

式中 B_0——外磁场的磁感应强度；

B'——附加磁感应强度；

H——外磁场强度；

μ_0——真空磁导率，$4\pi\times10^{-7}\mathrm{N}\cdot\mathrm{A}^2$。

物质的磁化可用磁化强度 M 来描述，M 也是矢量，它与磁场强度成正比：

$$M=\chi H \tag{2-69}$$

式中 χ——物质的体积磁化率。

在化学上常用质量磁化率 χ_m 或摩尔磁化率 χ_M 来表示物质的磁性质：

$$\chi_m=\frac{\chi}{\rho} \tag{2-70}$$

$$\chi_M=M\chi_m=\frac{\chi M}{\rho} \tag{2-71}$$

式中 ρ——物质的密度；

M——物质的摩尔质量。

2. 分子磁矩与磁化率

物质的磁性与组成物质的原子、离子或分子的微观结构有关，当原子、离子或分子的两个自旋状态电子数不相等，即有未成对电子时，物质就具有永久磁矩。由于热运动，永久磁矩指向各个方向的概率相同，所以该磁矩的统计值等于零。在外磁场作用下，具有永久磁矩的原子、离子或分子除了其永久磁矩会顺着外磁场的方向排列。其磁化方向与外磁场相同，磁化强度与外磁场强度成正比，除表现为顺磁性外，还由于它内部的电子轨道运动有感应的磁矩，其方向与外磁场相反，表现为逆磁性，此类物质的摩尔磁化率 χ_M 是摩尔顺磁化率 $\chi_{顺}$ 和摩尔逆磁化率 $\chi_{逆}$ 的和。

$$\chi_M=\chi_{顺}+\chi_{逆} \tag{2-72}$$

对于顺磁性物质，$\chi_{顺}\gg|\chi_{逆}|$，可做近似处理，$\chi_M=\chi_{顺}$；对于逆磁性物质，则只有 $\chi_{逆}$，所以它的 $\chi_M=\chi_{逆}$。

第三种情况是物质被磁化的强度与外磁场强度不存在正比关系，而是随着外磁场强度的增加而剧烈增加，当外磁场消失后，它们的附加磁场并不立即随之消失，这种物质称为铁磁性物质。

磁化率是物质的宏观性质，分子磁矩是物质的微观性质，用统计力学的方法可以得到摩尔顺磁化率 $\chi_{顺}$ 和分子永久磁矩 μ_m 间的关系：

$$\chi_{顺}=\frac{N_0\mu_m^2\mu_0}{3KT}=\frac{C}{T} \tag{2-73}$$

式中　N_0——阿伏伽德罗常数；

K——波尔兹曼常数；

T——绝对温度，K。

物质的摩尔顺磁磁化率与热力学温度呈反比这一关系，称为居里定律，其中 C 为居里常数。

物质的永久磁矩与它所含有的未成对电子数 n 的关系为：

$$\mu_m=\mu_B\sqrt{n(n+2)} \tag{2-74}$$

$$\mu_B=\frac{eh}{4\pi m_e}=9.274\times10^{-24}\mathrm{J/T} \tag{2-75}$$

式中　μ_B——玻尔磁子，其物理意义是单个自由电子自旋所产生的磁矩；

e——电子电荷；

h——普朗克常数；

m_e——电子质量。

因此，只要实验测得 χ_M，即可求出 μ_m，算出未成对电子数，这对于研究某些原子或离子的电子组态，以及判断络合物分子的配键类型是很有意义的。

3. 磁化率的测定

古埃法测定磁化率装置如图 2-24 所示。

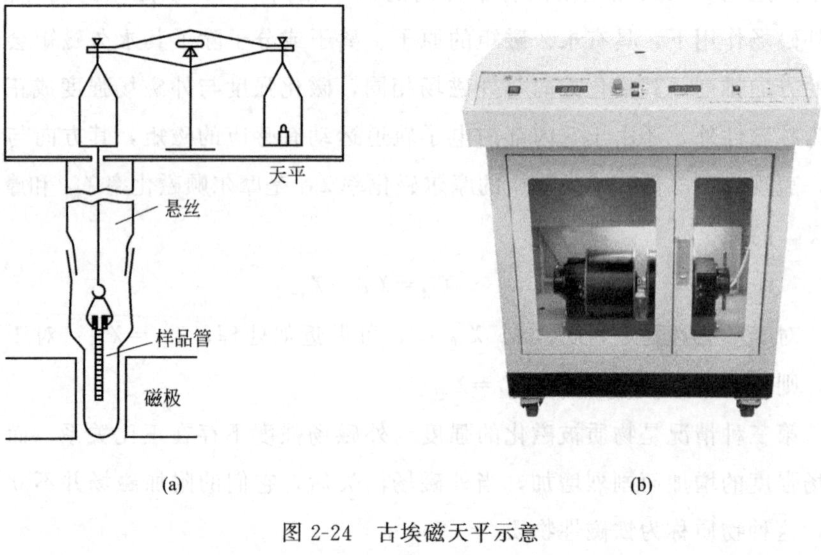

(a)　　(b)

图 2-24　古埃磁天平示意

将装有样品的圆柱形玻璃管如图 2-24(a) 所示方式悬挂在两磁极中间，使样品底部处于两磁极的中心，亦即磁场强度最强区域，样品的顶部则位于磁场强度最弱，甚至为零的区域。这样，样品就处于一不均匀的磁场中，设样品的截面积为 A，样品管的长度方向为 dS 的体积，AdS 在非均匀磁场中所受到的作用力 dF 为：

$$dF = \chi\mu_0 HA\,dS\,\frac{dH}{dS} \tag{2-76}$$

式中 $\frac{dH}{dS}$——磁场强度梯度，对于顺磁性物质的作用力，指向场强度最大的方向；反磁性物质则指向场强度弱的方向。

当不考虑样品周围介质（如空气，其磁化率很小）和 H_0 的影响时，整个样品所受的力为：

$$F = \int_{H=H}^{H_0} \chi\mu_0 AH\,dS\,\frac{dH}{dS} = \frac{1}{2}\chi\mu_0 H^2 A \tag{2-77}$$

当样品受到磁场作用力时，天平的另一臂加减砝码使之平衡，设 Δm 为施加磁场前后的质量差，则

$$F = \frac{1}{2}\chi\mu_0 H^2 A = g\Delta m = g(\Delta m_{空管+样品} - \Delta m_{空管}) \tag{2-78}$$

由于 $\chi = \chi_m \rho$，$\rho = \frac{m}{hA}$，整理得：

$$\chi_M = \chi_m M = \frac{2(\Delta m_{空管+样品} - \Delta m_{空管})hgM}{\mu_0 m H^2} \tag{2-79}$$

式中 h——样品高度；

m——样品质量；

M——样品摩尔质量；

ρ——样品密度；

μ_0——真空磁导率，$\mu_0 = 4\pi \times 10^{-7} N/A^2$。

磁场强度 H 可用“特斯拉计”测量，或用已知磁化率的标准物质进行间接测量。例如用莫尔氏盐 [$(NH_4)_2SO_4 \cdot FeSO_4 \cdot 6H_2O$]，已知莫尔氏盐的 χ_m 与热力学温度 T 的关系式为：

$$\chi_m = \frac{9500}{T+1} \times 4\pi \times 10^{-9}\ m^3/kg \tag{2-80}$$

三、实验仪器与试剂

（1）实验仪器

① 古埃磁天平（包括电磁铁、电光天平、励磁电源），1 套；

② 玻璃样品管，1 支；

③ 小漏斗，1个。

（2）实验试剂　莫尔氏盐 $(NH_4)_2SO_4 \cdot FeSO_4 \cdot 6H_2O$（分析纯），$FeSO_4 \cdot 7H_2O$（分析纯），$K_4Fe(CN)_6 \cdot 3H_2O$（分析纯）。

四、实验步骤

（1）启动磁天平。

（2）用已知 χ_m 的莫尔氏盐标定磁场强度　取一支清洁的干燥的空样品管悬挂在磁天平的挂钩上，使样品管正好与磁极中心线齐平（样品管不可与磁极接触，并与探头有合适的距离）。准确称取空样品管质量（$H=0$）时，得 $m_1(H_0)$。调节旋钮，使励磁电流至 3A(H_1)，迅速称量，得 $m_1(H_1)$；逐渐增大电流，使励磁电流至 5A(H_2)，称量得 $m_1(H_2)$；然后略微增大电流，接着退至 5A(H_2)，再次称量得 $m_2(H_2)$；将电流降至 3A(H_1) 时，再称量得 $m_2(H_1)$，再缓慢降至 0(H_0)；又称取空管质量得 $m_2(H_0)$。这样调节电流由小到大，再由大到小的测定方法是为了抵消实验时磁场剩磁现象的影响。

$$\Delta m_{空管}(H_1)=\frac{1}{2}[\Delta m_1(H_1)+\Delta m_2(H_1)] \tag{2-81}$$

$$\Delta m_{空管}(H_2)=\frac{1}{2}[\Delta m_1(H_2)+\Delta m_2(H_2)] \tag{2-82}$$

式中，$\Delta m_1(H_1)=m_1(H_1)-m_1(H_0)$；$\Delta m_2(H_1)=m_2(H_1)-m_2(H_0)$；$\Delta m_1(H_2)=m_1(H_2)-m_1(H_0)$；$\Delta m_2(H_2)=m_2(H_2)-m_2(H_0)$。

取下样品管，用小漏斗装入事先研细并干燥过的莫尔氏盐，并不断让样品管底部在软垫上轻轻碰击，使样品均匀填实，直至刻度线（用尺准确测量）。按前述方法将装有莫尔氏盐的样品管置于磁天平上称量，重复称空管时的过程，得：

$m_{1空管+样品}(H_0)$，$m_{1空管+样品}(H_1)$，$m_{1空管+样品}(H_2)$，$m_{2空管+样品}(H_2)$，$m_{2空管+样品}(H_1)$，$m_{2空管+样品}(H_0)$；求出 $\Delta m_{空管+样品}(H_1)$ 和 $\Delta m_{空管+样品}(H_2)$，并取两次测定数据的平均值。

（3）同一样品管中，同法分别测定 $FeSO_4 \cdot 7H_2O$ 和 $K_4[Fe(CN)_6] \cdot 3H_2O$ 的 $\Delta m_{空管+样品}(H_1)$和 $\Delta m_{空管+样品}(H_2)$。

测定后的样品均要倒回试剂瓶，可以重复使用。

五、数据记录与处理

（1）数据记录　如表 2-15 所列。

表 2-15　各样品的质量数据表

样品	电流/A	m_1/g	m_2/g	$\overline{m}$/g	Δm/g	$\Delta m_{样+空}-\Delta m_{空}$/g	样品质量/g
空样品管	0						
	3						
	5						
莫尔氏盐 $M=329$g/mol	0						
	3						
	5						
$FeSO_4 \cdot 7H_2O$ $M=278$g/mol	0						
	3						
	5						
$K_4Fe(CN)_6 \cdot 3H_2O$ $M=422$g/mol	0						
	3						
	5						

注：1. 测得玻璃管长度 $h=15.2$cm。

2. M 表示摩尔质量。

（2）由莫尔氏盐质量磁化率和实验数据计算相应励磁电流下的磁场强度。

莫尔氏盐质量磁化率：

$$\chi_m=\frac{9500}{T+1}\times 4\pi\times 10^{-9}\,m^3/kg$$

由公式

$$\chi_m=\frac{2(\Delta m_{样+空}-\Delta m_{空})}{\mu_0 m H^2}Mgh$$

得出

$$H^2=\frac{2(\Delta m_{样+空}-\Delta m_{空})}{\chi_m\mu_0 m}Mgh=\frac{2(\Delta m_{样+空}-\Delta m_{空})}{\chi_m\mu_0 m}gh$$

当 $I=3$A 时，$H_1^2=\dfrac{2(\Delta m_{样+空}-\Delta m_{空})}{\chi_m\mu_0 m}gh$，求 H_{3A}。

当 $I=5$A 时，$H_2^2=\dfrac{2(\Delta m_{样+空}-\Delta m_{空})}{\chi_m\mu_0 m}gh$，求 H_{5A}。

（3）由 $FeSO_4 \cdot 7H_2O$ 和 $K_4[Fe(CN)_6] \cdot 3H_2O$ 的测定数据，分别求它们的 χ_m、μ_m 和未成对电子数 n。

（4）根据未成对电子数，讨论 $FeSO_4 \cdot 7H_2O$ 和 $K_4[Fe(CN)_6] \cdot 3H_2O$ 中 Fe^{3+} 的最外层电子结构及由此构成的配键类型。

六、提问与思考

① 不同励磁电流下测得的样品摩尔磁化率是否相同？

② 用古埃磁天平测定磁化率的精度与哪些因素有关？

实验十三　弱电解质电离常数的测定

一、实验目的

① 通过测定醋酸（HAc）溶液的 pH 值和电导率，分别计算其电离常数。

② 加深对弱电解质电导率、摩尔电导率等概念的理解。

③ 学习正确使用 pH 计和电导率仪。

二、实验原理

1. pH 值法测定醋酸（HAc）的电离常数

根据 Arrhenius（阿伦尼乌斯）的电离理论，弱电解质与强电解质不同，它在溶液中仅部分解离，离子和未解离的分子之间存在着动态平衡。例如，醋酸在溶液中存在如下电离平衡，

$$HAc \rightleftharpoons H^+ + Ac^-$$

$$K_i = \frac{[H^+][Ac^-]}{[HAc]} \tag{2-83}$$

式中　$[H^+]$、$[Ac^-]$、$[HAc]$——H^+、Ac^-、HAc 的平衡浓度；

K_i——电离常数。

根据电离平衡关系，可知$[H^+]=[Ac^-]$，$[HAc]=c-[H^+]$，其中 c 为醋酸的初始浓度，则式(2-83) 转变为下式：

$$K_i = \frac{[H^+]^2}{c-[H^+]} \tag{2-84}$$

用 pH 计可以测定 HAc 溶液的 pH 值，即

$$pH = -\lg[H^+] \tag{2-85}$$

2. 电导率法测定醋酸(HAc)的电离常数

电解质溶液是靠正、负离子的迁移来传递电流。而弱电解质溶液中，只有已电离部分才能承担传递电量的任务。在无限稀释的溶液中可以认为弱电解质已全部电离，此时溶液的摩尔电导率为 Λ_m^∞，而且可用离子极限摩尔电导率相加而得：

$$\Lambda_m^\infty = \Lambda_{m,+}^\infty + \Lambda_{m,-}^\infty \tag{2-86}$$

式中　$\Lambda_{m,+}^\infty$，$\Lambda_{m,-}^\infty$——无限稀释时的离子电导，对醋酸而言，$\Lambda_m^\infty = \Lambda_{m,H^+}^\infty +$

$\Lambda_{m,Ac^-}^{\infty}$（其中 Λ_{m,H^+}^{∞} 和 $\Lambda_{m,Ac^-}^{\infty}$ 的数值可参见书后附录二附表 2-16）。

而溶液的摩尔电导率 Λ_m 的定义为溶液的电导率与其浓度之比，即

$$\Lambda_m=\frac{\kappa}{c} \tag{2-87}$$

式中 κ——弱电解质溶液的电导率，S/cm；

c——弱电解质溶液的初始浓度，mol/cm^3；

Λ_m——摩尔电导率，$S\cdot cm^2/mol$。

一定浓度下的摩尔电导率 Λ_m 与无限稀释溶液的摩尔电导率 Λ_m^{∞} 是有差别的。这由两个因素造成：一是电解质溶液的不完全离解；二是离子间存在着相互作用力。所以 Λ_m 通常称为表观摩尔电导率。根据电离学说，弱电解质的电离度 α 随溶液的稀释而增大，当浓度 $c\rightarrow0$ 时电离度 $\alpha\rightarrow1$。因此在一定温度下，随着溶液浓度的降低，电离度增加，离子数目增加，摩尔电导率增加。

在无限稀释的溶液中 $\alpha\rightarrow1$，$\Lambda_m\rightarrow\Lambda_m^{\infty}$，故

$$\alpha=\frac{\Lambda_m}{\Lambda_m^{\infty}} \tag{2-88}$$

根据电离平衡理论，当醋酸在溶液中达到电离平衡时，其电离常数 K 与初始浓度 c 及电离度 α 在电离平衡时有如下关系：

$$K=\frac{c\alpha^2}{1-\alpha} \tag{2-89}$$

将式(2-86)～式(2-88) 分别代入式(2-89)，即可根据所测的弱电解质的电导率 κ 计算出弱电解质的电离常数 K。

本实验采用雷磁 PHSJ-3F 型 pH 计（参见图 2-25）和 DDSJ-308A 型电导率仪（参见图 2-26）分别测量醋酸的 pH 值和电导率，它们的工作原理和使用方法参阅第三章第四节相关内容。

图 2-25 雷磁 PHSJ-3F 型 pH 计

图 2-26 DDSJ-308A 型电导率仪

三、实验仪器与试剂

（1）实验仪器

① 雷磁 PHSJ-3F 型 pH 计，1 台；

② 恒温槽，1 套；

③ DDSJ-308A 型电导率仪，1 台；

④ 烧杯（50mL），2 只；

⑤ 容量瓶（100mL），5 只；

⑥ 移液管（50mL，10mL），各 1 只。

（2）实验试剂　醋酸溶液，pH＝4.00 的缓冲溶液。

四、实验步骤

① 将恒温槽温度调至 25℃±0.1℃。

② 用已知浓度的醋酸溶液配置成浓度分别为 0.02mol/dm³、0.01mol/dm³、0.005mol/dm³、0.0025mol/dm³、0.00125mol/dm³ 的醋酸溶液（注：使用电导水）。

③ 将配好的 5 瓶醋酸溶液恒温 10min。

④ 连接好 pH 计和电导率仪，开机预热 10min，并利用 pH 缓冲溶液对 pH 计进行校准。

⑤ 取干净且干燥的烧杯，由稀到浓分别测定醋酸溶液的 pH 值及电导率。

五、数据记录与处理

1. 数据记录

不同浓度醋酸的 pH 值电导率等数据记录如表 2-16 所列。

表 2-16　不同浓度醋酸的 pH 值和电导率等数据记录表

浓度/(mol/dm³)	0.02	0.01	0.005	0.0025	0.00125
pH 值					
$K_i/10^{-5}$(pH 值法)					
电导率/(μS/cm)					
$\Lambda_m/(S \cdot cm^2/mol)$					
α					
$K_i/10^{-5}$(电导率法)					

2. 数据处理

① 根据测得的不同浓度醋酸的 pH 值和电导率，利用实验原理部分的公式，分别计算醋酸的电离常数。

② 找到醋酸的浓度与其 pH 值、电导率和电离度等的变化关系。

③ 分别对 pH 值法和电导率法得到的 5 个 K 取平均值，与醋酸在 25℃的标准电离常数进行比较，评价两种方法在测量醋酸电离常数上的准确性。

六、注意事项

(1) 为消除不同浓度醋酸溶液测试过程的相互干扰，应特别注意两个测试顺序：

① 浓度从低到高；

② 先电导后 pH 值。

(2) 电导率和摩尔电导率的关系　电解质溶液的电导率及摩尔电导率均随溶液的浓度变化而变化，但对于弱电解质溶液来说，其电导率随浓度的变化不显著，这是因为浓度增加电离度随之减少，所以溶液中离子数目变化不大。但摩尔电导率 Λ_m 随浓度的增加而减小，因为当弱电解质的溶液变稀时，离解度增大，致使参加导电的离子数目大为增加；同时若弱电解质中参与导电的阴离子或者阳离子的电荷总数增加，也会使摩尔电导率下降，因此电导率和摩尔电导率应为如下关系：

$$\Lambda_m = \frac{\kappa}{nc} \tag{2-90}$$

式中　κ——弱电解质溶液的电导率；

c——弱电解质溶液的初始浓度；

n——溶质中阳离子（阴离子）的电荷总数。

七、提问与思考

① 测电导率时为什么一定要恒温？不恒温会有哪些影响？

② 为什么实验过程中一定要使用电导水？使用蒸馏水或者二次水为什么不行？

③ 在实际操作中，测试 pH 值和电导率的顺序可以任意调换吗？

实验十四　电导法测定乙酸乙酯皂化反应的速率常数

一、实验目的

① 了解二级反应的特点，学会用图解计算法求取二级反应的速率常数。

② 用电导法测定乙酸乙酯皂化反应的速率常数，了解反应活化能的测定方法。

二、实验原理

乙酸乙酯皂化是一个二级反应，其反应式为：

$$CH_3COOC_2H_5 + Na^+ + OH^- \longrightarrow CH_3COO^- + C_2H_5OH + Na^+$$

在反应过程中，各物质的浓度随时间而变。某一时刻的 OH^- 浓度可用标准酸进行滴定求得，也可通过测定溶液的某些物理性质而得到。用电导率仪测定溶液的电导率 G 值随时间的变化关系，可以监测反应的进程，进而可求算反应的速率常数。二级反应的速率与反应物的浓度的 2 次方有关。

若反应物 $CH_3COOC_2H_5$ 和 NaOH 的初始浓度相同（均设为 c），设反应时间为 t 时反应所产生的 CH_3COO^- 和 C_2H_5OH 的浓度为 x，若逆反应可忽略，则反应物和产物的浓度时间的关系为：

	$CH_3COOC_2H_5$	+ NaOH	$\longrightarrow$ CH_3COONa	+ C_2H_5OH
$t=0$	c	c	0	0
$t=t$	$c-x$	$c-x$	x	x
$t=\infty$	$\to 0$	$\to 0$	$\to c$	$\to c$

上述二级反应的速率方程可表示为：

$$\frac{d(c-x)}{-dt}=\frac{dx}{dt}=k(c-x)(c-x) \qquad (2\text{-}91)$$

积分得：

$$\frac{1}{c-x}-\frac{1}{c}=kt \quad 或 \quad \frac{x}{c(c-x)}=kt \qquad (2\text{-}92)$$

显然，只要测出反应进程中任意时刻 t 时的 x 值，再将已知浓度 c 代入上式，即可得到反应速率常数 k 值。

因反应物是稀的水溶液，故可假定 CH_3COONa 全部电离，则溶液中参与导电的离子有 Na^+、OH^- 和 CH_3COO^- 等，Na^+ 在反应前后浓度不变，OH^- 的迁移率比

CH_3COO^-的大得多。随着反应时间的增加，OH^-不断减少，而CH_3COO^-不断增加，所以体系的电导率值不断下降。在一定范围内，可以认为体系电导率值的减少量与CH_3COONa的浓度x的增加量成正比，即：

$$t=t \qquad x=\beta(G_0-G_t) \tag{2-93}$$

$$t=\infty \qquad c=\beta(G_0-G_\infty) \tag{2-94}$$

式中 G_0——溶液起始的电导值；

G_t——溶液t时刻的电导值；

G_∞——反应终了时的电导值；

β——比例系数。

将式(2-93)、式(2-94) 代入式(2-92) 得：

$$ckt=\frac{\beta(G_0-G_t)}{\beta[(G_0-G_\infty)-(G_0-G_t)]}=\frac{G_0-G_t}{G_t-G_\infty} \tag{2-95}$$

据上式可知，只要测出G_0、G_∞和一组G_t值，再根据式(2-95)，由$\frac{G_0-G_t}{G_t-G_\infty}$对$t$做图，应得一直线，从其斜率即可求得速率常数$k$值。

三、实验仪器与试剂

(1) 实验仪器

① 电导率仪（DDS-12A），1台；

② 铂黑电极，1支；

③ 玻璃恒温水浴（SYP），1套；

④ 双管电导池，1只；

⑤ 容量瓶（50mL，100mL），2只。

(2) 实验试剂

① 乙酸乙酯（分析纯），20mL；

② NaOH（0.2mol/dm^3），50mL；

③ 丙酮（分析纯），20mL。

四、实验步骤

(1) 溶液的配制

① 用称量法配制乙酸乙酯溶液（$c\approx0.02$mol/dm^3），具体方法如下：a. 洗净100mL容量瓶，加入1/2左右的电导水，称重；b. 加入12滴乙酸乙酯后再称重，

并计算出溶液准确浓度；c. 将溶液稀释至距刻度 1cm 左右，放入恒温槽中恒温后稀释至刻度。

② 计算欲配制 100mL 与已配好的乙酸乙酯溶液浓度相同的 NaOH 溶液需要多少毫升浓溶液，移取并在恒温下稀释至刻度。

(2) 启动恒温水浴，调至 25℃。

(3) 分别将乙酸乙酯和 NaOH 溶液用移液管取出 25mL 放于叉型管的直管与侧管中，恒温 5min。

(4) 5min 后将两溶液混合并计时测电导率，做 G_t-t 曲线。

(5) 移取 25mL NaOH 至 50mL 容量瓶中，恒温下稀释至刻度，测 G_0 值 3 次，取平均值。注：不要倒掉此溶液。

(6) 将恒温水浴温度调至 30℃，测 30℃电导率值 G_0。

五、数据记录与处理

(1) 数据记录　用同样的方法测定 25℃、30℃乙酸乙酯和 NaOH 反应的过程中溶液电导率的变化值，即反应开始后记录乙酸乙酯和 NaOH 混合液的电导率 G_t 随时间 t 的变化于表 2-17。

表 2-17　乙酸乙酯皂化反应的 G_t-t 数据表

t/min									
G_t									
t/min									
G_t									

(2) 做 G_t-t 曲线。

(3) 本实验不测 G_∞。由公式 $ckt=\dfrac{G_0-G_t}{G_t-G_\infty}$，可导出 $G_t=\dfrac{G_0-G_t}{ckt}+G_\infty$。做 G_t-t 图后，在图上等间隔取点，由 G_t-$\dfrac{G_0-G_t}{t}$ 做图，根据直线斜率求得 25℃、30℃的速率常数 k 值。

(4) 由公式 $\ln\dfrac{k_2}{k_1}=\dfrac{E_a}{R}\left(\dfrac{1}{T_1}-\dfrac{1}{T_2}\right)$，求得 E_a 值，即乙酸乙酯皂化反应在 25℃、30℃时反应速率常数以及反应的活化能。

六、注意事项

① 洗涤电极时不可以用纸擦拭电导电极上的铂黑，只能用吸水纸轻轻按压电

极将水吸除。

② 乙酸乙酯溶液在放置过程中乙酸乙酯会挥发并发生水解，因此每次实验时需要新鲜配制。

③ 配制好的 NaOH 溶液不宜在空气中久置，以防止吸收空气中的 CO_2。

七、提问与思考

① 为何本实验要在恒温条件下进行，而且乙酸乙酯和 NaOH 溶液在混合前还要预先恒温？

② 反应分子数与反应级数是两个完全不同的概念，反应级数只能通过实验来确定，试问如何从实验结果来验证乙酸乙酯皂化反应为二级反应？

③ 如果乙酸乙酯和 NaOH 溶液均为浓溶液，试问能否用此方法求得 k 值？为什么？

实验十五　红外光谱法区分顺/反丁烯二酸

一、实验目的

① 了解红外光谱仪的结构、用途及使用方法。

② 了解红外光谱在有机化合物结构鉴定中的作用和原理。

③ 用红外光谱法区分丁烯二酸的两种几何异构体。

④ 练习用 KBr 压片法制样。

二、实验原理

红外光谱法又称“红外分光光度分析法”，简称“IR”，分子吸收光谱的一种，其利用物质对红外光区的电磁辐射的选择性吸收来进行结构分析及对各种吸收红外光的化合物的定性和定量分析的方法。它的特点是特征性强、测定快速、不破坏试样、试样用量少、操作简便、能分析各种状态的试样、分析灵敏度较低、定量分析误差较大。

当样品受到频率连续变化的红外光照射时，分子吸收某些频率的辐射，产生分子振动能级和转动能级从基态到激发态的跃迁，使相应于这些吸收区域的透射光强度减弱。记录红外光的百分透射比与波数或波长关系曲线，就得到红外光谱。物质的红外光谱是其分子结构的反映，谱图中的吸收峰与分子中各基团的振动形式相对应。

通过比较大量已知化合物的红外光谱发现：组成分子的各种基团，如O—H、N—H、C—H、C═C、C═O和C≡C等，都有自己特定的红外吸收区域，分子的其他部分对其吸收位置影响较小。通常把这种能代表基团存在并有较高强度的吸收谱带称为基团频率，其所在的位置一般又称为特征吸收峰。

中红外光谱区可分成4000～1300(1800) cm^{-1}和1800(1300)～600cm^{-1}两个区域。最有分析价值的基团频率在4000～1300cm^{-1}之间，这一区域称为基团频率区、官能团区或特征区。区内的峰是由伸缩振动产生的吸收带，比较稀疏，容易辨认，常用于鉴定官能团。

1. 基团频率区

基团频率区可分为以下几个区域。

(1) 4000～2500cm^{-1}X—H伸缩振动区，其中X可以是O、N、C或S等原子。

① O—H基的伸缩振动出现在3650～3200cm^{-1}范围内，它可以作为判断有无醇类、酚类和有机酸类的重要依据。

当醇和酚溶于非极性溶剂（如CCl_4），浓度于0.01mol/dm^3时，在3650～3580cm^{-1}处出现游离O—H基的伸缩振动吸收，峰形尖锐，且没有其他吸收峰干扰，易于识别。当试样浓度增加时，羟基化合物产生缔合现象，O—H基的伸缩振动吸收峰向低波数方向位移，在3400～3200cm^{-1}出现一个宽而强的吸收峰。

② 胺和酰胺的N—H伸缩振动也出现在3500～3100cm^{-1}，因此，可能会对O—H伸缩振动有干扰。

③ C—H的伸缩振动可分为饱和和不饱和的两种：饱和的C—H伸缩振动出现在3000cm^{-1}以下，约为3000～2800cm^{-1}，取代基对它们影响很小，如—CH_3基的伸缩吸收出现在2960cm^{-1}和2876cm^{-1}附近；R_2CH_2基的吸收出现在2930cm^{-1}和2850cm^{-1}附近；R_3CH基的吸收基出现在2890cm^{-1}附近，但强度很弱。不饱和的C—H伸缩振动出现在3000cm^{-1}以上，以此来判别化合物中是否含有不饱和的C—H键。苯环的C—H键伸缩振动出现在3030cm^{-1}附近，它的特征是强度比饱和的C—H键稍弱，但谱带比较尖锐。不饱和的双键═C—H的吸收出现在3010～3040cm^{-1}范围内，末端═CH_2的吸收出现在3085cm^{-1}附近。不饱和的三键≡CH上的C—H伸缩振动出现在更高的区域（3300cm^{-1}）附近。

(2) 2500～1900cm^{-1}为三键和累积双键区，主要包括—C≡C、—C≡N等三键的伸缩振动，以及—C═C═C、—C═C═O等累积双键的不对称性伸缩振动。

对于炔烃类化合物，可以分成R—C≡CH和R—C≡C—R两种类型：R—C≡CH的伸缩振动出现在2100～2140cm^{-1}附近；R—C≡C—R出现在2190～2260cm^{-1}附近。R—C≡C—R分子对称，则为非红外活性。

—C≡N基的伸缩振动在非共轭的情况下出现2240～2260cm^{-1}附近。当与不饱和键或芳香核共轭时，该峰位移到2220～2230cm^{-1}附近。若分子中含有C、H、N原子，—C≡N基吸收比较强而尖锐。若分子中含有O原子，且O原子离—C≡N基越近，—C≡N基的吸收越弱，甚至观察不到。

（3）1900～1200cm^{-1}为双键伸缩振动区。该区域重要包括3种伸缩振动：

① 酮类、醛类、酸类、酯类等的C═O的伸缩振动出现在1900～1650cm^{-1}，是红外光谱中特征的且往往是最强的吸收；

② 酸酐类的C═O的伸缩振动由于振动耦合而呈现双峰；

③ 苯的衍生物的泛频谱带出现在2000～1650cm^{-1}范围，是C—H面外和C═C面内变形振动的泛频吸收，虽然强度很弱，但它们的吸收面貌在表征芳核取代类型上有一定作用。

2. 指纹区

在1800(1300)～600cm^{-1}区域内，除单键的伸缩振动外，还有因变形振动产生的谱带。这种振动基团频率和特征吸收峰与整个分子的结构有关。当分子结构稍有不同时，该区的吸收就有细微的差异，并显示出分子特征。这种情况就像人的指纹一样，因此称为指纹区。指纹区对于指认结构类似的化合物很有帮助，而且可以作为化合物存在某种基团的旁证。

（1）1800（1300）～900cm^{-1}区域是C—O、C—N、C—F、C—P、C—S、P—O、Si—O等单键的伸缩振动和C═S、S═O、P═O等双键的伸缩振动吸收。其中：1375cm^{-1}的谱带为甲基的d_{C-H}对称弯曲振动，对识别甲基十分有用；C—O的伸缩振动在1300～1000cm^{-1}，是该区域最强的峰，也较易识别。

（2）900～650cm^{-1}区域的某些吸收峰可用来确认化合物的顺反构型。利用上区域中苯环的C—H面外变形振动吸收峰和2000～1667cm^{-1}区域苯的倍频或组合频吸收峰，可以共同配合确定苯环的取代类型。

区分烯烃顺、反异构体常常借助于1000～650cm^{-1}范围的γ_{C-H}谱带。烷基型烯烃的顺式结构出现在730～675cm^{-1}，反式结构出现在约960cm^{-1}。当取代基变化时，顺式结构峰变化较大，反式结构峰基本不变，因此在确定异构体时非常有用。除上述谱带外，对于丁烯二酸，位于1710～1580cm^{-1}范围的光谱也具有很明显的特征：顺丁烯二酸分子结构对称性差，加之双键与羰基共轭，在约1600cm^{-1}

出现很强的 C═C 伸缩振动谱带；而反丁烯二酸分子结构对称性强，双键位于对称中心，其伸缩振动无红外活性，在光谱中观察不到吸收谱带。

顺丁烯二酸和反丁烯二酸的区别是分子中两个羧基相对于双键的几何排列不同，顺丁烯二酸分子结构对称性差，加之双键与羰基共轭，在约 $1600cm^{-1}$ 出现很强的 $\upsilon_{C=C}$ 谱带；反丁烯二酸分子结构对称性强，双键位于对称中心，其伸缩振动无红外活性，在光谱中观察不到吸收谱带。另外，顺丁烯二酸只能生成分子间氢键，羰基谱带位于 $1705cm^{-1}$，接近羰基 $\upsilon_{C=O}$ 频率的正常值；而反丁烯二酸能生成分子内氢键，其羰基谱带移至 $1680cm^{-1}$。因此，利用这一区间的谱带可以很容易地将两种几何异构体区分开来。

三、实验仪器与试剂

（1）实验仪器　PerkinElmer 红外光谱仪，压片机。

（2）实验试剂　顺丁烯二酸（分析纯），反丁烯二酸（分析纯），溴化钾粉末（分析纯）。

四、实验步骤

（1）首先打开电脑主机和红外光谱仪主机，双击程序 Spectrum 图标，出现对话框，点击“确定”进入红外光谱测试软件。然后设置仪器的基本功能，设置纵坐标单位、扫描的波数范围、分辨率等的参数。如图 2-27 所示。

（2）压片　将 2～4mg 干燥的 KBr 粉末放在玛瑙研钵内研磨至颗粒直径小于 2μm。将适量研磨好的样品装于干净的模具内，加压。放气卸压后，取出模具脱模，得到圆形样品片。

将 2～4mg 顺丁烯二酸放在玛瑙研钵内，然后加入 200～400mg 干燥的 KBr 粉末，混合研磨。研磨至颗粒直径小于 2μm。将适量研磨好的样品装于干净的模具内，加压。放气卸压后，取出模具脱模，得到圆形样品片。

以同样的方法制得反丁烯二酸圆形样品片。

（3）将 KBr 样品片放于样品支架上，置于红外光谱仪的光路中，在测试软件界面上，点击基底，等待仪器扫描完成后，将顺丁烯二酸样品片放于样品支架上点击，测定其红外光谱图。

换上反丁烯二酸样品片以同样的方法测定其红外光谱图。

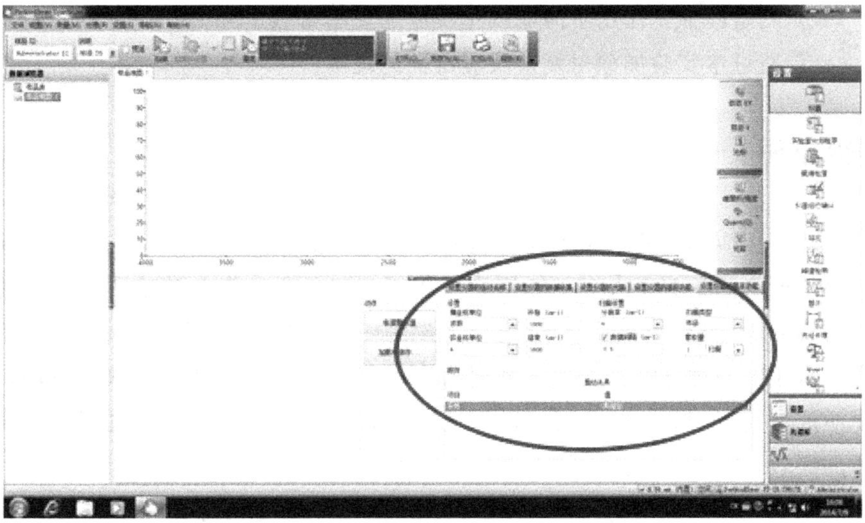

图 2-27 Spectrum-Ⅱ红外光谱仪操作界面

五、数据记录与处理

① 根据实验所得的两张谱图，鉴别顺、反异构体，说明依据。

② 查阅 Sadtler 谱图或从标准谱库中查出顺、反丁烯二酸的标准谱图，将实测谱与标准谱进行对照比较，标出每个特征吸收峰的波数，并确定其归属。

六、注意事项

① 研磨固体时应注意防潮，操作者不要对着研钵直接呼气。

② 制片时压缩时间为 5～10min，时间越长锭片越透明，但连续 10min 以上就得不到这种效果了。

③ 为使锭片受力均匀，在锭片模具内需将粉末弄平后再加压，否则锭片会产生白斑。

④ 操作仪器时应严格按照操作规程进行。

实验十六 丙酮碘化反应的速率方程

一、实验目的

① 掌握用孤立法确定反应级数的方法。

② 测定酸催化作用下丙酮碘化反应的速率常数。

③ 通过本实验加深对复杂反应特征的理解。

二、实验原理

化学反应是由若干个不同的基元反应组成的。这类复杂反应的反应速率和反应物活度之间的关系大多不能用质量作用定律预示。以实验法测定反应速率和反应物活度的计量关系是研究反应动力学的一个重要内容，其中孤立法是动力学研究中常用的一种方法：设计一系列溶液，其中只有某一物质的浓度不同，而其他物质的浓度均相同，借此可以求得反应对该物质的级数；同样也可得到各种作用物的级数，从而确立速率方程。

本实验以丙酮碘化为例，丙酮碘化反应是一个复杂的反应过程，其反应式为：

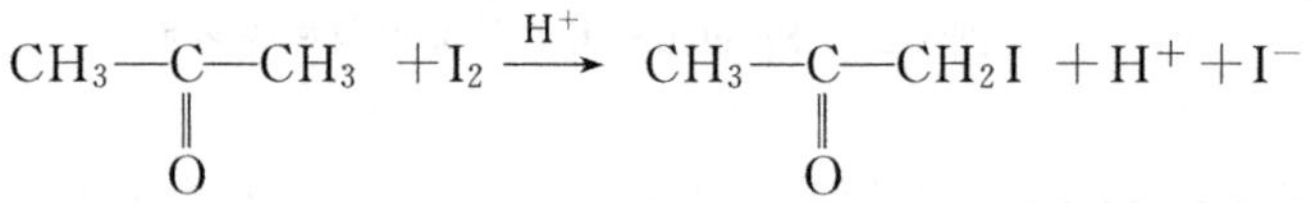

$$CH_3-\underset{\underset{O}{\|}}{C}-CH_3 + I_2 \xrightarrow{H^+} CH_3-\underset{\underset{O}{\|}}{C}-CH_2I + H^+ + I^- \qquad (2\text{-}96)$$

一般认为该反应是按照式（2-97）、式（2-98）所示两步进行的：

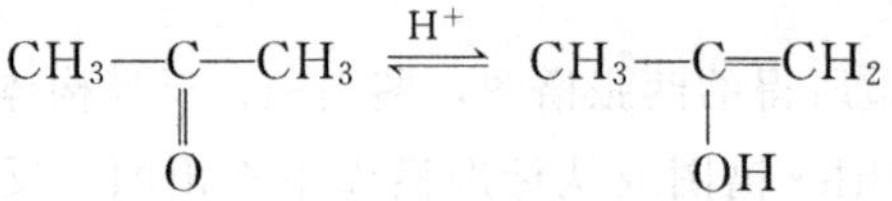

$$CH_3-\underset{\underset{O}{\|}}{C}-CH_3 \underset{}{\overset{H^+}{\rightleftharpoons}} CH_3-\underset{\underset{OH}{\|}}{C}=CH_2 \qquad (2\text{-}97)$$

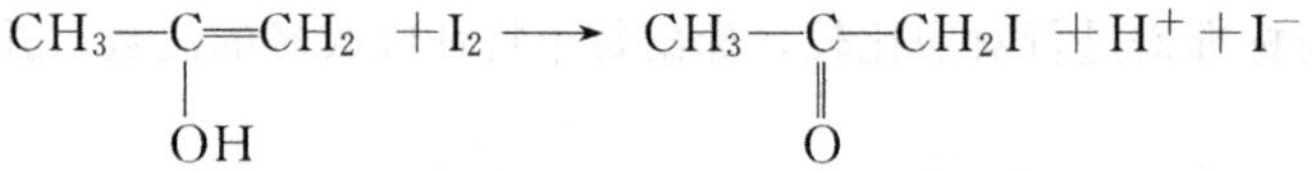

$$CH_3-\underset{\underset{OH}{\|}}{C}=CH_2 + I_2 \longrightarrow CH_3-\underset{\underset{O}{\|}}{C}-CH_2I + H^+ + I^- \qquad (2\text{-}98)$$

反应式（2-97）是一个很慢的可逆反应，而反应式（2-98）的碘化反应是一个快速且趋于进行到底的反应。因此，丙酮碘化反应的总速率是由丙酮的烯醇化反应式（2-97）的速率决定的，丙酮的烯醇化反应的速率取决于丙酮及氢离子的浓度。

实际上，在一定浓度范围内，反应速率可以用反应物浓度的变化表示，如果以碘化丙酮浓度的增加来表示丙酮碘化反应的速率，则此反应的动力学方程式可表示为：

$$-\frac{dc_{碘}}{dt} = k c_{丙酮}^x c_{酸}^y c_{碘}^z \qquad (2\text{-}99)$$

式中 x、y、z——丙酮、氢离子和碘的反应级数。

将 $c_{碘}$ 对 t 做图应为一条直线，其斜率即为反应速率。由于存在 k、x、y、z 四个未知数，至少需要四组不同浓度的反应溶液，通过数学运算分别计算出 k、x、y、z（具体运算方法将在数据处理部分做详细说明）。

碘在可见光区有一个很宽的吸收带，因此可以方便地用分光光度计测定反应过程中碘浓度随时间变化的关系。按照比尔定律：

$$A = -\lg T = -\lg \left(\frac{I}{I_0}\right) = abc_{碘} = Bc_{碘} \qquad (2\text{-}100)$$

式中 A——吸光度；

T——透光率；

I——某一定波长的光通过待测溶液后的光强；

I_0——某一定波长的光通过空白溶液后的光强；

a——吸光系数；

b——样品池光径长度；

B——分光光度计有关的常量，且 $B=ab$。

本实验所用的分光光度计为 722 型光栅分光光度计，其示意如图 2-28 所示。由于 $c_{碘}$ 对 t 做图所得直线的斜率为反应速率，根据式(2-100) 可知，以 A 对 t 做图的一条直线，其斜率为 $B(-\mathrm{d}c_{碘}/\mathrm{d}t)$。如果已知 B 就可以算出反应速率。若 $c_{丙}\approx c_{酸}\gg c_{碘}$，可以发现 A 值对 t 的关系图为一直线。显然只有当 $-\mathrm{d}c_{碘}/\mathrm{d}t$ 不随时间而改变时，该直线关系才能成立。这也就意味着，反应速率与碘的浓度无关，从而可得知丙酮碘化反应对碘的级数为零。

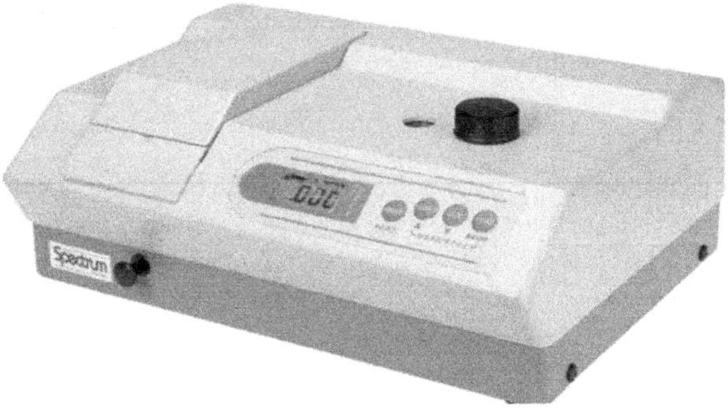

图 2-28 722 型光栅分光光度计示意

三、实验仪器与试剂

(1) 实验仪器

① 722 型光栅分光光度计，1 台；

② 容量瓶 (50mL)，4 只；

③ 超级恒温水浴，1 台；

④ 移液管 (5mL，10mL)，共 3 只。

(2) 实验试剂 丙酮溶液，碘溶液，盐酸溶液。

四、实验步骤

(1) 按照比尔 (Beer) 定律，$A=abC_{碘}=BC_{碘}$。取 2.5mL 标准碘液，加

10mL HCl溶液，放入50mL容量瓶中，稀释至刻度；调波长至560nm处，用5cm液池测吸光度A，重复3次（每次需用蒸馏水校正“零”点）。取平均值计算B值。由B值可计算所测吸光度A时对应的$c_{碘}$。

（2）将恒温水浴温度调至25℃，将装有蒸馏水的洗瓶和装有丙酮溶液的磨口瓶置于恒温水浴中恒温。在50mL容量瓶中分别移入指定量的HCl溶液和碘溶液，再加入20mL蒸馏水，放置于恒温水浴中恒温10min以上。待溶液恒温后在容量瓶中移入已恒温的一定体积的丙酮溶液，再加入恒温的蒸馏水，稀释至刻度。迅速混合均匀，并尽快倒入5mL液池中测吸光度A，同时开始计时，以后每隔1min或0.5min读数一次。保证在吸光度降到0（或者降低至0.00不变）之前能够均匀采得9个点，切勿少于9个点。

（3）按表2-18配制溶液，测定25℃的反应速率。

表2-18　配制的四组不同反应溶液的配比表

序号	0.01mol/dm^3 的 I_2/mL	1mol/dm^3 的 HCl/mL	1mol/dm^3 的丙酮/mL	蒸馏水
1	2.5	10	10	稀释至刻度
2	2.5	10	5	稀释至刻度
3	2.5	5	10	稀释至刻度
4	5	10	10	稀释至刻度

五、数据记录与处理

（1）根据所测得三组吸光度值计算B值。固定浓度碘液的三组吸光度数据记录如表2-19所列。

表2-19　固定浓度碘液的三组吸光度数据记录表

组别	1	2	3	平均值
A				

（2）根据实验记录下所配制的四组不同反应溶液的吸光度A随时间的变化关系，并根据上面的B值计算相应的$c_{碘}$。记录如表2-20所列。

（3）丙酮碘化速率方程式为$\upsilon=-\dfrac{dc_{碘}}{dt}=kc_{丙}^{x}\ c_{酸}^{y}\ c_{碘}^{z}$，将$c_{碘}$对$t$做图应为一条直线，其斜率即为反应速率。由表2-20可分别得到υ_1、υ_2、υ_3、υ_4。

（4）分别计算x、y、z　为了测定指数x，至少应进行两次实验；在这两次实验中，丙酮初始浓度不同，而盐酸和碘的初始浓度相同。若以1组和2组分别表示两次实验，则有：

$$c_{丙2}=1/2c_{丙1}, \quad c_{酸2}=c_{酸1}, \quad c_{碘2}=c_{碘1} \tag{2-101}$$

$$\frac{v_2}{v_1}=\frac{kc_{丙2}^{x}c_{酸2}^{y}c_{碘2}^{z}}{kc_{丙1}^{x}c_{酸1}^{y}c_{碘1}^{z}}=\frac{c_{丙2}^{x}}{c_{丙1}^{x}}=\frac{(1/2c_{丙1})^{x}}{c_{丙1}^{x}}=\left(\frac{1}{2}\right)^{x} \tag{2-102}$$

$$x=\lg\frac{v_2}{v_1}\Big/\lg\left(\frac{1}{2}\right) \tag{2-103}$$

表 2-20 配制的四组不同反应溶液的吸光度 A 和 $c_{碘}$ 随时间变化记录表

1	t/min	0	0.5	1	1.5	2	2.5	3	3.5	4
	吸光度 A									
	$c_{碘}/(10^{-4}\text{mol/dm}^3)$									
2	t/min	0	1	2	3	4	5	6	7	8
	吸光度 A									
	$c_{碘}/(10^{-4}\text{mol/dm}^3)$									
3	t/min	0	1	2	3	4	5	6	7	8
	吸光度 A									
	$c_{碘}/(10^{-4}\text{mol/dm}^3)$									
4	t/min	0	1	2	3	4	5	6	7	8
	吸光度 A									
	$c_{碘}/(10^{-4}\text{mol/dm}^3)$									

同法可求得：

$$y=\lg\frac{v_3}{v_1}\Big/\lg\left(\frac{1}{2}\right) \tag{2-104}$$

$$z=\lg\frac{v_4}{v_1}\Big/\lg 2 \tag{2-105}$$

（5）反应速率常数 k 可由 $v=kc_{丙}^{x}\,c_{酸}^{y}\,c_{碘}^{z}$ 求出。即由 v_1 求 k_1，v_2 求k_2，……，从而求出 $\bar{k}$。

（6）实验结论 写出丙酮碘化反应的速率常数和速率方程。

六、注意事项

① 反应机理推断：根据实验测得的反应级数和碘化反应速率与碘无关的事实，证明了实验原理部分所述的关于丙酮碘化反应的机理推断，即丙酮碘化反应可分别两步：反应的总速率是由丙酮的烯醇化反应的速率决定的，丙酮的烯醇化反应的速率取决于丙酮及氢离子的浓度。

② 在一定条件下，特别是碘的浓度较高时，反应式(2-96) 并不停留在一元碘

化丙酮上，可能会形成多元取代，故应测定开始一段时间的反应速率。但当$c_{碘}$偏大或者$c_{丙}$、$c_{酸}$偏小时，因为不符合比尔定律或者浓度变化过小，将导致读数误差较大。

③ 如果教学时数较多，可在两个或者更多温度下测定 k，还可以粗略求算反应活化能 E。

七、提问与思考

① 在动力学实验中，正确计算时间是很重要的实验关键。本实验中，从反应物开始混合到开始读数，中间有一段不短的操作时间，这对实验结果有无影响？

② 在实验中，使用分光光度计之前要确定其波长设定为 560nm，如果该波长不在 560nm 处，其对实验会有哪些影响？

实验十七　溶液法测定极性分子的偶极矩

一、实验目的

① 用溶液法测定乙酸乙酯的偶极矩。

② 了解偶极矩与分子电性质的关系。

③ 掌握溶液法测定偶极矩的实验技术。

二、实验原理

1. 偶极矩与极化度

分子结构可以近似地看成是由电子云和分子骨架（原子核及芯电子）构成的。由于分子空间构型不同，其正、负电荷中心可能是重合的，也可能不重合，前者称为非极性分子，后者称为极性分子。

1912 年，德拜（Debye）提出“偶极矩 μ”的概念来度量分子极性的大小，如图 2-29 所示，其定义是：

$$\mu = qd \tag{2-106}$$

式中　q——正、负电荷中心所带的电荷量；

d——正、负电荷中心之间的距离；

μ——偶极矩，是一个矢量，其方向规定从正到负。

因分子中原子间距离的数量级为 10^{-10} m，电荷的数量级为 10^{-20} C，所以偶极矩的数量级是 10^{-30} C·m。

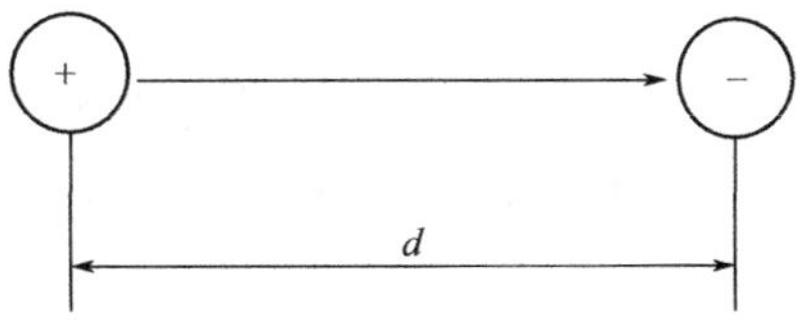

图 2-29　电偶极矩示意

通过偶极矩的测定可以了解分子结构中有关电子云的分布和分子的对称性等情况，还可以用来判别几何异构体和分子的立体结构等。

极性分子具有永久偶极矩，但由于分子的热运动，偶极矩指向各个方向的机会相同，所以偶极矩的统计值等于零。若将极性分子置于均匀的电场中，则偶极矩在电场的作用下会趋向电场方向排列。这时称这些分子被极化了，极化的程度可用摩尔转向极化度 $P_{转向}$ 来衡量。

$P_{转向}$ 与永久偶极矩平方成正比，与热力学温度 T 成反比：

$$P_{转向}=\frac{4}{3}\pi L\cdot\frac{\mu^2}{3kT}=\frac{4}{9}\pi L\ \frac{\mu^2}{kT} \tag{2-107}$$

式中　k——玻耳兹曼常数；

L——阿伏伽德罗常数。

在外电场作用下，不论极性分子或非极性分子都会发生电子云对分子骨架的相对移动，分子骨架也会发生变形，这种现象称为诱导极化或变形极化，用摩尔诱导极化度 $P_{诱导}$ 来衡量。显然，$P_{诱导}$ 可分为两项，即电子极化度 $P_{电子}$ 和原子极化度 $P_{原子}$，因此 $P_{诱导}=P_{电子}+P_{原子}$。$P_{诱导}$ 与外电场强度成正比，与温度无关。

如果外电场是交变电场，极性分子的极化情况则与交变电场的频率有关。当处于频率小于 $10^{-10}\,s^{-1}$ 的低频电场或静电场中，极性分子所产生的摩尔极化度 P 是转向极化、电子极化和原子极化的总和：

$$P=P_{转向}+P_{电子}+P_{原子} \tag{2-108}$$

当频率增加到 $10^{-12}\sim10^{-14}\,s^{-1}$ 的中频（红外频率）时，电场的交变周期小于分子偶极矩的弛豫时间，极性分子的转向运动跟不上电场的变化，即极性分子来不及沿电场定向，故 $P_{转向}=0$。此时极性分子的摩尔极化度等于摩尔诱导极化度 $P_{诱导}$。当交变电场的频率进一步增加到大于 $10^{-15}\,s^{-1}$ 的高频（可见光和紫外频率）时，极性分子的转向运动和分子骨架变形都跟不上电场的变化，此时极性分子的摩尔极化度等于电子极化度 $P_{电子}$。

因此，原则上只要在低频电场下测得极性分子的摩尔极化度 P，在红外频率下测得极性分子的摩尔诱导极化度 $P_{诱导}$，两者相减得到极性分子的摩尔转向极化度 $P_{转向}$，然后代入式(2-107) 就可算出极性分子的永久偶极矩 μ。

2. 极化度的测定

克劳修斯、莫索蒂和德拜（Clausius-Mosotti-Debye）从电磁理论得到了摩尔极化度 P 与介电常数 ε 之间的关系式：

$$P=\frac{\varepsilon-1}{\varepsilon+2}\cdot\frac{M}{\rho} \tag{2-109}$$

式中 M——被测物质的摩尔质量；

ρ——被测物质的密度；

ε——介电常数，可通过实验测定。

但式(2-109) 是假定分子与分子间无相互作用而推导得到的，所以它只适用于温度不太低的气相体系。然而测定气相的介电常数和密度在实验上困难较大，某些物质甚至根本无法使其处于稳定的气相状态。因此后来提出了溶液法来解决这一困难。

溶液法的基本想法是：在无限稀释的非极性溶剂的溶液中，溶质分子所处的状态和气相时相近，于是无限稀释溶液中溶质的摩尔极化度 P_2^{∞} 就可以看作为式(2-109) 中的 P。

海德斯特兰（Hedestran）首先利用稀溶液的近似公式：

$$\varepsilon_{溶}=\varepsilon_1(1+\alpha x_2) \tag{2-110}$$

$$\rho_{溶}=\rho_1(1+\beta x_2) \tag{2-111}$$

式中 $\varepsilon_{溶}$——溶液的介电常数；

$\rho_{溶}$——溶液的密度；

x_2——溶质的摩尔分数；

ε_1——溶质的介电常数；

ρ_1——溶剂的密度；

α——与 $\varepsilon_{溶}$-x_2 直线斜率有关的常数；

β——与 $\rho_{溶}$-x_2 直线斜率有关的常数。

再根据溶液的加和性，推导出无限稀释时溶质摩尔极化度的公式：

$$P=P_2^{\infty}=\lim_{x_2\to 0}P_2=\frac{3\alpha\varepsilon_1}{(\varepsilon_1+2)^2}\cdot\frac{M_1}{\rho_1}+\frac{\varepsilon_1-1}{\varepsilon_1+2}\cdot\frac{M_2-\beta M_1}{\rho_1} \tag{2-112}$$

式中 M_2——溶质的摩尔质量；

M_1——溶剂的摩尔质量；

P_2^{∞}——无限稀释时溶质摩尔极化度；

P_2——溶质摩尔极化度；

其余符号意义同上。

上面已经提到，在红外频率的电场下可以测得极性分子的摩尔诱导极化度 $P_{诱导}=P_{电子}+P_{原子}$。但在实验上由于条件的限制，很难做到这一点，所以一般总是在高频电场下测定极性分子的电子极化度 $P_{电子}$。

根据光的电磁理论，在同一频率的高频电场作用下，透明物质的介电常数 ε 与折光率 n 的关系为：

$$\varepsilon=n^2 \tag{2-113}$$

习惯上用摩尔折射度 R_2 来表示高频区测得的极化度，因为此时 $P_{转向}=0$，$P_{电子}=0$，则

$$R_2=P_{电子}=\frac{n^2-1}{n^2+2}\cdot\frac{M}{\rho} \tag{2-114}$$

在稀溶液情况下也存在近似公式：

$$n_{溶}=n_1(1+\gamma x_2) \tag{2-115}$$

同样，从式(2-114) 可以推导得无限稀释时溶质的摩尔折射度的公式：

$$P_{电子}=P_2^{\infty}=\lim_{x_2\to 0}R_2=\frac{n_1^2-1}{n_1^2+2}\cdot\frac{M_2-\beta M_1}{\rho_1}+\frac{6n_1^2M_1\gamma}{(n_1^2+2)^2\rho_1} \tag{2-116}$$

式中 $n_{溶}$——溶液的折光率；

n_1——溶剂的折光率；

γ——与 $n_{溶}$-x_2 直线斜率有关的常数。

3. 偶极矩的测定

考虑到原子极化度通常只有电子极化度的 5%～10%，而且 $P_{转向}$ 又比 $P_{电子}$ 大得多，故常常忽视原子极化度。

从式(2-107)、式(2-108)、式(2-112) 和式(2-116) 可得：

$$P_{转向}=P_2^{\infty}-R_2^{\infty}=\frac{4}{9}\pi L\frac{\mu^2}{kT} \tag{2-117}$$

上式把物质分子的微观性质偶极矩和它的宏观性质介电常数、密度和折射率联系起来，分子的永久偶极矩就可用下式简化式计算：

$$\mu=0.04274\times10^{-30}\sqrt{(P_2^{\infty}-R_2^{\infty})T}\quad \text{C}\cdot\text{m} \tag{2-118}$$

在某种情况下，若需要考虑 $P_{电子}$ 影响时只需对 P_2^{∞} 做部分修正就行了。

上述测求极性分子偶极矩的方法称为溶液法。溶液法测得的溶质偶极矩与气相测得的真实值间存在偏差，造成这种现象的原因是非极性溶剂与极性溶质分子相互间的作用——“溶剂化”作用，这种偏差现象称为溶液法测量偶极矩的“溶剂效应”。罗斯（Ross）和萨克（Sack）等曾对溶剂效应开展了研究，并推导出校正公式，有兴趣的读者可阅读有关参考资料。

此外，测定偶极矩的实验方法还有多种，如温度法、分子束法、分子光谱法以及利用微波谱的斯塔克法等，这里就不一一介绍了。

4. 介电常数的测定

介电常数是通过测量电容计算而得到的。

测量电容的方法一般有电桥法、拍频法和谐振法；后两者抗干扰性能好、精度高，但仪器价格较贵。本实验采用电桥法，选用 CC-6 型小电容测量仪，将其与电容池配套使用。

电容池两极间真空时和充满某物质 x 时电容分别为 C_0 和 C_x，则某物质的介电常数 ε 与电容的关系为：

$$\varepsilon=\frac{\varepsilon_x}{\varepsilon_0}=\frac{C_x}{C_0} \tag{2-119}$$

式中 ε_0——真空的电容率；

ε_x——该物质的电容率。

当将电容池插在小电容测量仪上测量电容时，实际测量所得的电容应是电容池两极间的电容和整个测试系统中的分布电容 C_d 并联构成。C_d 是一个恒定值，称为仪器的本底值，在测量时应予扣除，否则会引进误差，因此必须先求出本底值 C_d，并在以后的各次测量中予以扣除。

三、实验仪器与试剂

(1) 实验仪器

① 阿贝折光仪，1 台；

② CC-6 型小电容测量仪，1 台；

③ 容量瓶（50mL），4 只；

④ 电容池，1 只；

⑤ 超级恒温槽，1 台；

⑥ 比重管，1 个。

(2) 实验试剂　四氯化碳（分析纯），乙酸乙酯（分析纯），乙酸乙酯的四氯化碳溶液（摩尔分数分别是 0.01、0.05、0.10、0.15）。

四、实验步骤

1. 折光率测定

在 25℃±0.1℃条件下测定 CCl_4、$CH_3COOCH_2CH_3$ 及各溶液的折光率。

2. 介电常数的测定

接通电源，待小电容测量仪预热 5min 采零，再将电容池与小电容测量仪连接（见图 2-30）。用洗耳球将电容池两极间的间隙吹干，旋上盖子。测空气电容值，如测液体，用滴管吸走电容池中的液体，然后用滤纸吸，再用洗耳球吹干（可滴入少量丙酮，以便池中液体迅速挥发干净）。

3. 溶液密度测定

先称空比重管质量。测量液体时，先使管干燥（可使用丙酮吹干），用胶头滴管将液体从 b 口滴入，盖好帽，浸在恒温水浴中 10min，调节 b 支管液面到刻度 d，滤纸吸干管外所沾的水，称重，见图 2-31。

图 2-30 CC-6 型小电容测量仪

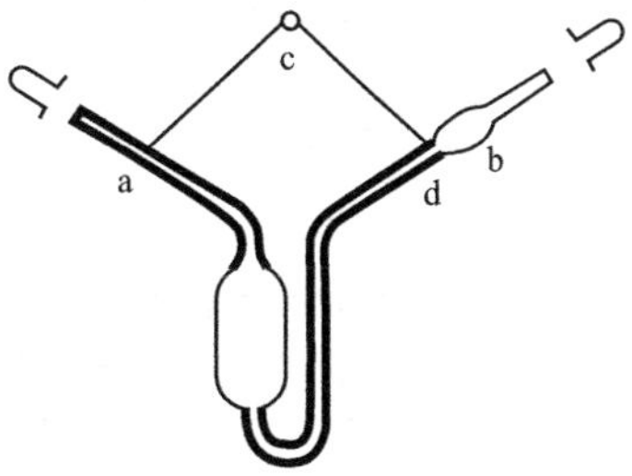

图 2-31 测定易挥发液体的比重管示意

五、数据记录与处理

1. 折光率测定

在 25℃±0.1℃条件下测定 CCl_4 及各溶液的折光率，记录如表 2-21 所列。

表 2-21 溶液的折光率

项目	四氯化碳	乙酸乙酯	C_1	C_2	C_3	C_4
n						
$n_{平均}$						
$n_{校正}$						

2. 电容的测定及介电常数的计算

$$\varepsilon_{CCl_4}=2.238-0.0020(t-20)$$

$$C_{溶}=C'_{溶}-C_d,\quad \varepsilon_{溶}=C_{溶}/C_0,\quad C_d=C'_{空}-C_0,\quad C_0=\frac{C'_{CCl_4}-C'_{空}}{\varepsilon_{CCl_4}-1}$$

式中 $C_{溶}$，$C_{空}$——未知溶液，空气在电容池极电间的实际电容；

C_d——整个测试系统中分布的电容，为恒定值；

$C'_{溶}$，$C'_{空}$——实验中电容仪的读数值。

溶液的电容记录如表 2-22 所列。

表 2-22 溶液的电容记录表

项目	空气	CCl_4	C_1	C_2	C_3	C_4
$C'_{溶}$						
$C_{溶}$						
$\varepsilon_{溶}$						

3. 溶液密度的测定

溶液密度的测定记录如表 2-23 所列。

表 2-23 溶液的密度记录表

项目	水	CCl_4	C_1	C_2	C_3	C_4
$W_{液+管}$						
$W_{液}$						
ρ						

$$\rho_{液}=\frac{\rho_{水}(W_{液+管}-W_{管})}{W_{水+管}-W_{管}}$$

4. 求算α，β，γ

$$\varepsilon_{溶}=\varepsilon_1(1+\alpha x_2),\ \rho_{溶}=\rho_1(1+\beta x_2),\ n_{溶}=n_1(1+\gamma x_2)。$$

5. 求算P_2^{∞}，R_2^{∞}，μ

打开 Origin 软件，做 $\varepsilon_{溶}$-x_2 图，求出截距 ε_1 和斜率，求得 α；

同理，做$\rho_{溶}$-x_2 图，求得 β；

做 $n_{溶}$-x_2 图，求得 γ。

再根据公式：

$$P=P_2^{\infty}=\lim_{x\to 0}P_2=\frac{3\alpha\varepsilon_1}{(\varepsilon_1+2)^2}\cdot\frac{M_1}{\rho_1}+\frac{\varepsilon_1-1}{\varepsilon_2+2}\cdot\frac{M_2-\beta M_1}{\rho_1}$$

$$R_2^{\infty}=\frac{n_1^2-1}{n_1^2+2}\cdot\frac{M_2-\beta M_1}{\rho_1}+\frac{6n_1^2M_1\gamma}{(n_1^2+2)^2\rho_1}$$

求得 P_2^{∞}，R_2^{∞}，然后可计算乙酸乙酯分子的偶极矩 μ 值。

六、提问与思考

① 分析本实验误差的主要来源，如何改进？

② 试说明溶液法测量极性分子永久偶极矩的要点，有何基本假定？推导公式时做了哪些近似？

③ 如何利用溶液法测量偶极矩的“溶剂效应”来研究极性溶质分子与非极性溶剂的相互作用？

实验十八 电势-pH值曲线的测定

一、实验目的

① 掌握电极电势、电池电动势及 pH 值的测定原理和方法。

② 了解电势-pH 值曲线的意义及应用。

③ 测定 Fe^{3+}/Fe^{2+}-EDTA 络合体系在不同 pH 值条件下的电极电势，绘制电势-pH 值曲线。

二、实验原理

对于 Fe^{3+}/Fe^{2+}-EDTA 配合体系在不同的 pH 值范围内，其络合产物不同，以 Y^{4-} 代表 EDTA 酸根离子。本实验将在 3 个不同 pH 值的区间来讨论其电极电势的变化。标准电极电势的概念被广泛应用于解释氧化还原体系之间的反应，很多氧化还原反应不仅与溶液的浓度和离子强度有关，而且与溶液的 pH 值有关，即电极电势与浓度和酸度成函数关系。如果指定溶液的浓度，则电极电势只与溶液的 pH 值有关。在改变溶液的 pH 值时测定溶液的电极电势，然后以电极电势对 pH 值做图，这样就可得到等温、等浓度的电势-pH 值曲线。

电势与 pH 值关系示意如图 2-32 所示。

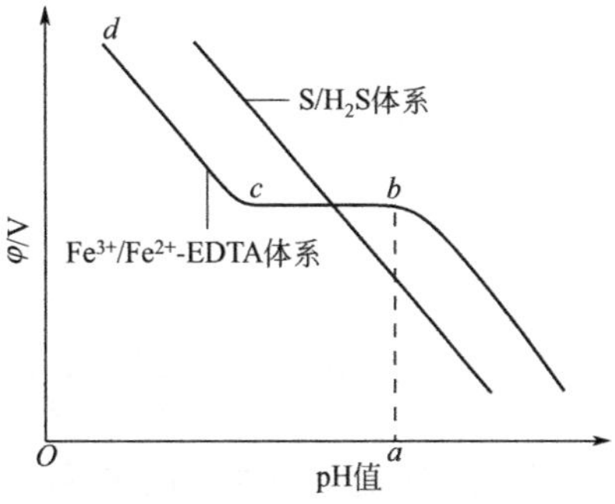

图 2-32 电势与 pH 值关系示意

（1）高 pH 值时电极反应为：

$$Fe(OH)Y^{2-}+e^{-} \longrightarrow FeY^{2-}+OH^{-}$$

根据能斯特（Nernst）方程，其电极电势为：

$$\varphi=\varphi^{\ominus}-\frac{RT}{F}\ln\frac{a(FeY^{2-})a(OH^{-})}{a[Fe(OH)Y^{2-}]} \tag{2-120}$$

式中　$\varphi^{\ominus}$——标准电极电势；

a——活度。

已知 a 与活度系数 γ 和质量摩尔浓度 m 的关系为：

$$a=\gamma m \tag{2-121}$$

同时在稀溶液中水的活度积 K_w 可看作水的离子积，又根据 pH 定义，则上式可写成

$$\varphi=\varphi^{\ominus}-\frac{RT}{F}\ln\frac{\gamma(FeY^{2-})K_w}{\gamma[Fe(OH)Y^{2-}]}-\frac{RT}{F}\ln\frac{m(FeY^{2-})}{m[Fe(OH)Y^{2-}]}-\frac{2.303RT}{F}pH \tag{2-122}$$

令 $b_1=\frac{RT}{F}\ln\frac{\gamma(FeY^{2-})K_w}{\gamma[Fe(OH)Y^{2-}]}$，在溶液离子强度和温度一定时 b_1 为常数。则：

$$\varphi=(\varphi^{\ominus}-b_1)-\frac{RT}{F}\ln\frac{m(FeY^{2-})}{m[Fe(OH)Y^{2-}]}-\frac{2.303RT}{F}pH \tag{2-123}$$

在 EDTA 过量时，生成的络合物的浓度可近似看作为配制溶液时铁离子的浓度，即 $m(FeY^{2-})\approx m(Fe^{2+})$，$m[Fe(OH)Y^{2-}]\approx m(Fe^{3+})$。在 $m(Fe^{3+})/m(Fe^{2+})$不变时，φ 与 pH 值呈线性关系。如图 2-31 中的 ab 段。

（2）在特定的 pH 值范围内，Fe^{2+} 和 Fe^{3+} 能与 EDTA 生成稳定的络合物 FeY^{2-} 和 FeY^{-}，其电极反应为：

$$FeY^{-}+e^{-} \longrightarrow FeY^{2-}$$

其电极电势为：

$$\begin{aligned}\varphi &=\varphi^{\ominus}-\frac{RT}{F}\ln\frac{a(FeY^{2-})}{a(FeY^{-})}\\ &=\varphi^{\ominus}-\frac{RT}{F}\ln\frac{\gamma(FeY^{2-})}{\gamma(FeY^{-})}-\frac{RT}{F}\ln\frac{m(FeY^{2-})}{m(FeY^{-})}\\ &=(\varphi^{\ominus}-b_2)-\frac{RT}{F}\ln\frac{m(FeY^{2-})}{m(FeY^{-})}\end{aligned} \tag{2-124}$$

式(2-124) 中，$b_2=\frac{RT}{F}\ln\frac{\gamma(FeY^{2-})}{\gamma(FeY^{-})}$，当溶液离子强度和温度一定时 b_2 为常数。在此 pH 值范围内，该体系的电极电势只与 $m(Fe^{3+})/m(Fe^{2+})$的值有关，曲线中出现平台区（图 2-31 中 bc 段）。

(3) 低 pH 值时的电极反应为：

$$FeY^- + H^+ + e^- \longrightarrow FeHY^-$$

则可求得：

$$\varphi = (\varphi^{\ominus} - b_3) - \frac{RT}{F}\ln\frac{m(FeHY^-)}{m(FeY^-)} - \frac{2.303RT}{F}p \qquad (2\text{-}125)$$

式(2-125) 中 b_3 为常数，在 $m(Fe^{2+})/m(Fe^{3+})$不变时 φ 与 pH 值呈线性关系。如图 2-31 中的 cd 段。

由此可见，只要将体系（Fe^{3+}/Fe^{2+}-EDTA）用惰性金属（Pt 丝）作导体组成一电极，并且与另一参比电极组合成电池，测定该电池的电动势，即可求得体系的电极电势；与此同时，测出相应条件下的 pH 值，从而可绘制出电势-pH 值曲线。

电势-pH 值曲线在电化学分析工作中具有广泛的实际应用价值。本实验讨论的 Fe^{3+}/Fe^{2+}-EDTA 体系可用于天然气的脱硫。天然气中含有 H_2S，它是一种有害物质。利用 Fe^{3+}-EDTA 溶液可将天然气中的硫分氧化为元素 S 而过滤除去，溶液中 Fe^{3+}-EDTA 络合物被还原为 Fe^{2+}-EDTA 络合物；通入空气可使 Fe^{2+}-EDTA 络合物被氧化为 Fe^{3+}-EDTA 络合物，使溶液得到再生而不断循环使用。其反应如下：

$$2FeY^- + H_2S \xrightarrow{\text{脱硫}} 2FeY^{2-} + 2H^+ + S\downarrow$$

$$2FeY^{2-} + \frac{1}{2}O_2 + H_2O \xrightarrow{\text{再生}} 2FeY^- + 2OH^-$$

可利用测定 Fe^{3+}/Fe^{2+}-EDTA 络合体系的电势-pH 值曲线选择较合适的脱硫条件。例如，低含硫天然气中 H_2S 含量约为 0.1～0.6g/m^3，在 25℃时相应的 H_2S 的分压为 7.29～43.56Pa。根据电极反应：

$$S + 2H^+ + 2e^- \longrightarrow H_2S(g)$$

在 25℃时其电极电势：

$$\varphi/V = -0.072 - 0.0296\lg\left[\frac{p(H_2S)}{Pa}\right] - 0.0591pH \qquad (2\text{-}126)$$

将 φ、$p(H_2S)$ 和 pH 值三者关系在电势-pH 值图中画出，如图 2-32 曲线所示。

从图 2-32 中不难看出，对任何具有一定比值 $m(Fe^{3+})/m(Fe^{2+})$的脱硫液而言，其电极电势与反应 $S+2H^+ \longrightarrow H_2S(g)$ 的电极电势之差值在电势平台区的 pH 值范围内随着 pH 值的增大而增大，到平台区的 pH 值上限时两电极电势的差值最大；超过此 pH 值，两电极电势差值不再增大而为定值。这一事实表明，任何具有一定比值的 $m(Fe^{3+})/m(Fe^{2+})$脱硫液在它的电势平台区的 pH 值上限时，脱硫的热力学趋势达最大；超过此 pH 值后，脱硫趋势不再随 pH 值增大而增加。

可见，图 2-31 中的 *a* 点的 pH 值和大于 *a* 点的 pH 值是该体系脱硫的合适条件。还应指出，脱硫液的 pH 值不宜过大，实验表明，如果 pH 值大于 12，则会有 $Fe(OH)_3$沉淀出来。

三、实验仪器与试剂

（1）实验仪器

① 酸度电势测定装置（PH-3V）；

② 托盘天平；

③ 电磁搅拌器；

④ 量筒（50mL），1 个；

⑤ pH 复合电极；

⑥ 容量瓶（50mL），1 个；

⑦ 饱和甘汞电极；

⑧ 烧杯（50mL），1 个。

（2）实验试剂　$(NH_4)_2Fe(SO_4)_2 \cdot 6H_2O$（分析纯），NaOH（分析纯），$C_{10}H_{14}N_2Na_2O_8 \cdot 2H_2O$（EDTA），HCl（分析纯），$NH_4Fe(SO_4)_2 \cdot 12H_2O$（分析纯）。

四、实验步骤

（1）溶液配制

① 称取 1.96g $(NH_4)_2Fe(SO_4)_2$ 溶解后置于 50mL 容量瓶里，稀释至刻度，溶液浓度为 0.1mol/dm^3。

② 称取 2.40g $NH_4Fe(SO_4)_2$ 溶解后置于 50mL 容量瓶里，稀释至刻度，溶液浓度为 0.1mol/dm^3。

③ 称取 9.30g 乙二胺四乙酸二钠，1.60g NaOH 溶解后，置于 50mL 容量瓶里，稀释至刻度，溶液浓度为 0.5mol/dm^3。

（2）按下列顺序依次取 25mL 0.1mol/dm^3 的 $NH_4Fe(SO_4)_2$、25mL 0.1mol/dm^3 的 $(NH_4)_2Fe(SO_4)_2$、40mL 0.5mol/dm^3 的 EDTA、50mL 蒸馏水加入反应器中，然后加入转子，盖上盖子，插上铂电极，饱和甘汞电极，并将铂电极、饱和甘汞电极和 pH 复合电极分别接在相应的接线柱上，将反应器放在磁力搅拌器上，打开电磁搅拌器搅拌，速度调至中速。

实验装置如图 2-33 所示。

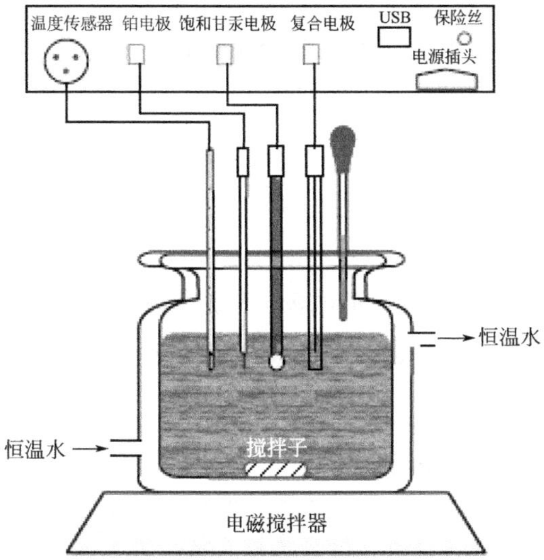

(a) 实验装置示意

(b) 实验装置实物图

图 2-33 电势-pH 值曲线测定实验装置示意和实物

(3) 采用两点法对复合电极进行手动校正

① 按"标定方式"键，手动标定指示灯亮，表明进入手动工作状态；按下"存储/温度设置"键，用"参数设置"按键设置温度指示为当前室温；然后按"存储/温度设置"键，保存所选择的温度数值。仪器回到 pH 测量状态。

② 用去离子水冲洗 pH 复合电极后，将复合电极插入 pH=6.86 的缓冲溶液当中，按"模式"键一次，"测量""斜率""pH"指示灯灭，"定位""mV"指示灯亮，表明仪器处于定位标定状态，仪器"电势Ⅰ/pH"窗口显示该温度下标准缓冲溶液所产生的电势 mV 值；待读数稳定后按"存储"键，"pH"指示灯亮，"mV"指示灯灭，显示窗口待设置位闪烁，用"参数设置"键将 pH 值调整到 6.86；按"存储"键，pH 指示灯闪烁位停止，仪器将所设定标准值存储。

③ 用去离子水冲洗 pH 复合电极，将复合电极插入 pH=9.18 的缓冲溶液当中，将按"模式"键一次，"测量""定位""pH"指示灯灭，"斜率""mV"指示灯亮，表明仪器处于斜率标定状态，仪器"电势Ⅰ/pH"窗口显示该温度下标准缓冲溶液所产生的电势 mV 值；待读数稳定后按"存储"键，"pH"指示灯亮，"mV"指示灯灭，显示窗口待设置位闪烁，用"参数设置"键将 pH 值调整到 9.18；按"存储"键，pH 指示灯闪烁位停止，仪器将所设定标准值存储。再按一次模式键，"pH""测量"灯亮，仪器进入测量 pH 模式。

(4) 从酸度电势测定装置上"电势Ⅰ/pH"窗口读取相应的 pH 值和"电势Ⅱ"窗口读取相应的电动势并作记录。随后用滴管滴加 4mol/dm^3 的 HCl 溶液调节溶液的 pH 值，每次 pH 值改变值约为 0.2，待数值稳定后记录相应的 pH 值和电动势的值，逐一测定直到溶液变为浑浊。

（5）实验结束后及时取出铂电极，饱和甘汞电极、复合电极，用蒸馏水冲洗干净后装入保护套中，使仪器复原。

五、数据记录与处理

以表格形式正确记录数据（表 2-24），并将测定的电极电势换算成相对标准氢电极的电势。然后绘制电势-pH 值曲线。确定 FeY^- 和 FeY^{2-} 稳定存在的 pH 值范围，写出实验结论。

表 2-24　溶液电动势随 pH 值变化的数据表

pH 值	电动势 /mV	相对氢标电势 /mV	pH 值	电动势 /mV	相对氢标电势 /mV	pH 值	电动势 /mV	相对氢标电势 /mV

注：相对氢标电势 ε = 测量电动势 + 0.2412V。

六、提问与思考

① 写出 Fe^{3+}/Fe^{2+}-EDTA 体系在电势平台区、低 pH 值和高 pH 值时，体系的基本电极反应及其所对应的电极电势公式的具体表示式，并指出各项的物理意义。

② 指出 pH 复合电极、饱和甘汞电极、铂电极各有何作用？

③ 脱硫液的比值不同，测得的电势-pH 值曲线有什么差异？

缓冲溶液的配制方法

（1）pH＝4.00 的缓冲溶液　用 GR 邻苯二甲酸氢钾 10.21g，溶解于 1000mL 的高纯水中。

（2）pH＝6.86 的缓冲溶液　用 GR 磷酸二氢钾 3.387g、GR 磷酸氢二钠 3.533g 溶解于 1000mL 高纯水中。

(3) pH=9.18的缓冲溶液　用GR硼砂3.80g溶解于1000mL高纯水中。

注意：配制(2)、(3)溶液所用水应预先煮沸15～30min，除去溶解的二氧化碳。

第二节 中级实验

实验十九 紫外分光光度法测定萘在硫酸铵水溶液中的活度系数

一、实验目的

① 了解紫外分光光度法测定萘在硫酸铵水溶液中活度系数的基本原理。

② 用紫外分光光度计测定萘在硫酸铵水溶液中的活度系数，并求出极限盐效应常数。

③ 了解和初步掌握紫外分光光度计的使用方法。

二、实验原理

化合物分子内电子能级的跃迁发生在紫外及可见区的光谱称为电子光谱或紫外-可见光谱。通常紫外-可见分光光度计的测量范围在200～400nm的紫外区及400～1000nm的可见区及部分红外区。

许多有机物在紫外光区具有特征的吸收光谱，而对具有π键电子及共轭双键的化合物特别灵敏，在紫外光区具有强烈的吸收。

因萘的水溶液符合朗伯-比尔（Lambert-Bear）定律，可用3个不同波长（$\lambda=267$nm、$\lambda=275$nm、$\lambda=283$nm）的光，以水作参比，测定不同相对浓度的萘水溶液的吸光度，以吸光度对萘的相对浓度做图，得到3条通过零点的直线。

$$A_0=kC_0l \tag{2-127}$$

式中　A_0——萘在纯水中的吸光度；

C_0——萘在纯水中的溶液浓度；

l——溶液的厚度；

k——吸光系数。

对于萘的盐水溶液，用相同的波长进行测定，并绘制 A-λ 曲线，即可确定吸收峰位置（见图 2-34）。

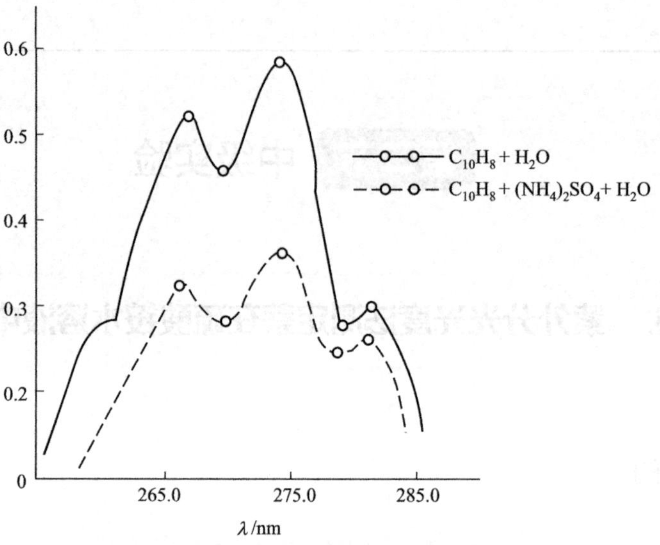

图 2-34　萘-硫酸铵水溶液吸收光谱

从图 2-34 可以看出，萘在水溶液中和盐水溶液中，都是在 $\lambda=267$nm、275nm、283nm 处出现吸收峰，吸收光谱几乎相同，说明盐（硫酸铵）的存在并不影响萘的吸收光谱。两种溶液中的消光系数是一样的，则：

$$A=kCl \tag{2-128}$$

式中　A——萘在盐水溶液中的吸光度；

C——萘在盐水中的浓度。

把盐加入饱和的非电解质水溶液，非电解质的溶解度就起变化。如果盐的加入使非电解质的溶解度减小（增加非电解质的活度系数），这个现象叫作盐析；反之叫作盐溶。

早在 1889 年 Setschenon 就提出了盐效应经验公式：

$$\lg\frac{C_0}{C}=KC_S \tag{2-129}$$

式中　K——盐析常数；

C_S——盐的浓度，mol/dm³。

如果 K 是正值，则 $C_0>C$，这就是盐析作用；如果 K 是负值，则 $C_0<C$，这就是盐溶作用。

当纯的非电解质和它的饱和溶液成平衡时，无论是在纯水或盐溶液里非电解质的化学势（α）是相同的。

$$\alpha=\gamma C=\gamma_0 C_0 \tag{2-130}$$

式中 γ，γ_0——活度系数；

C，C_0——饱和溶液、纯溶剂的浓度。

$$\lg\frac{\gamma}{\gamma_0}=\lg\frac{C_0}{C}=KC_S \quad (2\text{-}131)$$

通过测定萘水溶液的吸光度与萘盐水溶液的吸光度就可以求出活度系数。

本实验是用不同浓度的硫酸铵盐溶液测定萘在盐溶液中的活度系数，了解萘在水中的溶解度随硫酸铵的浓度增加而下降的趋势，硫酸铵对萘起盐析作用。

三、实验仪器与试剂

（1）实验仪器

① UV-2600 紫外分光光度计，1 台；

② 刻度移液管，25mL，1 支；10mL，1 支；

③ 容量瓶，50mL，6 只；25mL，3 只；

④ 锥形瓶，25mL，6 只。

（2）实验试剂　萘（分析纯），硫酸铵（分析纯）。

四、实验步骤

1. 溶液配置

① 在 25℃下制备萘在纯水中的饱和溶液 100mL。然后取 3 只 25mL 容量瓶，分别配制相对浓度为 0.75mol/dm^3、0.5mol/dm^3、0.25mol/dm^3 的萘水溶液。

② 取 6 只 50mL 的容量瓶配制 1.2mol/dm^3、1.0mol/dm^3、0.8mol/dm^3、0.6mol/dm^3、0.4mol/dm^3、0.2mol/dm^3 的硫酸铵溶液；然后将每份溶液倒出 1/2 至 25mL 锥形瓶中，加入萘成为相应盐溶液浓度的饱和萘水盐溶液。

2. 光谱测定

① 用 5mL 饱和萘水溶液与 5mL 水混合，以水作为参比液，测定 $\lambda=260\sim290$nm 间萘的吸收光谱。

用 5mL 饱和萘水溶液与 5mL 1mol/dm^3 的硫酸铵溶液混合，用 5mL 水加 5mL(1mol/dm^3）硫酸铵溶液为参比液，测定 $\lambda=260\sim290$nm 间萘的吸收光谱。

② 以水作为参比液，分别用 $\lambda=267$nm、275nm、283nm 的光测定不同相对浓度的萘水溶液的吸光度。

③ 用同浓度的硫酸铵水溶液作为参比液，在 $\lambda=267$nm、275nm、283nm 波

长处分别测定不同浓度的饱和萘-硫酸铵水溶液的吸光度。

五、数据处理与讨论

1. 数据记录与处理

① 所得不同浓度萘水溶液的吸光度值对萘溶液的相对浓度作图，得三条通过零点的直线，求出吸光系数 k。

② 根据测得不同浓度的硫酸铵饱和萘溶液的吸光度计算出一系列活度系数 γ 值（γ_0 作为 1），以 $\lg\gamma$ 对硫酸铵溶液的相应浓度做图，应呈直线关系。

③ 从图上求出极限盐效应常数 K。

2. 讨论

① 盐效应表示离子与水分子之间静电力以及离子和非电解质间色散力二者大小的比较，如果静电力大于色散力则结果造成盐析。

② 从实验数据可看出，硫酸铵的加入对萘起盐析作用。萘的溶解度随硫酸铵浓度的增加而下降，活度系数增大。

六、注意事项

① 本实验所用试剂萘和硫酸铵纯度要求较高，可以通过再结晶处理，提高试剂纯度，满足实验需要。

② 萘水饱和溶液和萘的盐水饱和溶液的饱和度一定要充分，可以通过振荡器，使其充分饱和。

七、提问与思考

① 本实验中把萘在纯水中的饱和溶液的活度系数假设为 1，试讨论其可行性。

② 如果用 $\lambda=267\text{nm}$、275nm、283nm 的光测定萘在乙醇溶液中的含量是否可行？

③ 通过本实验是否可测定其他非电解质在盐水溶液中的活度系数？

④ 影响本实验的因素有哪些？

⑤ 为什么要测定 $\lambda=260\sim290\text{nm}$ 的萘水溶液及萘水盐溶液的吸收光谱？

实验二十 无机材料的综合热分析（DSC/TG）

一、实验目的

① 掌握差热-热重分析方法的基本原理，了解差热-热重综合热分析仪的构造，学会操作技术。

② 用差热-热重综合分析仪对 $CuSO_4 \cdot 5H_2O$ 进行差热-热重分析，并定性解释所得到的图谱。

二、实验原理

1. 热重分析法(TG)

热重分析法（Thermogravimetry Analysis，TG 或 TGA）为使样品处于一定的温度程序（升/降/恒温）控制下，观察样品的质量随温度或时间的变化过程，获取失重比例、失重温度（起始点，峰值，终止点……），以及分解残留量等相关信息。

TG 方法广泛应用于塑料、橡胶、涂料、药品、催化剂、无机材料、金属材料与复合材料等各领域的研究开发、工艺优化与质量监控；可以测定材料在不同气氛下的热稳定性与氧化稳定性，可对分解、吸附、解吸附、氧化、还原等物理化学过程进行分析，包括利用 TG 测试结果进一步作表观反应动力学研究；可对物质进行成分的定量计算，测定水分、挥发成分及各种添加剂与填充剂的含量。

2. 差示扫描量热法（DSC）

差示扫描量热法（Differential Scanning Calorimetry，DSC）为使样品处于一定的温度程序（升/降/恒温）控制下，观察样品端和参比端的热流功率差随温度或时间的变化过程，以此获取样品在温度程序过程中的吸热、放热、比热容变化等相关热效应信息，计算热效应的吸放热量（热焓）与特征温度（起始点，峰值，终止点……）。

DSC 方法广泛应用于塑料、橡胶、纤维、涂料、黏合剂、医药、食品、生物有机体、无机材料、金属材料与复合材料等各类领域，可以研究材料的熔融与结晶过程、玻璃化转变、相转变、液晶转变、固化、氧化稳定性、反应温度与反应热焓，测定物质的比热容、纯度，研究混合物各组分的相容性，计算结晶度、反应动力学参数等。

3. 同步热分析法（STA）

同步热分析法（Simultaneous Thermal Analysis，STA）将热重分析 TG 与差示扫描量热 DSC（或其前身差热分析 DTA）合为一体，在同一次测量中利用同一样品可同步得到质量变化与吸放热相关信息。

4. 综合热分析法（DSC/TG）

Netzsch STA-449F3 是世界上先进的同步 TG/DSC 分析仪器，拥有最高解析度的 TG/DSC 与无可比拟的长时间稳定性，即使在 1400℃以上的高温，仍能保证 DSC 传感器的高灵敏度与比热测量的准确性。

样品坩埚与参比坩埚（一般为空坩埚）置于同一导热良好的传感器盘上，两者之间的热交换满足傅里叶热传导方程。使用控温炉按照一定的温度程序进行加热，通过定量标定，可将升温过程中两侧热电偶实时量到的温度信号差转换为热流信号差，对时间/温度连续做图后即得到 DSC 曲线。同时整个传感器（样品支架）插在高精度的天平上。参比端无重量变化，样品本身在升温过程中的重量变化由热天平进行实时测量，对时间/温度连续做图后即得到 TG 曲线。

相比单独的 TG、DSC 测试，这一联用技术具有如下显著优点：

① 通过一次测量，即可获取质量变化与热效应两种信息，不仅方便而节省时间，同时由于只需要更少的样品，对于样品很昂贵或难以制取的场合非常有利。

② 消除称重量、样品均匀性、升温速率一致性、气氛压力与流量差异等因素影响，TG 与 DTA/DSC 曲线对应性更佳。

③ 根据某一热效应是否对应质量变化，有助于判别该热效应所对应的物化过程（如区分熔融峰、结晶峰、相变峰与分解峰、氧化峰等）。

④ 实时跟踪样品质量随温度/时间的变化，在计算热焓时可以样品的当前实际质量（而非测量前原始质量）为依据，有利于相变热、反应热等的准确计算。

STA-449F3 差热-热重同步分析仪结构示意如图 2-35 所示。

图 2-35 中可以看到保护气和吹扫气，其中保护气通常使用惰性的 N_2 或 Ar，经天平室、支架连接区而通入炉体，可以使天平处于稳定而干燥的工作环境，防止潮湿水汽、热空气对流以及样品分解污染物对天平造成影响。仪器允许同时连接两种不同的吹扫气类型，并根据需要在测量过程中自动切换或相互混合。常见

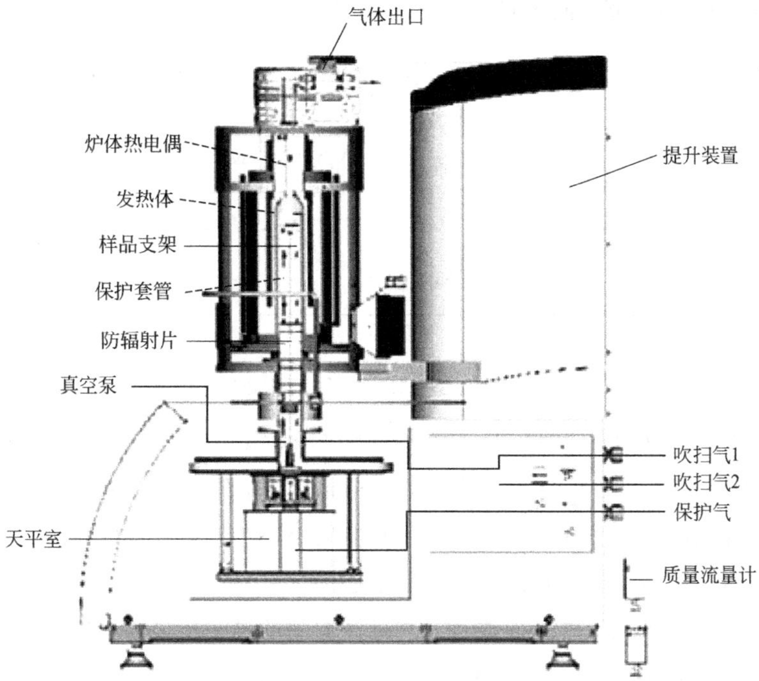

图 2-35 Netzsch STA-449F3 差热-热重同步分析仪结构示意

的接法是：一路连接 N_2 或 Ar 作为惰性吹扫气氛，应用于常规应用；另一路连接空气，作为氧化性气氛使用。在气体控制附件方面，可以配备传统的转子流量计、电磁阀，也可配备精度与自动化程度更高的质量流量计（MFC）。

气体出口位于仪器顶部，可以将载气与气态产物排放到大气中，也可使用加热的传输管线进一步连接 FTIR、QMS、GC-MS 等系统，将产物气体输送到这些仪器中进行成分检测。仪器的顶部装样结构与自然流畅的气路设计，使得载气流量小、产物气体浓度高、信号滞后小，非常有利于与这些系统相联用，进行逸出气体成分的有效分析。

仪器配备有恒温水浴，将炉体与天平两个部分相隔离，可以有效防止当炉体处于高温时热量传导到天平模块。再加上由下而上持续吹扫的保护气体防止了热空气对流造成的热量传递，以及样品支架周围的防辐射片隔离了高温环境下的热辐射因素，种种措施充分保证了高精度天平处于稳定的温度环境下，不受高温区的干扰，确保了热重信号的稳定性。

Netzsch STA-449F3 分析仪为真空密闭结构，可以外接真空泵，一方面可以进行抽真空与气体置换操作，能够有效保证惰性气氛的纯净性；另一方面还可在真空下进行测试，且真空段与气氛段可混合编程、自动切换。

加热炉体由发热体、保护套管与炉体热电偶构成，由提升装置进行炉体的升降操作。

典型的 TG-DSC 同步热分析图谱如图 2-36 所示。

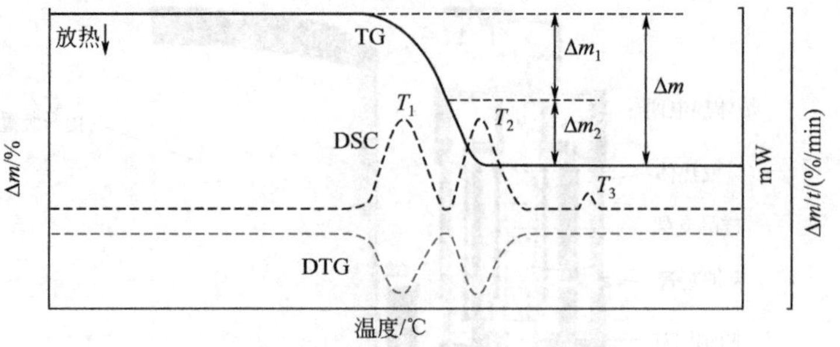

图 2-36　典型的 TG-DSC 同步热分析图谱

图 2-36 中在 DSC 曲线上共有 3 个吸热峰，其中温度较低的两个相邻的大吸热峰与 DTG 曲线上的两个峰（或 TG 曲线上的两个失重台阶）有很好的对应关系，是由于样品的两步分解所引起；温度较高的小吸热峰则在 TG 与 DTG 曲线上找不到任何对应关系，应由样品的相变所引起的。

对 DSC、TG、DTG 曲线意义与标注方法的进一步说明如下。

（1）DSC 曲线　热流功率曲线，单位为 mW/mg。其近似水平处称为基线，基线上的峰代表了各吸放热效应（按照 DIN 标准，向下为放热峰，向上为吸热峰），可对其特征温度（包括起始点，峰值，终止点……）进行标注，通过峰面积计算的方式可获取反应热焓。典型的吸热效应有熔融、分解、解吸附等，典型的放热效应有结晶、氧化、固化等。另外，也有一些热效应不表现为吸放热峰，而表现为基线的拐折（比热容的变化），典型的如玻璃化转变及一些二级相变等。相关标注示例参考图 2-37 和图 2-38。

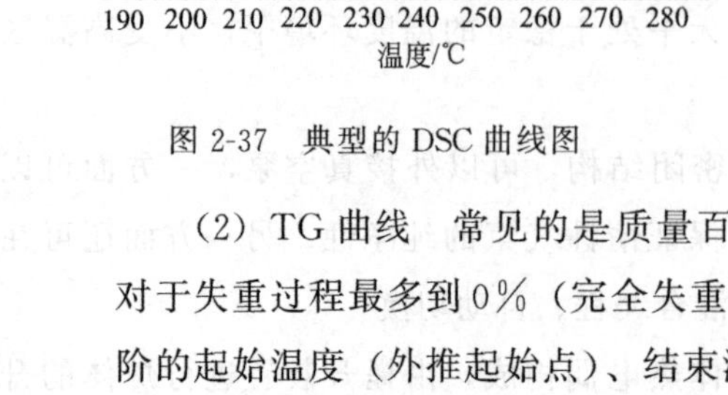

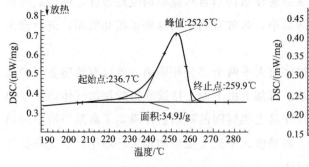

图 2-37　典型的 DSC 曲线图

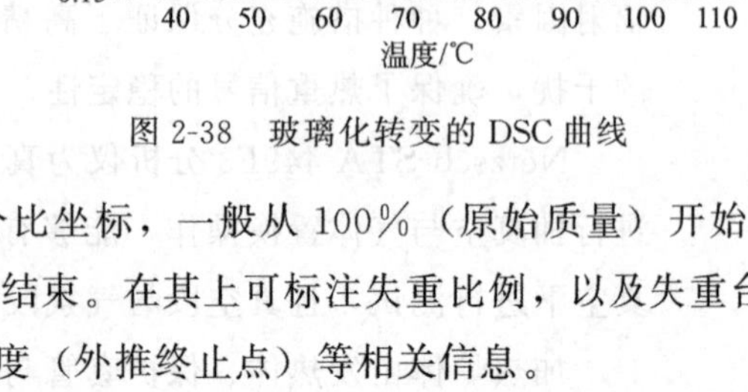

图 2-38　玻璃化转变的 DSC 曲线

（2）TG 曲线　常见的是质量百分比坐标，一般从 100%（原始质量）开始，对于失重过程最多到 0%（完全失重）结束。在其上可标注失重比例，以及失重台阶的起始温度（外推起始点）、结束温度（外推终止点）等相关信息。

（3）DTG 曲线　DTG 曲线，即 TG 曲线的一阶微分，代表了失重速率的变化过程，单位%/min。

DTG 峰的峰值温度代表了相应失重台阶速率最大的温度点，经常用于表征失重温度。其起始点、终止点也可用于表征失重的起始和结束温度。对于失重过程的同步热分析，DTG 与 DSC 曲线经常有很好的对应性。

相关标注示例参考图 2-39。

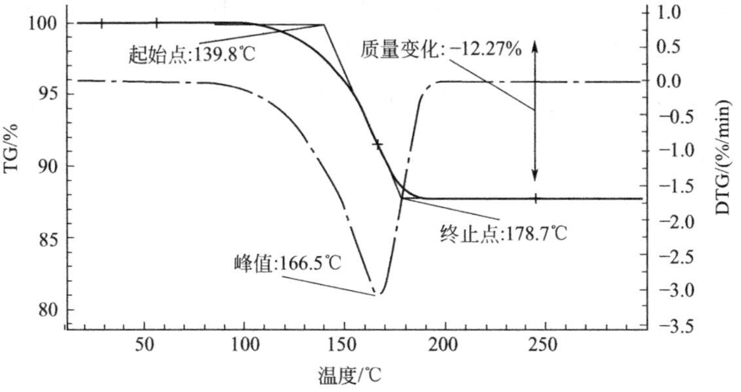

图 2-39 典型的 TG-DTG 曲线图

三、实验仪器与试剂

（1）实验仪器

① Netzsch STA-449F3 差热-热重同步分析仪，1 台；

② Al_2O_3 坩埚，2 个；

③ 镊子，1 把。

（2）实验试剂 $CuSO_4 \cdot 5H_2O$（分析纯）。

四、实验步骤

1. 操作条件

① 实验室门应轻开轻关，尽量避免或减少人员走动。

② 计算机在仪器测试时，不能上网或运行系统资源占用较大的程序。

③ 保护气体：保护气体是用于在操作过程中对仪器及其天平进行保护，以防止受到样品在测试温度下所产生的毒性及腐蚀性气体的侵害。Ar、N_2、He 等惰性气体均可用作保护气体。保护气体输出压力应调整为 0.03～0.04MPa，流速恒定为 10～30mL/min，一般设定为 20mL/min。开机后，保护气体开关应始终为打开状态。

④ 吹扫气体：吹扫气体在样品测试过程中，用作为气氛气或反应气。一般采用惰性气体，也可用氧化性气体（如空气、氧气等）或还原性气体（如 CO、H_2 等）。但应慎重考虑使用氧化、还原性气体作气氛气，特别是还原性气体，其会缩短样品支架热电偶的使用寿命，还会腐蚀仪器上的零部件。吹扫气体输出压力应调整为 0.03～0.04MPa，流速一般情况下为 20mL/min。

⑤ 温水浴：恒温水浴是用来保证测量天平工作在一个恒定的温度下。一般情况下，恒温水浴的水温调整为至少比室温高出 2℃。

⑥ 真空泵：为了保证样品测试中不被氧化或与空气中的某种气体进行反应，需要真空泵对测量管腔进行反复抽真空并用惰性气体置换。一般置换 2～3 次即可。

2. 样品准备

① 测试用的坩埚（包括参比坩埚）必须与仪器设置中所选用的坩埚类型相同。

② 检查并保证测试样品及其分解物绝对不能与测量坩埚、支架、热电偶或吹扫气体发生反应。

③ 为了保证测量精度，测量所用的坩埚（包括参比坩埚）必须预先热处理到等于或高于其最高测量温度。

④ 测试样品为粉末状、颗粒状、片状、块状、固体、液体均可，但需保证与测量坩埚底部接触良好，样品应适量（如在坩埚中放置 1/3 厚或 15mg 重），以便减小在测试中样品温度梯度，确保测量精度。

⑤ 对于热反应剧烈或在反应过程中易产生气泡的样品，应适当减少样品量。

⑥ 除测试要求外，测量坩埚应加盖，以防反应物因反应剧烈而溅出，污染仪器。

⑦ 用仪器内部天平进行称样时，炉子内部温度必须保持恒定在室温，天平稳定后的读数才有效。

3. 开机

① 开机过程无先后顺序。为保证仪器稳定精确的测试，除长期不使用外，应避免频繁开机关机。初次开机，仪器和恒温水浴应提前测试 12h 打开。

② 开机后，首先调整保护气及吹扫气体输出压力及流速并待其稳定。

③ 由于测试需要更换坩埚类型后，首先要做的就是修改仪器设置使之与仪器的工作状况相符。

4. 样品测试程序

（1）样品测试　以使用 TG-DSC 样品支架进行测试为例，使用 TG-DTA 样品支架的操作除注明外均相同。

① 测试前必须保证样品温度达到室温及天平稳定，然后才能开始。

② 升温速率除特殊要求外一般为 5～30K/min。

③ 测试程序中的紧急（停机）复位温度将自动定义为程序中的最高温度 +10℃，也可根据测试需要重新设置该温度值。但其最高定义温度不会超过仪器硬件所允许的极限温度值。

STA 是 TG 与 DSC 的结合体。由于 TG 类仪器浮力效应（在升温过程中由于载气密度与吹扫力的变化而引起的重量信号漂移）的客观存在，一般需进行基线扣除。同时 DSC 信号客观上也存在基线漂移，往往也需进行基线扣除。因此，常见的做法是，根据样品所需的测试条件（升温速率、气氛类型、坩埚类型等），事先准备相应的基线文件；然后在测试样品时，打开该基线，在基线基础上进行测试，这样测完的数据当载入分析软件中时，会自动对基线进行扣除。

（2）修正测试模式　该模式主要用于基线测量。为保证测试的精确性，一般来说样品测试应使用基线。

① 准备一对干净的空坩埚。将坩埚放到传感器上，关闭炉体。进入测量运行程序。选文件菜单中的新建进入编程文件。

② 选择修正测量模式，输入测试名称、编号，设置合适的气体类型，样品名称可输入为空（Empty），不需称重。点下一步。

③ 选择标准温度校正文件，然后打开。

④ 选择标准灵敏度校正文件，然后打开。

⑤ 此时进入温度控制编程程序。为了保证测试的准确、稳定性，建议使用初始等待功能，初始等待温度一般要高于室温 5～10℃。初始等待阶段不加 STC；升温段，对于 SiC 加热炉不要加 STC，而 Pt-Rh 或 Rh 加热炉则可加可不加（如果最高温度未达到仪器的极限，建议不加 STC）。

⑥仪器开始测量，直到完成。

（3）修正+样品测试模式　该模式主要用于样品的测量。

① 进入测量运行程序。选文件菜单中的打开，打开合适的基线文件。

② 在“快速设定”页面下选择“修正+样品”测量模式，输入样品编号、样品名称，使用内部天平称重。升起加热炉，先将空坩埚放置在样品支架上，放下加热炉，点击“称重”，天平稳定后，点击“清零”，然后升起加热炉，取下空坩埚，加入样品，再将坩埚放回到支架上，放下加热炉，等待天平读数稳定后，点

击“保存”，“确定”，软件会自动读取 TG 质量信号填入“样品质量”一栏中。

点击“文件名”右侧的“选择”按钮，为测量设定存盘路径与文件名，点“下一步”。

③ 进入“设置”页面，确认仪器的相关硬件设置，点击“下一步”。

④ 进入“基本信息”页面，输入实验室、项目、操作者等其他相关信息，气体类型、温度校正文件、灵敏度校正文件都与基线相同，不需要修改，点击“下一步”。

⑤ 进入“温度程序”（即基线的升温程序）页面。对于“修正＋样品”模式的测试，一般情况下温度程序均与基线文件相同。如果要修改，通常也只能更改最后一个温度段的终止温度，所更改的终止温度必须在基线文件所覆盖的温度范围内。另对于 STA 的样品测试，为了确保基线与样品均从完全相同而稳定的初始状态开始升温，以得到更好的基线扣除效果，一般建议使用“初始等待”方式。点击“下一步”。

⑥ 进入“最后的条目”页面。在此页面中确认存盘文件名。点击“下一步”。

⑦ 仪器开始测量，对于设定了“初始等待”的测试，出现“调整”对话框的界面，此时直接点击“开始等待到”即可，直到完成测量。

五、数据记录与处理

1. 测试文件标注及打印

对生成的 $CuSO_4 \cdot 5H_2O$ 的 TG-DSC 测试文件进行相应标注并打印。

(1) 打开数据文件　点击“文件”菜单下的“打开”项，在分析软件中打开所需分析的测量文件。

如果数据是以“样品＋修正”模式测量得到的话，调入分析软件后的曲线已自动经过基线扣除。

(2) 切换时间/温度坐标　刚调入分析软件中的图谱默认的横坐标为时间坐标。对于动态升温测试一般习惯于在温度坐标下显示，可点击“设置”坐标下的“X-温度”将坐标切换为温度坐标。

(3) 温度段的拆分　若测量数据包含多个温度段且需要分别进行处理，可选中曲线后，点击“查看”菜单下的“温度段”进行拆分。出现“温度段”对话框，上侧为当前分析界面中调入的测量文件的列表，下侧为所选测量文件中的温度段的列表，按类别以选项卡形式组织。点击右侧的“拆分”按钮，再点击“确定”，软件即自动将当前曲线拆分成两个可独立操作的部分，以不同的颜色表示。可对每一温度段进行分别处理与标注，若不同的温度段曲线需要放在不同的图谱中单独显示，还可借助“窗口”菜单下的“新建窗口”功能进行处理。

(4) 调出 DTG 曲线

DTG 是热重 TG 信号的微分曲线。对于不同失重阶段的区分，以及失重温度、失重速率最大点的标注，均具有重要意义。选中曲线，点击“分析”菜单下的“一次微分”或工具栏上的相应按钮，可调出 TG 信号对应的 DTG 曲线。如需对 TG 与 DTG 曲线使用不同的颜色进行区分，可选中各自曲线后点击右键菜单中的“曲线属性”，在弹出的“曲线属性”对话框中修改曲线颜色。

(5) 平滑　选中 TG 曲线，点击“设置”菜单下的“平滑”（工具栏按钮），Proteus5. x 版以上的平滑等级共分 16 级（传统的 1～8 级，以及更高等级的 A～H 级）。等级越高，平滑程度越大，但必须注意在高的平滑等级下曲线可能会稍有些变形。一般的平滑原则为在不扭曲曲线形状的前提下尽量去除噪声、使曲线光滑一些。在左上角选择平滑等级（例中选择 6 级），分析界面上将动态出现平滑后的效果与原始曲线（白线）做对照，若对平滑效果满意，点击“确定”即可。

TG 曲线平滑后，还可对 DTG 曲线再进行适度平滑（DTG 为微分曲线，对 TG 曲线上的局部的微小波动有放大作用，因此 DTG 曲线会比 TG 曲线噪声更大一些）。

DSC 曲线一般噪声不明显，但视情况也可适当平滑。

(6) DSC 曲线标注

① 峰温标注。选中 DSC 曲线，点击“分析”菜单下的“峰值”，出现标注界面，先将左右两条黑色标注线拖动到第 1 个峰的左右两侧，点击“应用”，软件将自动标出第 1 个峰的峰值温度。随后再依次将两条标注线拖动到第 2 个峰与第 3 个峰的左右两侧并点击“应用”，最后点击“确定”，即完成了 3 个 DSC 峰的峰值标注。

② 峰面积标注。随后进行峰面积标注。选中 DSC 曲线，点击“分析”菜单下的“面积”，先将标注线拖动到第 1 个峰的左右两侧，在“基线类型”中选择合适的基线类型（此处暂选择较简明的“线性”）。如希望看到带阴影填充的积分面积，可将“填充面积”打钩，随后点击“应用”。再后出现“选择样品质量参照点”指的是对于 J/g 的热焓计算，是以积分面积（热值）除以样品原始质量，还是除以失重后的当前实时质量等。此处选择“实验开始时质量”，点击“确定”，软件即自动标出第 1 个峰的峰面积。同理再标出第 2 个与第 3 个峰的面积。

(7) TG 曲线标注

① 失重台阶标注。选中 TG 曲线，点击“分析”菜单下的“质量变化”，出现标注界面，先将两条标注线拖动到第 1 个失重台阶的左右两侧（失重台阶的左边

界与右边界可参考相应的 DTG 峰进行判断），点击“应用”，软件自动标注出该范围内的质量变化。此时左边界线已自动移动到第 1 个失重台阶的右边界处。一般各失重台阶直接以边界相连，现在只需把右边界线拖动到第 2 个失重台阶的右侧并点击“应用”，软件即会标注出第 2 个失重台阶的质量变化。以此类推，将失重都标注完。

② 残余质量标注。选中 TG 曲线，点击“分析”菜单下的“残留质量”，软件自动标注出在终止温度处样品的分解残余量。

③ 失重台阶的外推起始点标注。选中 TG 曲线，点击“分析”菜单下的“起始点”，参考 DTG 曲线，将左边的标注线拖动到失重峰左侧曲线平的地方，右边的标注线拖动到峰的右侧，点击“应用”，软件即自动标注出失重的外推起始点（起始分解温度）。再点击“确定”退出。该失重台阶的外推起始点可定性地作为起始分解温度的表征。视应用需要，还可以对失重台阶的终止点进行标注（使用“分析”菜单下的“终止点”功能项），操作方法类似。

（8）DTG 曲线标注　峰值温度标注：选中 DTG 曲线，点击“分析”菜单下的“峰值”，将两根标注线依次拖动到 DTG 峰的左右两侧并点击“应用”，DTG 峰值温度反映的是对应失重台阶失重速率最快的温度点，往往用来直接代表失重台阶的反应温度。

（9）坐标范围调整　因同步热分析图谱上的曲线较多，标注也较为繁杂，如果需要的话，可以将曲线的纵坐标范围做适当调整，使相互重叠的曲线、标注等分开，使图谱更加美观一些。方法是使用“范围”菜单下的相应坐标调整功能项。

（10）插入文字　上述操作完成以后，如果还需要在图谱上插入一些样品名称、测试条件等说明性文字，可以点击“插入”菜单下的“文本”或工具栏上的相应按钮，在分析界面上插入文字（文字的多行书写使用“Shift-Enter”进行换行）。对插入的文字还可进行字体、字型、字号等设置，方法是右键单击文字块，在弹出菜单中选择“文本属性……”；对于经常插入的类似文字，可在右键菜单中点击“保存为预设定文字”，将其保存为文字模板。后续在新的图谱中需要插入这些文字，可点击“插入”—“预定义文字”并选择合适的文字模板。

（11）保存分析文件

图谱分析完毕后可将其保存为分析文件，方便以后调用查看。点击“文件”菜单下的“保存状态为……”，在随后弹出的对话框中设定文件名进行保存。

注：存盘分析文件后缀名为 *.ngb-taa，在一个文件中保存了软件界面各子窗口中的所有标注内容。打开时不使用“文件”菜单下的“打开”，而是使用“恢复状态……”功能项。另软件也支持在 windows 资源管理器中双击打开 *.ngb-taa 文件。

(12) 打印与导出

① 打印图谱。分析结束后，点击“文件”菜单下的“打印分析结果”（工具栏按钮），可对图谱进行打印。如需对打印机进行设定，可点击“文件”菜单下的“打印机设置……”。如需在打印前预览效果，可点击“文件”菜单下的“打印预览”。

② 导出为图元文件。除打印外，图谱也可导出为 emf 图片文件，以便于使用 email 发送，或日后在图片处理软件中打开查看。点击“附加功能”菜单下的“导出图形”，此时可设定导出目标：剪贴板或文件；图片中是否包含标签盒（即图片下部包含样品名称、测量参数等信息的部分）；导出格式有 EMF、PNG、TIF、JPG……（推荐使用 EMF，较清晰）等。右上角有导出图片的效果预览。本例中按默认设置将分析结果导出为文件，则只需点击“输出……”，在出现的“另存为”对话框中设定文件名，即可导出。

③ 导出文本数据。如果需要将数据在其他软件中做图或进行进一步处理，可把数据以文本格式导出。选中待导出的曲线，点击“附加功能”菜单下的“导出数据”。其中导出范围可通过拖动两条黑线、或在操作界面左上角的“左边界”与“右边界”中输入相应的数值来调整。导出步长（即每隔多少时间/温度导出一个点）可在“步长”一栏中进行设定。如果需要同时导出 TG、DTG 与 DSC 曲线，可在“信号”处的“全选”上打钩。如果需要对导出格式进行设定，可点击“改变……”按钮，在该对话框中可对导出格式进行一些设置（其中 CSV 为 Microsoft Excel 文件格式的一种）。在全部设置完成后可点击“保存”按钮，软件自动将本次设置记忆为“最近使用”的设置，方便下一次类似的数据导出。随后点击“输出”，即出现如下文件保存对话框设定存盘路径与文件名后，点击“保存”即可。

2. 数据分析处理

根据 $CuSO_4 \cdot 5H_2O$ 的 TG-DSC 测试文件，写出 $CuSO_4 \cdot 5H_2O$ 失重的反应方程式，推断 $CuSO_4 \cdot 5H_2O$ 失重的机理。

六、注意事项

① 保持样品坩埚的清洁，应使用镊子夹取，避免用手触摸。

② 应尽量避免在仪器极限温度（1500℃）附近进行恒温操作。

③ 对于 E/K 型样品支架，氧化性气氛中使用的最高温度不要超过 400℃/500℃。

④ 对于新 W-Re 样品支架，使用前要先进行高温预烧处理——空支架升到

1900℃后恒温 30min，以保证 DTA 基线的平滑稳定。

⑤ 使用铝坩埚进行测试时，测试终止温度不能超过 550℃。

⑥ 实验完成后，必须等炉温降到 200℃以下后才能打开炉体。

⑦ 实验完成后，必须等炉温降到室温时才能进行下一个试验。

实验二十一　环己酮含量的测定

一、实验目的

① 了解红外光谱仪的结构、用途及使用方法。

② 了解红外光谱在有机化合物结构鉴定中的作用和原理。

③ 掌握红外光谱法定性分析方法。

二、实验原理

物质对红外光的吸收和紫外光一样，在一定条件下也遵从朗伯-比尔定律：

$$A=\varepsilon c L \tag{2-132}$$

式中　A——吸光度；

ε、c、L——与紫外光谱法中含义相同，但在同一化合物的红外光谱图中，各个不同的吸收峰的 ε 值各异，因此报道 ε 时必须注明吸收峰的波数。

若多元混合物的各组分在某波数都有吸收，则该处的实测吸光度为各组分在此波数下的吸光度算术和。因而红外光谱的定量分析如同紫外光谱法的一样，也可以做混合物中各组分含量的测定。

为求出摩尔吸光系数 ε 值，可以用已知浓度的待测物质作标准，测定某一波数处的吸光度，然后按上式求出 ε。但这样往往会带来误差，因为在实际测定中，由于在光谱仪中使用的并不是严格的单色光（狭缝不可能无限小）及杂散光的干扰，而且溶质分子间或溶质与溶剂分子间也会发生缔合、氢键等作用，都会导致对朗伯-比尔定律的偏离。因此，在不明确样品是否符合朗伯-比尔定律的情况下，应先作出工作曲线，这样，即使工作曲线对直线有所偏离，也可以用它作为测定的标准。用作分析的吸收峰应该选择该化合物的特征吸收峰，尽量不被其他组分或溶剂的吸收峰干扰。

为了保证得到最佳的分析准确度，应对试样浓度和吸收池厚度加以选择，使吸光度在 0.3～0.6（透过率 50%～25%）范围内，由于透过率微小的波动即会带来较大的吸光度的波动。此外，光学系统、电子系统及机械系统也会带来不可避免的误差，所以红外光谱定量分析准确度的最佳极限值只能达到约 ±1%。

本实验采用工作曲线法以环己酮的羰基峰为标准测定其在环己烷溶液中的含量。

三、实验仪器与试剂

（1）实验仪器

① PerkinElmer 红外光谱仪；

② NaCl 吸收池，0.05mm；

③ 容量瓶，10mL，7 个；100mL，1 个；

④ 10mL 移液管，1 支。

（2）实验试剂　环己酮（分析纯），环己烷（分析纯）。

四、实验步骤

（1）准确称取 600mg 环己酮，用环己烷稀释至 100mL 并混合均匀。用移液管依次准确量取上述溶液 3.75mL、5.00mL、6.25mL、7.50mL、8.75mL 和 10mL 分别置于 10mL 容量瓶中，并以环己烷稀释至刻度，配成一组标准溶液。

（2）用 0.05mm 厚的吸收池分别测定环己烷和环己酮标准溶液的红外光谱图。

① 首先打开电脑主机和红外光谱仪主机，然后双击程序 Spectrum 图标，出现对话框（见图 2-27），点击“确定”进入红外光谱测试软件。首先设置仪器的基本功能，设置纵坐标单位、扫描的波数范围、分辨率等的参数。用滴管将环己烷加入吸收池中，然后将吸收池置于红外光谱仪的光路中，在测试软件界面上，点击基底；等待仪器扫描完成后，将取出吸收池，用洗耳球吹干吸收池，再用滴管加入环己酮的标准溶液 3.75/10mL 的溶液，点击，测定其红外光谱图。依次测定其他环己酮的标准溶液的红外光谱图。

② 取未知样品以同样的方法测定其红外光谱图。

五、数据记录与处理

（1）分析实验所得图谱　在谱图上点击右键，显示垂直光标，标记 1723cm^{-1}

附近的峰，在谱图下方自动显示出该峰处各浓度吸收峰的吸光度值。以吸光度为纵坐标，浓度为横坐标绘制工作曲线，得到一条过原点的直线。

（2）根据测定的未知样品的红外光谱图得到的吸光度的值　如图 2-40 所示，对照工作曲线查出其浓度。

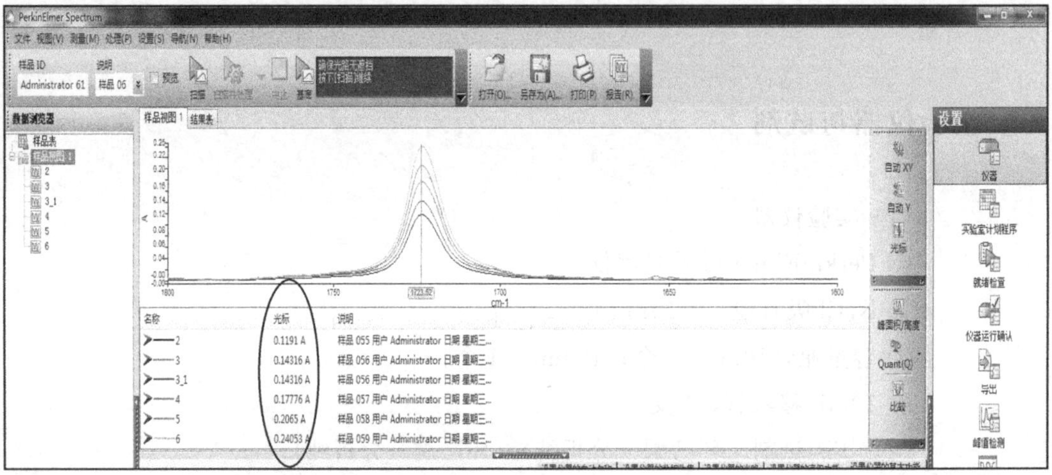

图 2-40　样品吸光度的显示图

六、注意事项

① 实验用的环己酮使用之前需加入分子筛吸收水分，防止污染红外光谱仪的液池。

② 进行红外光谱测定时，液池必须全部充满，形成液膜。

③ 液池每次使用后必须用洗耳球吹干，实验结束后存放在干燥器里。

实验二十二　干涉法测难溶有机物水中的溶解度

一、实验目的

① 了解干涉仪的原理及使用方法。

② 测定对硝基苯甲酸和对氨基苯甲酸的干涉图像。

③ 计算对硝基苯甲酸和对氨基苯甲酸在室温下的溶解度。

二、实验原理

1. 实验原理

所有干涉仪，都是把一束光分成两束或多束，这些光束通过不同的路程后再度重合产生干涉条纹，这些条纹的形状由相邻光束间的光程差所决定。

由此可见，干涉仪首先是测量光程差，因为光程差是由几何路程和折射率的乘积，所以两束光在同样的媒介中进行，干涉仪就可以用来测量几何路程差，而当几何路程差相等时又可以测量折射率。因此，干涉仪可以测量光程差、长度和折射率三个物理量。

光程差的单位是光的波长，所以一个测量长度的实验同时也测量了所用光的波长。又因为干涉条纹的宽度（条纹值）与波长有关，所以干涉仪也可以产生色散现象，使白光分解为光谱。

用干涉仪测量这些物理量的微小差值时，要比测它们的绝对值好得多，而有几种干涉仪只能测量差值，而不能测量绝对值，如瑞利干涉仪和雅满干涉仪。瑞利干涉仪用来测量气体和液体的折射率差，可测量最大折射率差为 6×10^{-4}，而适当选择折射率接近的标准物质，也可测量绝对率，准确度可以高达 10^{-7}。

许多有机物与水的折射率有显著的差别，而各种气体的折射率相差也较大。干涉仪用来测量难溶有机物的浓度的微小变化和检查气体中一种成分的杂质是非常灵敏的。由于干涉仪是种示差仪器，虽然一般有机物折射率的温度系数大约为 -4.5×10^{-4}，但因彼此甚为接近，可以抵消，对温度的要求也不严格，所以干涉仪是一种灵敏、准确、简单的精密仪器。

光源的单色光线白光，通过透镜和两个狭缝，形成一束平行光，它们分别通过标准物质和待测物两个液池，被透镜聚焦于焦面上，相互干涉，形成明暗相间的干涉条纹（图 2-41）。干涉条件是：

$$\Delta L = m\cdot\frac{\lambda}{2}\quad\begin{cases} m=0,2,4,6\cdots\cdots \text{光加强(亮线)} \\ m=1,3,5,7\cdots\cdots \text{光削弱(暗线)}\end{cases}\tag{2-133}$$

式中 ΔL——光程差；

λ——波长。

中央亮线为 0 级亮线，左右相邻亮线为一级亮线，其余依次类推。相邻二亮线间的距离称为条纹值。各级亮线的亮度依级数的增大而减弱。

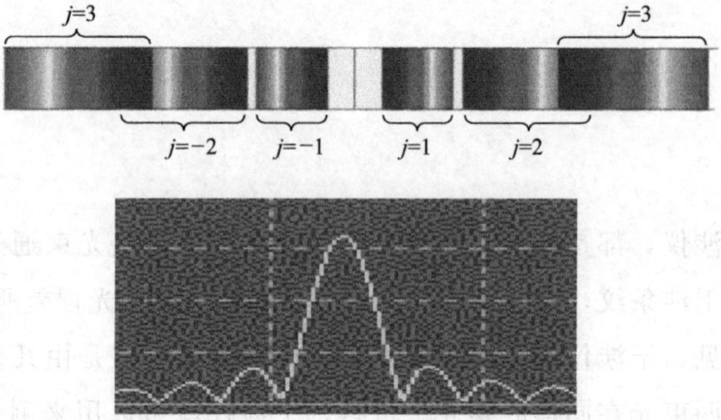

图 2-41　干涉条纹及其光强分布

当两液池内装同一液体时，中央亮线才出现在焦面的中央，若两液池内分别装标准物和待测物，则中央亮线偏离中心位置。偏离值服从下式：

$$\Delta N=\frac{(n-n_0)l}{\lambda}=\frac{nl}{\lambda}-\frac{n_0 l}{\lambda}$$

$$\text{或 } \Delta n=n-n_0=\frac{\Delta N}{l}\cdot\lambda \qquad (2\text{-}134)$$

式中　ΔN——以条纹值为单位的偏离距离；

Δn——折射率差；

l——液池长度；

λ——波长。

偏离距离 ΔN 正比于折射率差 Δn。在测量中 l、λ、n_0 为常数，所以 ΔN 与 n 呈直线关系，即 $n=ac+b$（a、b 为系数），代入上式得：

$$\Delta N=\frac{1}{\lambda}(ac+b)-\frac{n_0 l}{\lambda}=\frac{al}{\lambda}c+\frac{1}{\lambda}(b-n_0)=AC+B \qquad (2\text{-}135)$$

即干涉仪偏离距离与浓度呈直线关系，而偏离距离可由读数换算得到。

式(2-135) 适用于某一确定波长的单色光源，单色光源的中央亮线用肉眼是很难辨别的，而实际用白光源是很方便的。因为各种波长的光的中央亮线的位置基本都一样，所以全是白色，而其他各级亮线依次都有不同程度的染色，这样就很容易确定中央亮线。

2. 仪器构造

德国瑞利实验室用干涉仪构造如图 2-42 所示。

光源 1 的白光经初级狭缝 2 和准光管 3 变成平行光，然后经次级双狭缝 4 分为两束。两束的下半部不通过液池，而仅通过恒温槽与投射目镜 10，在视野的下半部产生一固定的干涉图像，作为参考部分。两光束的上半部通过恒温槽中的标准物液池 5 和待测物液池 5′，由于两束光的折射率差，在视野的上半部产生另一可动干涉图像。

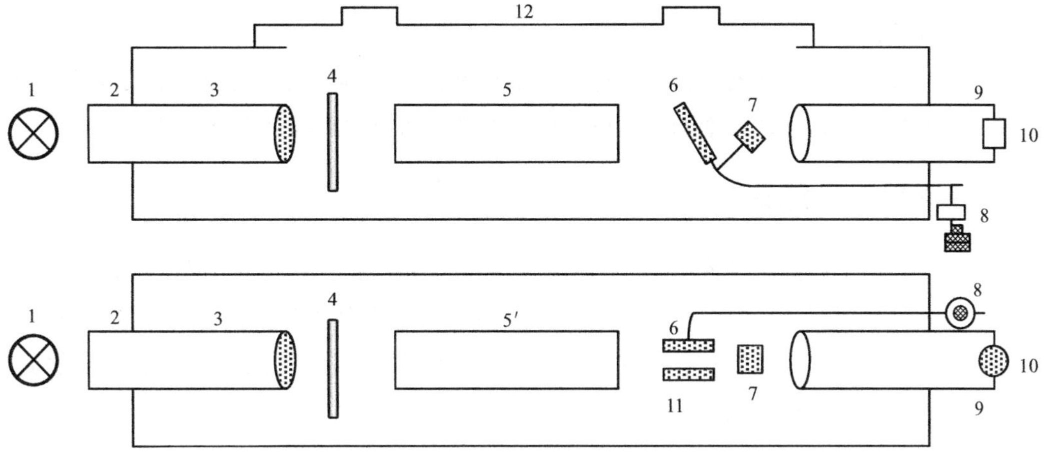

图 2-42 德国瑞利实验室用干涉仪构造

1—光源；2—初级狭缝；3—准光管；4—次级双狭缝；5，5′—液池；6—可调补偿板；7—辅助极；8—旋转读数标；9—单眼管；10—投射目镜；11—固定补偿板；12—上盖

可动部分相对于固定部分的偏离距离，可用旋转读数标 8 处的刻度螺旋调节固定补偿板 11，使可动干涉图像吻合，而刻度标的变化值（读数）即为偏离距离的量度。欲把刻度标读数值换算为条纹数 ΔN，可以旋转刻度螺旋，使亮线改变一个条纹的位置，刻度标的变化值即为条纹值。而条纹值除以读数值，其商即为条纹数 ΔN。

下面分别叙述仪器的各部分。

（1）管体　仪器主体由管体及其两端的光源系统和目镜系统组成。管体由高温钢材组成，以保证管体的准直，任何影响管体准直的外力都可能损害仪器的准确度。管体内应放硅胶干燥袋，以免受潮损坏仪器、光源和目镜。

光源事先已调整好，如需调整则可打开光源上方的小窗，观察准光管端光点的清晰度和位置，并利用固紧螺丝钉调节螺丝调整灯泡的距离和方向，使光点清晰地照在准光管端的正中央。

如果观察目镜视野中的干涉图像不够清晰，可以慢慢旋转目镜寻找最佳位置。

（2）液池和恒温槽　仪器配有各种长度的液池，长度和光学性能高度一致，池外测标的长度准确至 10^{-3}nm。

测量时，液池浸入恒温槽中，实际只是一个室温下的水温，以保证池温度一致，且不致因室温变化产生明显的影响。恒温槽上插有 1/16 分度的校准温度计和搅拌器。

液池恒温槽小窗，除了用纯水或适当的有机溶剂清洗和用镜头纸擦外，绝对禁止与其他有损玻璃的光学性质的东西接触，当然也不可以用来测量悬浮液和腐蚀性液体。

(3) 补偿板和刻度标　在标准物液池和待测液池后方，分别有固定补偿板和可调补偿板，旋转刻度标，可以补偿由待测物和标准物折射率而造成的光程差。

3. 色散效应的校正

在用干涉仪测量浓度时，当浓度稍大时，由于溶液和玻璃补偿板的色散值不同，标准线在某一浓度下发生“位错”，在“位错”处附近，零级亮线和一级亮线分辨不清。自此浓度以后，零级亮线发生左移或右移一个条纹（取决于介质的性质）。工作曲线色散效应的校正见图 2-43。

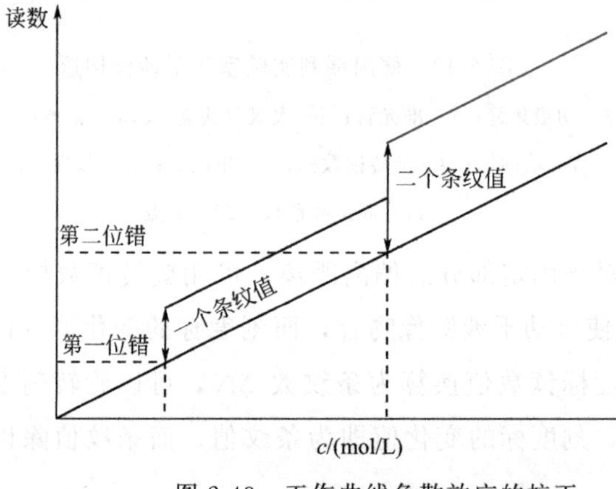

图 2-43　工作曲线色散效应的校正

色散效应的校正办法是用最低浓度的标准溶液逐滴加入饱和溶液，每加一滴读数一次，直到发现零级亮线和一级亮线无法区别时，此值即为“位错”处。从此浓度以后，各浓度相应读数减去或加上一个条纹值（取决于左移或右移），即为校正后的标准曲线读数。

随着浓度继续增大，还可能出现第二、第三个色散效应，处理方法同第一个色散效应。

三、实验仪器与试剂

(1) 实验仪器

① 德国瑞利干涉仪，1 台；

② 500mL 容量瓶，8 个。

（2）实验试剂 对硝基苯甲酸（分析纯），对氨基苯甲酸（分析纯）。

四、实验步骤

（1）样品溶液配置 分别称取约 20mg 对硝基苯甲酸和约 40mg 对氨基苯甲酸于 100mL 磨口锥形瓶中，加 70～80mL 纯水，温热至 40～50℃，在振荡器上震荡之。

（2）标准溶液配置 分别准确称取 15mg、30mg、45mg 对硝基苯甲酸和 20mg、40mg、60mg 对氨基苯甲酸于 200mL 烧杯中，加入 150mL 纯水，在水浴上温热溶解后，前三者完全转入 500mL 容量瓶中，后三者转入 250mL 容量瓶中，稀释至刻度备用。

（3）把 40mm 液池用纯水洗净，装上纯水，加盖，放入装有纯水的恒温槽中，从目镜观察干涉图像，待温度均匀后干涉图像完全垂直清晰，转动刻度标螺旋，反复读 5 次，相差不大于一个刻度，取其平均值为测量 0 点。

（4）用带有乳胶管的注射器吸出右液池的水，用 15mg/500mL 浓度的对硝基苯甲酸标准溶液洗涤 4～5 次，然后装上该溶液，同上读数，取其平均值。如此把两个系列标准溶液测完。

（5）检查读数：浓度曲线是否有“位错”现象，如有应做色散校正实验。

（6）静置震荡好的两饱和溶液，清液通过玻璃毛漏斗滤入两个 50mL 磨口锥形瓶中，吸取 25mL 对硝基苯甲酸溶液与 100mL 容量瓶中，25mL 对氨基苯甲酸溶液于 500mL 容量瓶中，稀释至刻度。

（7）测量这两个样品溶液的干涉仪读数。

（8）记录测量溶液的温度。

（9）测毕，清洗液池，用镜头纸擦干外壁，吸取池内残存水，放回原盒。

五、数据记录与处理

（1）分别做对硝基苯甲酸溶液、对氨基苯甲酸溶液的标准溶液读数-浓度的标准曲线，如有色散效应，应做校正。

干涉实验数据记录如表 2-25 所列。

（2）利用标准曲线计算对硝基苯甲酸和对氨基苯甲酸在室温下的溶解度。

表 2-25 干涉实验数据记录表

温度： 零点：

序号	读数					读数平均值
1						
2						
3						
未知样品						

六、注意事项

① 管体盖、恒温槽和液池的方向应是它们上面所标红点靠近目镜端。

② 干涉仪管体应避免受任何外力，否则会引起管体变形损害仪器的准确度。

③ 液池和恒温槽的玻璃窗，除了用纯水或适当的有机溶剂清洗和用镜头纸擦外，不得与任何其他东西接触。

④ 干涉仪管体内应放入干燥剂，以免受潮损坏仪器。

实验二十三 TiO_2纳米粒子的制备及光催化性能研究

一、实验目的

① 了解 TiO_2 纳米多相光催化剂的催化原理及其应用。

② 掌握纳米金属氧化物粒子粉体的制备方法。

③ 掌握多相光催化反应的催化活性评价方法。

④ 了解分析催化剂结构及性能之间关系的方法。

二、实验原理

1. TiO_2 纳米粒子的制备反应原理

本实验采用有机和无机两种钛盐前体来制备 TiO_2 纳米粒子。

(1) 以钛酸四丁酯 $Ti(OBu)_4$ 为前体通过溶胶-凝胶法制备 TiO_2 纳米粒子

以钛醇盐 $Ti(OR)_4$（R 为—C_2H_5、—C_3H_7、—C_4H_9 等烷基）为原料，在有机介

质中通过水解、缩合反应得到溶胶，进一步缩聚制得凝胶，凝胶经陈化、干燥、煅烧得到纳米 TiO_2，其化学反应方程式如下：

水解： $Ti(OR)_4 + nH_2O \longrightarrow Ti(OR)_{(4-n)}(OH)_n + nROH$ (2-136)

缩聚： $2Ti(OR)_{(4-n)}(OH)_n \longrightarrow [Ti(OR)_{(4-n)}(OH)_{(n-1)}]_2O + H_2O$ (2-137)

制备过程中各反应物的配比、搅拌速度及煅烧温度对所得 TiO_2 纳米粒子的结构和性质都有影响。

(2) 以四氯化钛（$TiCl_4$）为前体水解制备 TiO_2 纳米粒子　由于 Ti 离子的电荷/半径比大，具有很强的极化能力，在水溶液中极易发生水解。发生的化学反应方程式如下：

$$TiCl_4 + 2H_2O \longrightarrow TiO_2 + 4HCl \quad (2\text{-}138)$$

制备过程中各反应物的配比、反应温度、搅拌速度、溶液 pH 值及煅烧温度对所得 TiO_2 纳米粒子的结构和性质都有影响。

2. TiO_2 光催化原理

根据固体能带理论，如图 2-44 所示，TiO_2 半导体的能带结构是由一个充满电子的低能价带（valence band，V. B.）和空的高能导带（conduction band，C. B.）构成。价带和导带之间的不连续区域称为禁带（禁带宽度 E_g）。TiO_2（锐钛矿）的 E_g=3.2eV，相当于 387nm 光子的能量。当 TiO_2 受到波长小于 387nm 的紫外光照射时，处于价带的电子（e^-）就可以从价带激发到导带，同时在价带产生带正电荷的空穴（h^+）。

$$TiO_2 + h\gamma \longrightarrow TiO_2 + h^+ + e^- \quad (2\text{-}139)$$

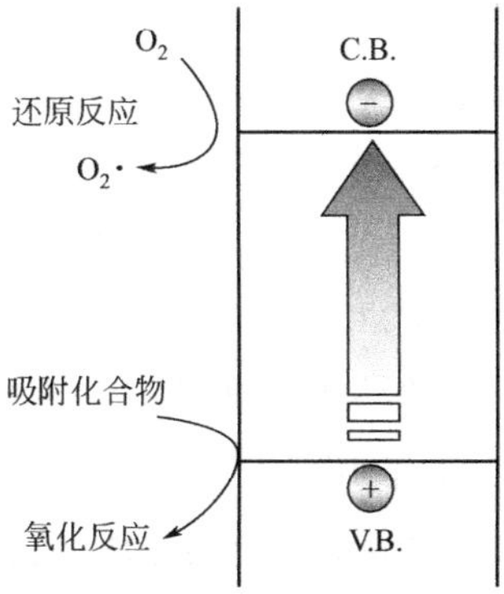

图 2-44　TiO_2 的光催化原理示意

当光生电子和空穴分别扩散到催化剂表面时，和吸附物质作用后会发生氧化还原反应。其中空穴是良好的氧化剂，电子是良好的还原剂。大多数光催化氧化反应是直接或间接利用空穴的氧化能力。空穴一般与 TiO_2 表面吸附的 H_2O 或

OH^-反应形成具有强氧化性的羟基自由基（·OH），它能够无选择性地氧化多种有机物并使之彻底矿化，最终降解为CO_2、H_2O等无害物质。而光生电子具有强的还原性可以还原去除水体中的金属离子。

三、实验仪器与试剂

（1）实验仪器　电磁搅拌器，低速离心机，离心试管，烘箱，紫外-可见分光光度计，容量瓶，控温马弗炉，烧杯，移液管。

（2）实验试剂　四氯化钛（$TiCl_4$），盐酸，无水乙醇，罗丹明B，硝酸，去离子水，钛酸四丁酯［$Ti(OBu)_4$］。

四、实验步骤

1. TiO_2纳米粒子的制备

（1）$Ti(OBu)_4$为前驱物的溶胶-凝胶法制备TiO_2纳米粒子　称取10g $Ti(OBu)_4$溶解于20mL无水乙醇中，在搅拌条件下，将1.2mL 1.5mol/dm^{3}的盐酸溶于5mL无水乙醇的混合溶液滴加至上述溶液中。继续搅拌约1h，得到金黄色凝胶，100℃干燥，500℃煅烧数小时（各组样品在煅烧时要记好顺序，不要混淆）。煅烧样品取出后，观察外观，并称重。用研钵磨细后装入样品袋中，标记为T-1，备用。

（2）$TiCl_4$为前驱物的水解法制备TiO_2纳米粒子　将50mL去离子水与5mL $TiCl_4$/HCl溶液（实验室配制）混合，在连续搅拌下用滴管逐滴加入氨水溶液（实验室配制），澄清溶液逐渐变为乳白色，调节pH＝8，最后生成白色沉淀；离心分离，用去离子水洗涤4～5次（离心管中加入水后，加入磁子搅拌均匀后再离心），直至滤液用$AgNO_3$检测无Cl^-为止。先用磁铁将离心管中磁子吸出，然后将离心沉淀转移到坩埚中，100℃干燥后，在500℃煅烧数小时（各组样品在煅烧时要记好顺序，不要混淆）。煅烧样品取出后，观察外观，并称重。用研钵磨细后装入样品袋中，标记为T-2，备用。

离心机使用注意事项：将固液混合物分成2份，分装在两个250mL离心试管中，分别加满去离子水，放在离心机对称的位置以保持平衡。实验室现有的离心机最高转速不得超过5000转/min，时间为2～3min。

2. 光催化活性的测试与表征

在紫外光照条件下，以两种不同前驱物合成的纳米TiO_2光催化剂来降解水溶液中的罗丹明B染料，通过染料浓度随光催化反应时间的降低速率来评价所合成样品的光催化性能。

(1) 样品光催化活性测试　称取0.50g合成的TiO_2光催化剂（包括T-1和T-2)，在光催化反应器的容器中分散于已配制好的250mL 20×10^{-6}的罗丹明B水溶液中，打开电磁搅拌器，关上柜门，不开光源，先进行30min的暗反应，使染料分子和催化剂表面的吸脱附达到平衡。然后接通冷凝水，打开光源，测试染料浓度随反应时间的变化情况。具体操作如下：反应开始后每10min从容器中取出5mL反应液，转移入10mL离心试管中进行离心分离，取上层清液，利用紫外-可见分光光度计测定554nm处的吸光度值（罗丹明B的最大吸收波长$\lambda_{max}=554nm$)，实验数据记入表2-26中。

表2-26　实验数据记录表

样品	不同反应时间的吸光度					
	0min	10min	20min	30min	40min	50min
P25	2.930	0.634	0.288	0.124	0.115	0.052
T-1						
T-2						

注意：取样时先关闭光源再打开箱门，取样后关闭箱门后打开光源，继续进行光催化反应。

将所得吸光度值依据浓度-吸光度工作曲线换算成水溶液中罗丹明B的实际浓度，绘制浓度-时间曲线，对比P25、T-1和T-2的光催化活性差别。

注：绘制罗丹明B的浓度-吸光度工作曲线所需数据如表2-27所列，标样P25的光催化反应数据已填入表2-26中。

表2-27　罗丹明B水溶液的浓度与吸光度的对应关系

浓度/10^{-6}	1	2	4	6	8	10	12	15
吸光度值	0.219	0.440	0.854	1.281	1.685	2.064	2.397	2.867

(2) 样品的结构表征　每班选取一组合成的TiO_2样品（包括T-1和T-2）进行XRD测试。在得到测试结果后全班共用此数据分析合成TiO_2样品的相组成，并学会利用谢乐（Scherrer）公式估算样品的晶粒粒径大小。

$$D=K\lambda/B\cos\theta \tag{2-140}$$

式中　θ——Bragg角；

λ——测定仪器使用的X射线波长，nm，铜靶$\lambda=0.15405nm$；

K——与谱峰宽化度有关的常数，常取为0.89；

B——由于纳米粒子细化而引起的衍射谱峰的宽化。

(3) 数据分析及结果处理

① 根据表 2-26 实验数据作出 RB 浓度 c-反应时间 t 曲线，比较 3 种光催化剂间的活性差别，并分析其反应动力学特征（反应级数、反应速率常数等）。

② 绘出合成样品的 XRD 谱图，进行物相分析和晶粒度计算，比较差别。

③ 结合以上结果，进行催化反应活性差异的讨论。

五、注意事项

① 各组样品在煅烧时要记好顺序，不要混淆。

② 使用离心机时，将固液混合物分成 2 份，分装在两个 250mL 离心试管中，分别加满去离子水，放在离心机对称的位置以保持平衡。离心机最高转速不得超过 5000r/min，时间为 2～3min。

③ 光催化反应器取样时先关闭光源再打开箱门，取样后关闭箱门再打开光源，继续进行光催化反应。

六、提问与思考

① 本实验的 T-1 和 T-2 样品是如何控制水解反应过程而得到纳米 TiO_2 粒子的？

② TiO_2 粉体的光催化活性是如何评价的？评价过程需要注意哪些问题？

③ 自制的 TiO_2 样品与商品 P25 相比，光催化性能有何不同？如何解释？

④ 除了本实验的合成方法，还有哪些合成纳米 TiO_2 的方法？进行简单介绍。

⑤ 简述一下你对光催化实验的理解和心得。

第三章 技术与仪器

第一节 温度控制技术

一、引言

研究化学过程中热效应及其规律的科学称为热化学。早期的热化学研究工作为热力学的发展奠定了基础；反过来说，热化学又是热力学第一定律在化学过程中的具体应用。实际上，除了生成热、燃烧热和其他化学反应外，溶解、混合、吸附、相变等物理及生物过程的热效应也都可属于热化学研究的范畴。热化学的实验数据有其明确的实际应用价值；而以其为基础，还可以进一步获得反应的平衡常数和热力学的其他基本参数，并可得到有关化合物稳定性、分子的结构等方面的信息。

热是能量交换的一种形式，其唯一的表现形式是热流。或者说，热就是在一定时间内以热流形式进行的能量交换。测量一定条件下热效应的大小及其对时间的函数关系，可研究其相应的动力学行为。程序控温技术，如差热分析（DTA）、差动（或称差示）量热扫描（DSC）及热脱附（TPD）等，都是非等温的实验方法。它连续记录待测体系的某些性质随时间或温度变化关系，因此不仅反映了待测体系在各平衡态的信息，还可提供各平衡态之间转变的动力学信息。

热量的测量一般是通过温度的测量来实现的。温度是表述宏观物质体系状态的一个基本参量，同时也反映了物质内部大量分子和原子平均动能的大小。不同温度的物体相接触，必然有能量以热能的形式由高温物体传至低温物体。或者说，两个物体处于热平衡时，其温度相同，这是温度测量的基础。当温度计与被测体系之间真正达到热平衡时，与温度有关的物理量才能用以表征体系的温度。

温度对物理化学的各种参量和化学反应有着极其显著的影响，在物理化学实验中，有的实验需要在高温（300～1000℃）进行，有的实验则需要在低温下操作；有的实验需要在恒定的温度下进行，有的实验则需要在匀速升温下进行。这就涉及系统温度的控制技术。

二、温标

温标可以说是温度量值的表示方法。确立一种温标包括选择测温仪器、确定固定点以及对分度方法加以规定。目前在物理化学实验中常使用的温标为热力学温标和摄氏温标。

（1）热力学温标　亦称开尔文（Kelvin）温标，用单一固定点定义。1948 年第九次国际计量大会决定，定义水的三相点的热力学温度为 273.16K，水的三相点到绝对零度之间的 1/273.16 为热力学温标的 1 度。热力学温度的符号为 T，单位符号 K。水的三相点即以 273.16K 表示。

（2）摄氏温标　摄氏温标使用较早，应用方便。它以水银-玻璃温度计来测定水的相变点，规定在标准压力 p 下，水的凝固点为 0 摄氏度，沸点为 100 摄氏度，在这两点之间划分 100 等份，每等份代表 1 摄氏度，以℃表示。摄氏温度的符号为 t。

热力学温标所指示的温度 T 与摄氏温标所指示的温度 t 之间的换算公式为：

$$T/\mathrm{K}=273.15+t/℃ \tag{3-1}$$

三、温度计

可以用于测量温度的物质都具有某些与温度密切相关而且又能严格复现的物理性质，例如体积、长度、压力、电阻、温差电势、频率以及辐射波等。利用这些特性可以设计并制成各类测温仪器——温度计。

温度计的种类很多，通常可分为接触式和非接触式两大类。如按用途分，还可分为温度测量和温差测量两类。

接触式温度计是基于热平衡原理设计的。利用物质的体积、电阻、热电势等物理性质与温度之间的函数关系制成的温度计，都属于一类。测温时需将温度计触及被测体系，使其与体系处于热平衡，两者的温度相等。这样由测温物质的特定物理参数就可换算出体系的温度值，也可将物理参数值直接转换成温度值显示出来。在物理化学实验中常采用水银温度计、热电偶温度计、电阻温度计来测量系统的温度。常用的水银温度计就是根据水银的体积直接在玻璃管壁上刻以温度值的。电阻温度计和常见的热电偶温度计则分别利用其电阻和温差电势来指示温度。下面针对这三种常用的温度计做详细的介绍。

1. 水银温度计

(1) 水银温度计的种类 它是摄氏温标的基础。水银的体积膨胀系数在相当大的温度范围内变化很小。因此，在众多液体温度计中，以水银温度计的使用最为广泛。按其刻度和量程范围的不同，可分为以下几种温度计。

① 常用温度计：分为 0～100℃、0～250℃、0～360℃等量程，最小分度为 1℃。

② 成套温度计：量程为−40～400℃，每支量程为 30℃，最小分度为 0.1℃。

③ 精密温度计：其量程分 9～15℃、12～18℃、15～20℃等，最小分度为 0.01℃，常用于量热实验。在测定水溶液凝固点降低时，还使用量程为−0.5～0.5℃，最小分度为 0.01℃的温度计。

④ 贝克曼温度计：此种温度计测温端的水银量可以调节，用以测量系统的温度变化值，其温差量程为 0～5℃，最小分度为 0.01℃。

⑤ 石英温度计：用石英做管壁，其中充以氮气或氩气，最高温度可测到 800℃。

(2) 水银温度计的校正 水银温度计由于水银膨胀的非线性变化、测温端储存水银的玻璃球变形、压力效应、刻度不均匀等原因，会造成测量误差。另外，还因为温度计上的水银柱露出系统外而造成露茎误差。为此，在使用水银温度计进行准确的测量时，必须进行校正。一般水银温度计的校正方法如下。

① 零点校正。由于水银温度计下段玻璃球的体积可能会有所改变，导致温度读数与真实值不符，因此必须校正零点。对此，可以把温度计与标准温度计进行比较，也可以用纯物质的相变点标定校正，其中冰水体系是校正最常用的一种。

② 露茎校正。水银温度计有“全浸没”和“部分浸没”两种，“部分浸没”的温度计通常在背面刻有浸入深度的标记。常用的水银温度计为“全浸没”温度计。只有当水银球与水银柱全部浸入被测的系统中，“全浸没”温度计的读数才是正确的。但在实际使用中，往往有部分水银柱露在系统外，造成读数误差，因此需要进行露茎校正。露茎校正的方法是：在测量温度计旁放一支辅助温度计，辅助温度计的水银球应置于测量温度计露茎高度的中部（见图 3-1）。

露茎校正公式为：

$$\Delta t_{露}=1.6\times10^{-4}h(t_{观}-t_{环}) \tag{3-2}$$

式中 1.6×10^{-4}——水银对玻璃的相对膨胀系数；

h——水银柱露出系统外的长度（用度数表示），称为露茎高度；

$t_{观}$——测量温度计上的读数；

$t_{环}$——环境温度，可以用辅助温度计读出。

(3) 使用水银温度计的注意事项

① 根据测量系统精度选择不同量程、不同精确度的温度计。

② 根据需要对温度计进行校正。

③ 温度计插入系统后，待系统与温度计之间热传导达平衡后（一般为几分钟）再进行读数。

④ 如需改变温度，则从水银柱上升的方向读数为好，而且在各次读数前轻击水银温度计，以防水银粘壁。

⑤ 水银温度计由玻璃制成容易损坏，不允许将水银温度计作搅拌使用。

(4) 贝克曼温度计　在物理化学实验中，常使用贝克曼温度计。贝克曼温度计的构造见图 3-2。它与普通水银温度计的区别在于测温端水银球内的水银储量可以借助顶端的水银储槽来调节。贝克曼温度计不能测得系统的温度，但可精密测量系统过程的温差。贝克曼温度计上的标度通常有 5℃或 6℃，每 1℃刻度间隔约 5cm，中间分为 100 等份，故可以直接读出 0.01℃，借助于放大镜观察，可以估计读到 0.002℃，测量精度较高。贝克曼温度计在使用前需根据待测系统的温度及温差值的大小、正负来调节水银球中的水银量。

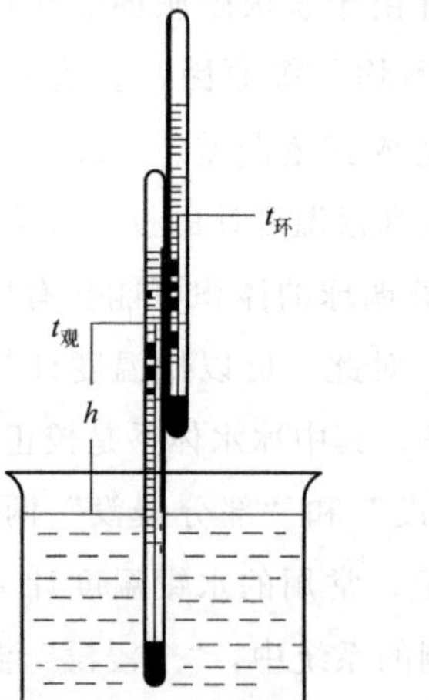

图 3-1　温度计露茎校正示意

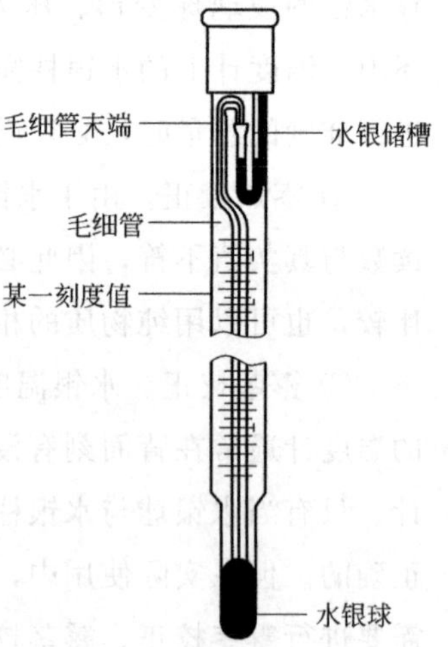

图 3-2　贝克曼温度计

贝克曼温度计调节方法如下：

① 首先确定所使用的温度范围。若为温度升高的实验（如燃烧焓的测定）则水银柱指示的起始温度应调节在 1℃左右；若为温度降低实验（如凝固点降低法测定物质的摩尔质量）则水银柱应调节在 4℃左右。

② 进行水银储量的调节。首先将贝克曼温度计倒持，使水银球中的水银与水银储槽中的水银在毛细管尖口处相连接，然后利用水银的重力或热胀冷缩原理使

水银从水银球转移到水银储槽或从水银储槽转移到水银球中。达到所需转移量时，迅速将贝克曼温度计正向直立，用左手轻击右手的手腕处，把毛细管尖口处的水银拍断。放入待测介质中，观察水银柱位置是否合适，如不合适，可重复调节操作，直至调好为止。

贝克曼温度计较贵重，下端水银球的玻璃壁很薄，中间毛细管又细又长，极易损坏，在使用时不要同任何硬物相碰，不能骤冷、骤热或重击，用完后必须立即放回盒内，不可任意搁置。

2. 热电偶温度计

一般由热电偶及测量仪表两部分组成，其间用导线相连接，测量温度范围为－200～1300℃。在高温测量中普遍使用热电偶温度计。

（1）热电偶的测量原理　热电偶是利用两种金属的热电势为测温参数来测量温度的。将 A、B 两种金属导线构成一个闭合回路，若两接点温度不同（$T \neq T_0$），则在回路中会产生电势差（见图 3-3）。两接点间温差越大，则产生的电势差也越大。这种电势差称为温差电势或热电势。

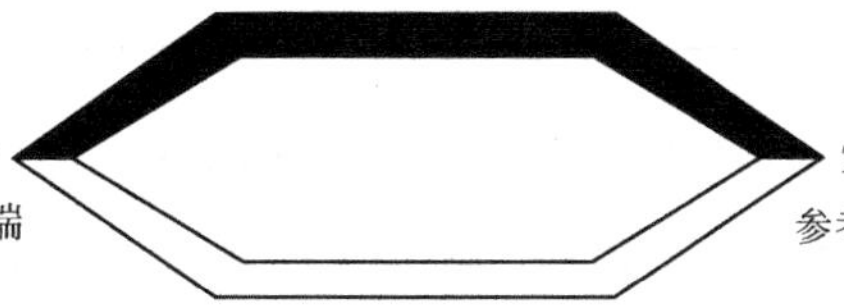

图 3-3　热电偶测温示意

实验证明，当两种金属材料确定后热电势仅与两个节点的温度差 ΔT 值有关。两种金属导体的组合称为热电偶，可作为温度计。如果将热电偶一接点置于某一固定温度的介质中（一般置于冰水浴中，温度为 0℃，常称为冷端，也叫自由端，在要求不高的测量中，可用锰铜丝制成冷端补偿电阻），则产生的热电势是另一接点（称为热端，也叫工作端）温度的单值函数：$E=f(T)$。因此，通过热电势的测量可测量工作端置放处（被测系统）的温度。

（2）热电偶温度计的特点

1）灵敏度高。如常用的镍铬-镍硅热电偶的热电系数达 40μV/℃，镍铬-考铜的热电系数更高，达 70μV/℃。用精密的电位差计测量，通常均可达到 0.01℃的精度。若将热电偶串联组成热电堆，其温差电势是单对热电偶电势的加和，灵敏度可达 10^{-4}℃。

2）重现性好。热电偶制作条件的不同会引起温差电势的差异。但一支热电偶制作后，经过精密的热处理，其温差电势-温度函数关系的重现性极好。由固定点标定后，可在较长时期内使用。热电偶常被用作温度标准传递过程中的标准量具，其优势在于：

① 量程宽。热电偶的量程仅受其材料适用范围的限制。

② 非电量变换。温度的自动记录、处理和控制在现代科学实验和工业生产中是非常重要的，这首先要将温度这个非电参量变换为电参量，热电偶就是一种比较理想的温度-电量变换器。

(3) 热电偶温度计的种类　热电偶的种类繁多，各有其优缺点。

表 3-1 列出几种国产热电偶的主要技术指标。

表 3-1　几种国产热电偶的主要技术指标

类别	型号	分度号	使用温度/℃		热电势允许偏差		偶丝直径/mm
			长期	短期			
铂铑 10-铂	WRLB	LB-3	1300	1600	(0～600)℃ ±2.4℃	>600℃ ±0.4%t	0.4～0.5
铂铑 30-铂铑 6	WRLL	LL-2	1600	1800	(0～600)℃ ±3℃	>600℃ ±0.5%t	0.5
镍铬-镍硅	WREU	EU-2	1000	1300	(0～400)℃ ±4℃	>600℃ ±0.75%t	0.5～2.5
镍铬-考铜	WREA	EA-2	600	800	(0～400)℃ ±4℃	>600℃ ±1%t	0.5～2

(4) 热电偶温度计使用的注意事项　使用热电偶时，应注意选用其适用温度范围与介质气氛要求，以免损坏。热电偶一般可以和被测介质直接接触，如不能直接接触，则需将热电偶用套管（玻管、石英管、陶瓷管等）加以保护后，再插入被测介质。为使热端温度与被测介质温度完全一致，要求有良好的热接触。在采用保护套管时，常在套管内加入液状石蜡等以改善导热情况。冷端温度应在测量中保持恒定。由于热电势与温度关系的分度表是在冷端温度保持0℃时得到的，当冷端温度不为0℃时需进行冷端温度补偿。

(5) 热电偶的制作、测量与校正　实验室中应用的热电偶常为自行制作，制作采用点焊法或乙炔焰烧焊法，要求焊点小而且圆滑无裂纹，具有金属光泽。

热电偶的测量精度受测量温差电势的仪表所制约。直流毫伏表是一种最简便的测温二次仪表，可将表盘刻度直接标成温度读数。该方法精度较差，通常为±2℃左右。使用时整个测量回路中总的电阻值应保持不变。数字电压表量程选择范围可达 3～6 个数量级。它可以自动采样，并能将电压数据的模量值变换为二进位值输出。数据可输入计算机，便于与其他测试数据综合处理或反馈以控制操作系统。温差电势的经典测量方式是使用电位差计以补偿法测量其绝对值。

自制的热电偶使用前必须进行电势-温度工作曲线的测定（常称为热电偶校

正）。方法是将冷端置于冰-水平衡系统中，热端置于温度恒定的标准系统内，测定所产生的热电势。标准系统一般采用101325Pa下水的正常沸点（100℃）、苯甲酸的熔点（121.7℃）、锡的熔点（232℃）等。然后绘制温度-热电势工作曲线，供测定用。除采用上述方法进行校正外，还可采用将自制的热电偶与标准热电偶并排放在管式电炉内，同步进行温度比较校正。

3. 电阻温度计

利用测温材料的电阻随温度变化的特性制成的温度计称为电阻温度计。它们与热电偶一样可用于温度的电量转换。金属电阻温度计在低温和中温区的测温性能优于热电偶。

（1）金属电阻温度计　在各种纯金属中，铂、铜和镍是制造电阻温度计最合适的材料。其中铂的化学与物理稳定性好，熔点高，易于提纯，热容极小，对温度变化的响应极快，电阻随温度变化的重复性高，采用精密的测量技术可使测温精度达到0.001℃。国际温标规定铂电阻温度计为−183～630℃温度范围的基准温度计。

铂电阻温度计是用直径为0.03～0.01mm的铂丝均匀绕在云母、石英或陶瓷支架上做成。0℃时的电阻为10～100Ω，镀银铜丝作引接线。采用电桥测定温度计的电阻值，以指示温度。

（2）热敏电阻温度计　热敏电阻是一种使用方便、感温灵敏的测温元件，但测温范围较窄。金属氧化物热敏电阻具有负温度系数，其阻值 R_T 与温度 T 的关系可用下式表示：

$$R_T = A e^{-B/T} \tag{3-3}$$

式中　A、B——常数，其中 A 值取决于材料的形状大小，B 值为材料物理特性的常数。采用电桥测定热敏电阻的电阻值以指示温度。

热敏电阻的阻值 R_T 与温度 T 之间并非线性关系，但当用来测量较小的温度范围时则近似为线性关系。实验证明其测温差的精度足可以与贝克曼温度计相比，而且具有热容小、响应快、便于自动记录等优点。

（3）石英频率温度计　利用石英晶体的共振频率作为频率标准时，通常要选择其温度系数较小的切割晶面。而石英温度计是利用共振频率与温度关系最大的晶面制成测温元件，以振荡器测量晶体的共振频率。这种晶体振动频率与温度近似于线性函数关系，可用于测定−80～250℃范围内的温度，其测量精度可达到0.05℃。有的产品可在−20～120℃范围内调节，测温量程为10℃，这时测量准确度可达0.001℃。

四、温度的控制

物质的物理与化学性质，如折射率、黏度、蒸气压、表面张力、化学反应速率等都与温度有关。因此，在物理化学实验中恒温装置就显得十分重要。恒温装置分高温（>250℃）、常温（室温～250℃）与低温（－55K～室温）三种。下面介绍温度控制的基本方法及常温、高温和低温的恒温装置。

1. 温度控制的基本方法

控制系统温度恒定，常采用下述两种方法。

（1）利用物质相变温度的恒定性来控制系统温度的恒定，这种方法对温度的选择有一定限制。

（2）热平衡法　该方法原理为：当一个只与外界进行热交换的系统在获取热量的速率与散发热量的速率相等时，系统温度保持恒定。或者当系统在某一时间间隔内获取热量的总和等于散发热量的总和时，系统的始态与终态温度不变，时间间隔趋向无限小时系统的温度保持恒定。

通常物理化学实验中采用的恒温装置是根据上述原理而设计的。

2. 恒温装置

（1）常温控制装置——恒温槽　恒温槽是物理化学实验室中常用设备之一。当实验需要在某一温度下进行时可把待测系统浸入恒温槽中，通过对恒温槽温度的调节，可保持系统控制在某一恒定温度。恒温槽中的液体介质可根据温度控制的范围而异，其装置见图 3-4，比较常用的仪器是恒温水浴。

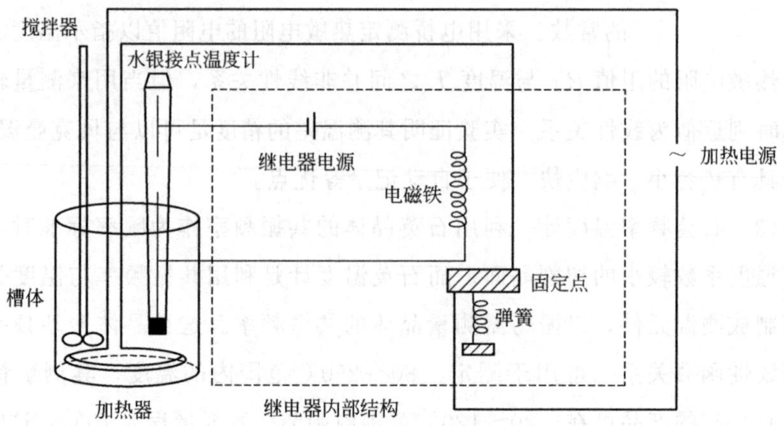

图 3-4　恒温槽装置示意

恒温槽一般由槽体、温度调节器（水银接点温度计）、继电器、加热器、搅拌器和温度计等组成。将待恒温系统放在槽体中，当槽体的温度低于恒定温度时，温度调节器通过继电器的作用，使加热器加热；当槽体温度高于所恒定的温度时即停止加热。因此，槽体温度在一微小的区间内波动，而置于槽体的系统，温度也被限制在相应的微小区间内而达到恒温的要求。

恒温槽各部分设备介绍如下。

① 槽体。当控温范围在室温附近时，槽体常用玻璃槽，便于观察系统的变化情况，槽体的大小和形状可根据需要而定。在常温下，多采用水作为恒温介质。为避免水分蒸发，当温度高于50℃时常在水面上加一层液状石蜡。

② 加热器。常用电加热器（如电阻丝等），要求加热器热惰性小、导热性好、面积大、功率适当。加热器的功率大小会影响温度控制的灵敏度。通常在加热器线路中加一调压变压器，以调节加热器功率大小。

③ 温度计。恒温槽中常以一支0.1℃分度的温度计测量浴槽的温度。

④ 搅拌器。搅拌器以马达带动，常采用调压器调节其搅拌速率，要求搅拌器工作时，震动小、噪声低、能连续运转。搅拌器应装在加热器的上方或附近，以使加热的液体及时分散，混合均匀。

⑤ 温度调节器。它是决定恒温槽加热或停止加热的一个自动开关，用于调节恒温槽所要求控制的温度。实验室中常用水银接点温度计（又称水银导电表），其结构见图3-5。水银接点温度计下半部为一普通水银温度计，但底部有一固定的金属丝与接点温度计中的水银相接触；在毛细管上部也有一金属丝，借助磁铁转动螺丝杆，可以随意调节该金属丝的上下位置。螺杆上的标铁和上部温度标尺相配合可粗略估计所需控制的温度。槽体升温时，接点温度计中的水银柱上升，当达到所需恒定的温度时就与上方的金属丝接触；温度降低时与金属丝断开。通过两引出导线与继电器相连，达到控制加热器回路的断路或通路。水银接点温度计只能作为温度的调节器，不能作为温度的指示器，恒温槽的温度另由精密温度计指示。水银接点温度计控温精度通常是±0.1℃。当要求更高精度时，可选用控温精度更高的温度调节器，如甲苯-水银温度控制计。对要求不高的水浴锅，则可采用简单的双金属片温度调节器。

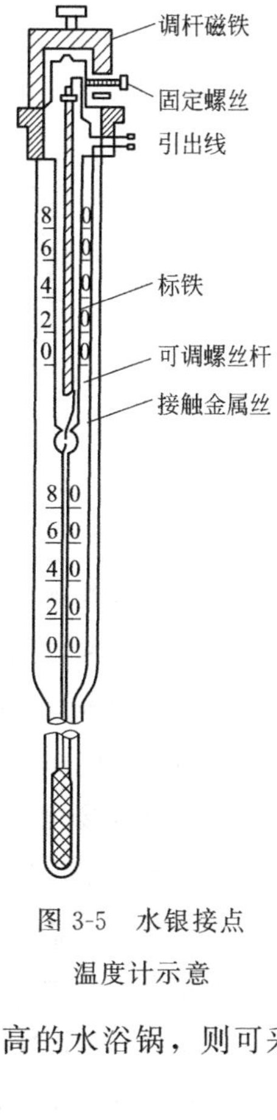

图3-5 水银接点温度计示意

⑥ 继电器。继电器种类很多，在物理化学实验室中常采用电子继电器（由控

制电路及继电器组成）。6402 型电子继电器的线路见图 3-6，250V 交流电压通过继电线圈加到 6P1 电子管的板极 A 和阴极 C 之间，灯丝 D 加热后，阴极 C 向板极发射出电子流，使回路处于半波整流工作状态。此时继电线路有较大电流通过而产生磁性，从而将衔铁吸下，回路接通，电加热器加热。当恒温槽加热达到所需恒定的温度时，水银接点温度计中的水银与金属丝接通，在栅极 G 上加上一个负电势，大大减弱电子流向板极发射，此时通过继电器的电流大大减低，磁性消失，弹簧将衔铁拉脱，回路断开，电加热器停止加热。当由于热量散失等原因使温度再次低于所恒定的温度时，上述继电控制过程将自动重复进行。在继电器内并联一个 16μF 电容，可在半波整流中起充放电作用，使继电器稳定处在直流工作状态。极回路中，栅极电流甚微，一般不大于 30μA，当接点接通或断开时不致产生火花使接点氧化而影响控温精度。

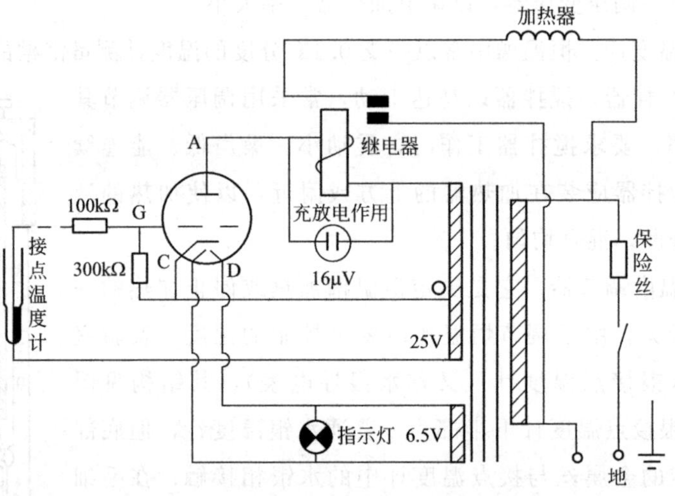

图 3-6　6402 型电子继电器线路

这种温度控制装置属于“通”“断”类型。因为加热器将热传递给水银接点温度计需要一定的时间，因此会出现温度传递的滞后，即当水银接点温度计的水银触及控温金属丝时电源中断，但实际上电加热器附近的水温已超过了设定温度；另外，电加热器还有余热向水浴传递，致使恒温槽温度略高于设定温度。同理，在电源接通过程中，也会出现温度传递的滞后而使恒温槽温度略低于设定温度。一般恒温水浴温度波动在±0.1℃左右。

最高温度与最低温度之差的一半为恒温槽的恒温精度（也称为灵敏度）。物理化学实验中采用的恒温水浴其精度一般为±0.1℃。精密值越小，则恒温槽的性能越好。恒温精度随恒温介质、加热器、温度调节器、继电器等性能而异，还与搅拌情况、室温以及恒温槽各元件相互配置的情况有关。恒温精度在同一浴槽中的不同区域也不尽相同。特别需提示的是待温度恒定后，应将水银接点温度计上磁铁的固定螺丝旋紧，以免由于震动而改变磁铁的位置，影响温度的控制与恒温精度。为提高精度，恒温槽元件配置应做到：加热器要放在搅拌器的附近；水银接点温度计要放在加热器附近，并使恒温介质经旋转不断冲向接点温度计的水银球；被恒温的系统一般要放在精度最好的区域；测量温度的精密温度计应放置在被恒温系统的附近。

（2）高温控制装置——电炉　在300～1000℃范围内的温度控制一般采用电阻电炉与相应仪表（如可控硅控温仪、调压器等）来调节与控制。其基本原理为电炉中的温度变化引起置于炉内的热敏元件（如热电偶）的物理性能发生变化，利用仪器构成的特定线路，产生信号，以控制继电器的动作，进而控制温度。

① 电炉。在实验室中以马弗炉、管状电炉为最常用。选用电炉应注意电炉规定的使用温度范围和实际使用的温度相适应，以免造成电炉损坏。一般电炉功率较大，特别应注意用电线路的负载。电炉中各个位置的温度常不相同，为此在实验前需进行恒温区的测定。测定方法为：把热电偶放在电炉的中间，炉子两头用石棉绳等绝热材料堵塞以减少热量损失，当电炉加热至设定温度时，从可控硅控温仪（与热电偶匹配）上读出其温度（见图3-7），然后将热电偶上移2cm，待温度恒定后读出其温度，如此逐段上升，直至与第一次读数相差1℃为止（移至O'处）；再将热电偶自中间向下移动2cm，如上所述移至O'处，温度与中间温度相差1℃。那么，OO'区域为炉温精度为±1℃的恒温区。在实验时，试样的填充长度与放置位置必须与恒温区相吻合。

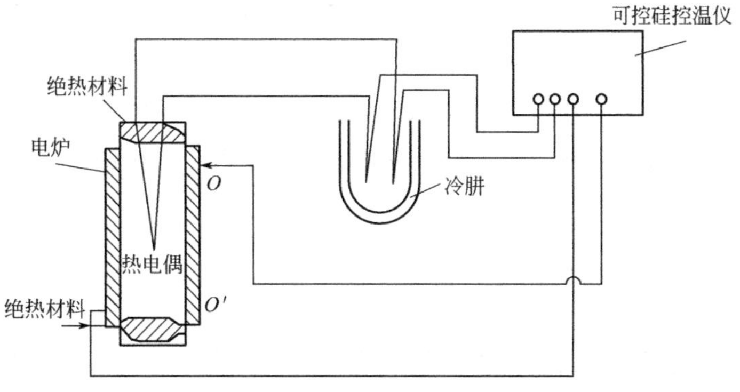

图3-7　电炉测温装置

② 高温控制器。高温控制器分为间歇式和调流式两大类。间歇式高温控制器的加热方式是间歇的，炉温升至设定值时停止加热，低于设定值时就加热，因此温度起伏较大，但设备简单。如果配以调压器调节加热功率可改善控温精度。在一般的实验中尚能满足需要，目前仍被广泛应用。间歇式高温控制器常采用动圈式温度控制仪表或电位差计。调流式高温控制器的优点是对电炉的加热负载进行自动调流，随着炉温与设定温度间的偏离程度而自动、连续地改变电流的大小，

在到达设定温度后，温度变动较小，炉子的恒温精度较好。在实验室中常采用由ZK-1型可控硅电压调整器和XCT-191型动圈式温度指示调节仪相匹配组成的可控硅精密调流式控温仪。

(3) 低温控制装置　有些实验需要在低于室温的条件下进行，此时需用低温控制装置。低温的获得主要依靠一定配比的组分组成冷冻剂，冷冻剂与液体介质在低温下建立相平衡。

表3-2列举了常用的冷冻剂及其制冷温度。

表 3-2　常用冷冻剂及其制冷温度

冷冻剂	液体介质	制冷温度 t/℃
冰	水	0
冰与 NaCl($w_{冰}=0.75$)	NaCl 水溶液($w_{NaCl}=0.20$)	−21
冰与 $MgCl_2$($w_{冰}=0.60$)	NaCl 水溶液($w_{NaCl}=0.20$)	−27～−30
冰与 $CaCl_2$($w_{冰}=0.40$)	乙醇	−20～−25
冰与浓 HNO_3($w_{冰}=0.33$)	乙醇	−35～−40
干冰	乙醇	−60
液氮		−196

注：w 为质量分数。

第二节　压力控制技术

在物理化学实验中，经常要涉及气体压力的测量。有的实验需要在真空下操作，有的实验需要使用高压气体。

下面介绍几种常用仪器的使用方法：气压计的使用方法与校正；U形压力计的使用方法与校正；真空泵的使用方法；气体钢瓶、气体减压阀的使用方法。

一、气压计

测定大气压力的仪器称为大气压力计，简称气压计。气压计的种类很多，其原理如图3-8所示。实验室最常用的是福廷式（Fortin）气压计。

1. 福廷式气压计的构造

福廷式气压计是一种真空压力计。它以汞柱所产生的静压力来平衡大气压力 p，根据汞柱的高度 h 就可以度量大气压力的大小。大气压力 p 的单位为 Pa 或 kPa。福廷式气压计的构造如图3-9所示，气压计的外部为一黄铜管。内部是装有汞的玻璃管，封闭的一头向上，开口的一端插入汞槽中。玻璃管顶部为真空。在

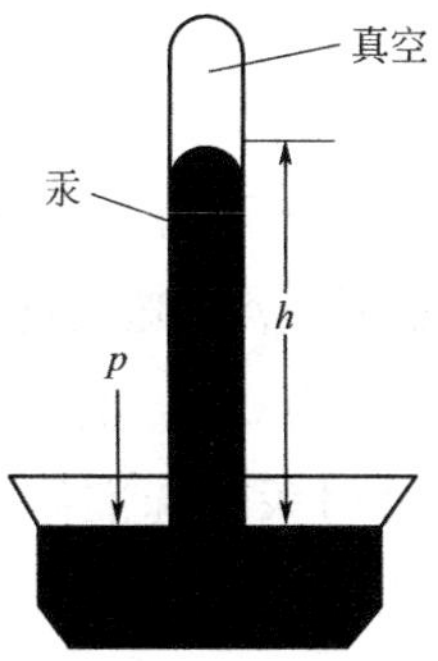

图 3-8　气压计原理示意

黄铜管的顶端开有长方形窗口，并附有刻度标尺，以观察汞的液面高低。汞槽中的汞液面通大气。在窗口间放一游标尺，转动螺旋可使游标上下移动。黄铜管中部附有温度计。汞槽的底部为一柔皮囊，下部由螺旋支持，转动螺旋可调节汞槽内汞液面的高低。汞槽上部有一个倒置的固定象牙针，其针尖即为标尺的零点。

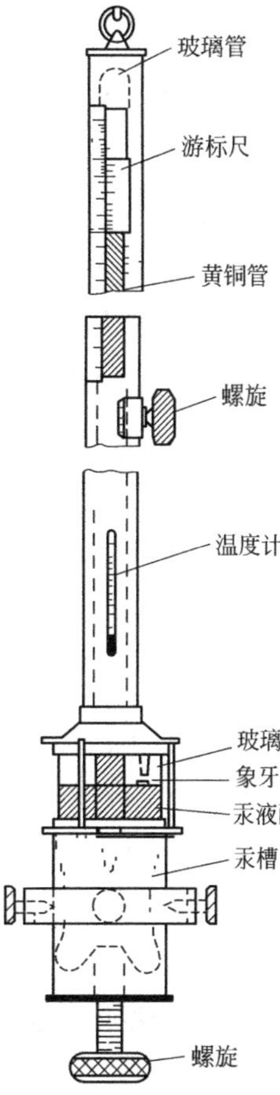

图 3-9　福廷式气压计构造

2. 福廷式气压计的调节

气压计垂直放置后，旋转调节汞液面位置的底部螺旋，可以升降槽内汞的液面。利用槽后面的白瓷板的反光，注意水银面与象牙针间的空隙，直到汞液面升高到恰与象牙针尖接触为止（调节时动作要慢，不可旋转过急）。

3. 福廷式气压计的读数

转动螺旋调节游标，使它比汞液面高出少许，然后慢慢旋下，直至游标前后两边的边线与汞液面的凸月面相切（此时在切点两侧露出三角形的小孔隙），便可从黄铜刻度与游标尺上读数。读数时，应注意眼睛的位置和汞液面齐平。找出游标零线所对标尺上的刻度，读出整数部分。从游标尺上找出一根恰与标尺上某一刻度线相吻合的刻度，此游标尺上的刻度值即为小数点后的读数。记下读数后，还要记录气压计上的温度和气压计本身的仪器误差，以便进行读数校正。读毕，转动螺旋，使汞液面与象牙针脱离。

4. 福廷式气压计读数的校正

当气压计的汞柱与大气压力 p 平衡时，则 $p=\rho gh$。由于气压计上黄铜标尺的长度随温度而变，汞的体积质量ρ也随温度而变，而重力加速度 g 随纬度和海拔高度而变。因此，规定以温度为 0℃、重力加速度 $g=9.80665\mathrm{m/s^2}$ 条件下的汞柱为标准来度量大气压力。此时汞的标准体积质量$\rho_0=13.5951\mathrm{kg/dm^3}$。所以，由气压计直接读出的汞柱高度通常不等于上述以汞的标准体积质量、标准重力加速度定义的大气压力，必须进行校正。此外，还需对仪器本身的误差进行校正。

（1）仪器误差校正　由汞的表面张力引起的误差、汞柱上方残余气体的影响，以及气压计制作时的误差等，在出厂时都已做了校正。在使用时，由气压计上读得的示值，首先应按照制造厂所附的仪器误差校正卡上的校正值 Δk_{p} 进行校正。对于某一气压计来说，这项校正值是常量。

（2）温度校正　在室温 t（单位:℃）下，在黄铜标尺上读得的汞柱高度为 h_t。由于黄铜标尺是在 0℃时刻度的，故需考虑黄铜标尺的热胀冷缩。设黄铜的线膨胀系数为 α，故汞柱实际高度为 $h_t(1+\alpha t)$。又已知在室温 t 时汞的体积质量为ρ_t，故大气压力 $p=\rho_t g h_t(1+\alpha t)$，此压力应与汞的体积质量为标准体积质量 ρ_0、高度为 h 的汞柱时所产生的压力相等（这里还没有考虑重力加速度 g 的校正），即：

$$p=\rho_0 gh=\rho_t gh_t(1+\alpha t) \tag{3-4}$$

所以：

$$h=h_t(1+\alpha t)\rho_t/\rho_0 \tag{3-5}$$

设汞的体膨胀系数为 β，汞的体积质量ρ与温度 t 的关系如下：

$$\rho_0=\rho_t(1+\beta t) \tag{3-6}$$

因此：

$$h=\frac{1+\alpha t}{1+\beta t}h_t=h_t+\frac{(\alpha-\beta)t}{1+\beta t}h_t \tag{3-7}$$

令温度校正值 $\Delta_t p$ 为：

$$\Delta_t p=\frac{(\alpha-\beta)t}{1+\beta t}p_t \tag{3-8}$$

已知在 0～35℃时，汞的平均体膨胀系数 $\beta=0.0001815/℃$，黄铜的平均线膨胀系数为 $\alpha=0.0000184/℃$。

（3）纬度和海拔高度的校正　国际上规定用水银气压计测定大气压力时，应以纬度 45°的海平面上的重力加速度 $9.80665\mathrm{m/s^2}$ 为基准。由于重力加速度随纬度及海拔高度而变，所以还要进行纬度和海拔高度的校正。设测量地点的纬度为 θ，

海拔高度为 H。那么纬度校正值 $\Delta_\theta p$ 为：

$$\Delta_\theta p = -2.66\times 10^{-3} p_t \cos 2\theta \tag{3-9}$$

海拔高度校正值 $\Delta_H p$ 为：

$$\Delta_H p = -3.14\times 10^{-7}\mathrm{m}^{-1} H p_t \tag{3-10}$$

经上述各项校正后，大气压力 p 的数值为：

$$p = p_t + \Delta_k p + \Delta_t p + \Delta_\theta p + \Delta_H p \tag{3-11}$$

【例 3.1】 在上海地区测量大气压力，上海地处北纬 31.15°，即 $\theta=31.15°$。海拔高度 H 为 25m。在 25℃时，气压计的读数为 1.01311×10^5Pa。由仪器说明书上查得仪器误差校正值 $\Delta_k p = 13$Pa。试计算其大气压力数值。

解：仪器误差校正值：　　　$\Delta_k p = 13$Pa

温度校正值：$\Delta_t p = \dfrac{(\alpha-\beta)t}{1+\beta t} p_t = \dfrac{(0.0000184-0.0001815)\times 25}{1+0.0001815\times 25}\times 1.01311\times 10^5 = -411$Pa

纬度校正值：$\Delta_\theta p = -2.66\times 10^{-3} p_t \cos 2\theta = -2.66\times 10^{-3}\times 1.01311\times 10^5\mathrm{Pa}\times \cos(2\times 31.15°) = -125$Pa

海拔高度校正值：$\Delta_H p = -3.14\times 10^{-7}\mathrm{m}^{-1}\mathrm{H} p_t = -3.14\times 10^{-7}\mathrm{m}^{-1}\times 25\mathrm{m}\times 1.01311\times 10^5\mathrm{Pa} = -0.8$Pa

$$p = p_t + \Delta_k p + \Delta_t p + \Delta_\theta p + \Delta_H p = 1.00787\times 10^5\,\mathrm{Pa}$$

二、U 形气压计

U 形压力计是物理化学实验中用得最多的压力计。U 形压力计的构造简单，使用方便，测量的精确度也较高。U 形压力计的示值取决于工作液体的体积质量，也就是与工作液体的种类、纯度、温度及重力加速度有关。U 形压力计的缺点是测量范围不大。

1. U 形气压计的构造与工作原理

U 形压力计由两端开口的垂直 U 形玻璃管及垂直放置的刻度标尺构成。管内盛有适量的工作液体，如图 3-10 所示。

U 形压力计是一种压力差计。工作时，将 U 形管的两端分别连接于系统的两个测压口上。若 $p_1 > p_2$，液面差为 Δh，考虑到气体的体积质量远小于工作液体的体积质量，因此可以得出下式：

$$p_1 - p_2 = \rho g \Delta h \tag{3-12}$$

式中　ρ——给定温度下工作液体的体积质量；

g——重力加速度。

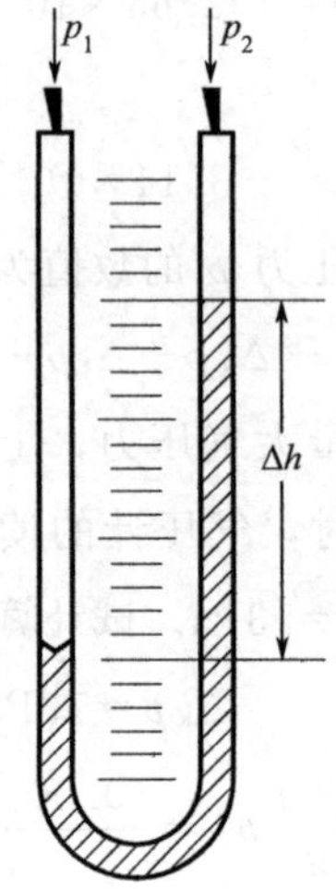

图 3-10　U 形压力计示意

这样，压力差（p_1-p_2）的大小就可用液面差面 Δh 来度量。若 U 形管的一端是开口（通大气）的，则可测得系统的压力与大气压力之差。

在测量微小压力差时，可采用斜管式 U 形压力计，如图 3-11 所示。设斜管与水平所成的角度为 α，则：

$$p_1-p_2=\rho g\Delta h=\rho g\Delta l\sin\alpha \tag{3-13}$$

通过测量 Δl 和 α，即可求得压力差（p_1-p_2）。

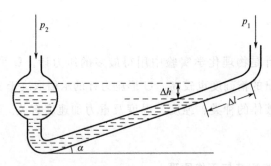

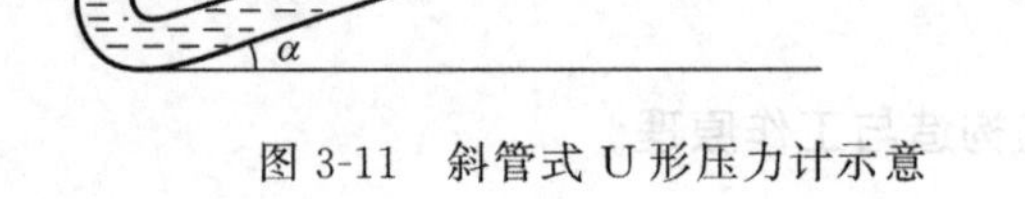

图 3-11　斜管式 U 形压力计示意

2. U 形气压计工作液体的选择

U 形气压计工作液体应选择为不与被测系统内的物质发生化学作用，也不互溶，且沸点较高的物质。在一定的压差下，选用液体的体积质量越小，液面差 Δh 就越大，测量的灵敏度也就越高。最常用的工作液体是汞，其次是水。由于汞的体积质量较大，在压差较小的场合可采用其他低体积质量的液体。此外，由于汞蒸气对人体有毒，为了防止汞的扩散，可在汞的液面上加上少量的隔离液，如液状石蜡、甘油或盐水等。

3. U形气压计的读数及其校正

由于液体的毛细现象，汞在玻璃管内的液面呈凸形，水则呈凹形。在U形压力计读数时，视线应与液体凹液面的最低点或凸液面的最高点相切。在用U形压力计作测量时，也要像气压计一样进行读数的温度校正。设工作液体为汞，在室温t时的读数为Δh_t，若不考虑标尺的线膨胀系数，校正到汞的体积质量为标准体积质量（0℃）下的Δh_0，有：

$$\Delta h_0 = \Delta h_t (1 - 0.00018t/℃) \tag{3-14}$$

当温度t较高以及Δh_t数值很大时，温度校正值是不可忽视的。

三、真空泵

真空是泛指低于标准压力的气体状态。在真空下，由于气体稀薄，单位体积内的分子数较少，分子间碰撞或分子在一定时间内碰撞与器壁的次数也相应减少，这是真空的主要特点。真空度的高低通常用气体的压强来表示，气体的压强越低表示真空度越高。

真空区域的划分，在国际上尚未有统一的规定。在物理化学实验中通常按真空的获得和测量方法的不同，将真空划分为以下5个区域：1～100kPa称为粗真空；0.1～1000Pa称为低真空；10^{-6}～0.1Pa称为高真空；10^{-10}～10^{-6}Pa称为超高真空；10^{-10}Pa以下称为极高真空。

凡是能从容器中抽出气体，使气体压力降低的装置均可称为真空泵。真空泵的种类很多，有水抽气泵、机械真空泵和扩散泵等。水抽气泵是实验室用以产生粗真空系统的真空泵。机械真空泵和扩散泵都要用特种油为工作物质，有一定的污染，但这两种泵价格较低，因此经常在实验室中使用。机械真空泵的抽气速率很快，但只能产生0.1～1Pa的低真空。扩散泵使用时必须用机械真空泵作为前级泵，可获得10^{-6}Pa的高真空。

1. 水抽气泵

水抽气泵是最简单的一种真空泵，如图3-12所示。它可用金属或玻璃制成，形式多样。根据伯努利原理，利用一股水流从收缩的管口以高速喷出，其周围区域的压力较低，于是系统中的气体就会被水流带走，从而达到抽气目的。20℃时，水抽气泵极限真空约为10^3Pa。水抽气泵的优点是简单轻便，它常用于实验室的一般抽气、吸滤、捡拾散落在台面或地上的汞粒等。

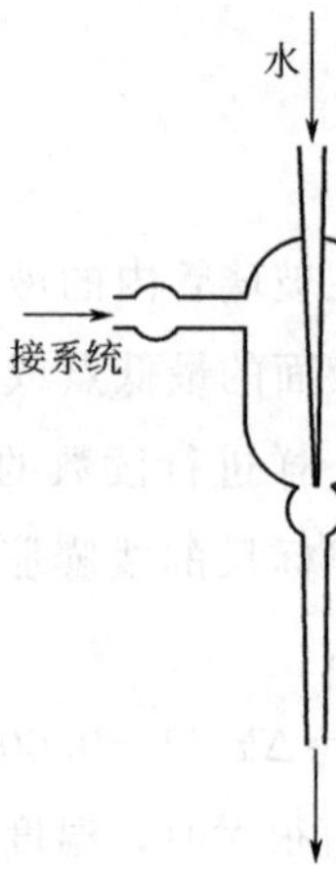

图 3-12　水抽气泵示意

2. 机械真空泵

常用的机械真空泵为油封式旋片式泵，结构如图 3-13 所示。其抽气级由泵体、转子和滑片组成。转子在旋转时始终紧贴泵体缸壁上，镶在转子槽中的滑片靠弹簧的压力也紧贴缸壁。由此使泵体的进、排气口被转子和滑片分割成两部分，即进气部分和排气部分。当转子旋转时，进、排气部分随着滑片的伸缩，它们的体积周期性地扩大和压缩。进气部分因体积扩大而压力降低，起吸气作用。排气部分因体积压缩，起排气作用。转动使这些过程不断重复，两个翼片所分隔的空间不断吸气和排气，使抽空容器达到一定的真空度。整个机件放置在盛油的箱中。油作为润滑剂，同时有密封和冷却机件的作用。实验室常用的油封式机械泵的抽气速率为 $30dm^3/min$。

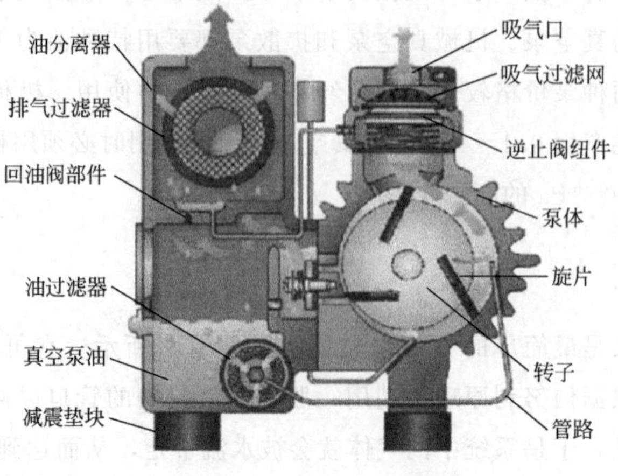

图 3-13　机械真空泵的结构

这种泵的压缩比可高达 700∶1。因此，若被抽气体中有水气或其他可凝性蒸气存在，当气体受压缩时蒸气就可能凝结成液体，成为无数小液滴混入油内。随着机油在泵内循环，一方面蒸发到被抽容器中去，降低系统的真空度；另一方面破坏了油的品质，降低了油在泵内的密封和润滑作用，还会使转子和定子的器壁生锈。为解决这个问题，在泵内设有气镇空气进口，使转子在转动至某位置时抽入部分空气，以降低压缩比。另外，还需在泵的进口前安装冷阱或吸收塔（如用无水氯化钙或五氧化二磷吸收水汽，用石蜡或活性炭吸附有机物蒸气）。此外，还应注意：

① 真空泵由电动机带动，运转时电动机温度不应超过规定温度。在正常运转时，不应有摩擦、金属碰击等异常声。

② 在泵的进口前应连接一个三通活塞，以便在停泵前使真空泵与大气相通。这样，既可保持系统的真空度，又可避免由于系统与大气存在着压差，导致泵油倒吸到系统中去的可能性。

③ 真空泵进气口与被抽系统的连接要用真空橡皮管，并事先洗净。

3. 扩散泵

扩散泵的原理是利用一种工作物质高速从喷口处喷出，在喷口处形成低压，在周围气体产生抽吸作用而将气体带走。这种工作物质在常温时应是液体，并具有极低的蒸气压，用小功率的电炉加热就能使液体沸腾汽化，沸点不能过高，通过水冷却便能使汽化的蒸气冷凝下来。过去用汞作为工作物质，但因汞有毒，现在通常采用硅油。图 3-14 是扩散泵的工作原理示意。硅油被电炉加热沸腾汽化后，通过中心导管从顶部的二级喷口处喷出，在喷口处形成低压，将周围气体带走。而硅油蒸气随即被冷凝成液体回入底部，循环使用。被夹带在硅油蒸气中的

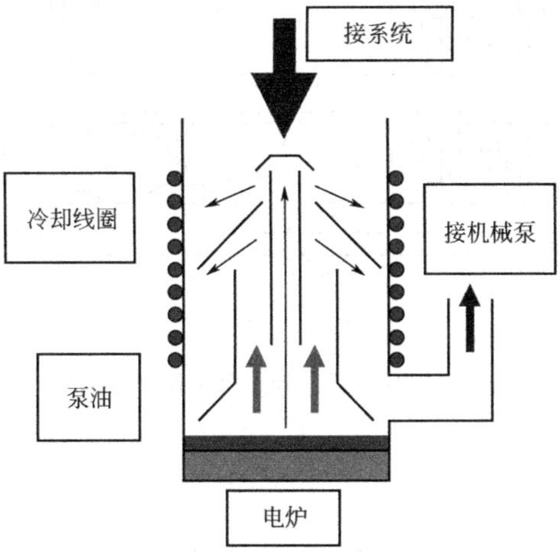

图 3-14 扩散泵的工作原理示意

气体在底部聚集，立即被机械泵抽走。

在上述过程中，硅油蒸气起着一种抽运作用，其抽运气体的能力取决于下面3个因素：a. 硅油本身的摩尔质量要大；b. 喷射速度要快；c. 喷口级数要多。用分子量大于3000的硅油作工作物质的四级扩散泵，其极限真空度可达到10^{-7} Pa，三级扩散泵可达10^{-4} Pa，实验室用的油扩散泵其抽气速率通常有60×10^{-3} m^3/s和300×10^{-3} m^3/s两种。

油扩散泵必须用机械泵作为前级泵，将其抽出的气体抽走，不能单独使用，扩散泵的硅油易被空气氧化，所以使用时应用机械泵先将整个系统抽至低真空后才能加热硅油。硅油不能承受高温，否则会裂解。硅油蒸气压虽然极低，但仍会蒸发一定数量的油分子进入真空系统，沾污被研究对象，因此一般在扩散泵和真空系统连接处安装冷凝阱，以捕捉可能进入系统的油蒸气。

4. 分子泵

分子泵是一种纯机械的高速旋转的真空泵，其工作原理见示意图3-15。高速旋转（10000～75000r/min）的涡轮叶片，不断地对被抽气体分子施以定向的动量和牵引压缩作用，将气体排走。分子泵的动轮叶与静轮叶间距仅数毫米，两者相间排列，且叶面角相反，从而达到最大的抽气作用。由于轴承上有润滑油，故分子泵不是严格的无油泵。目前已制成一种磁悬浮轴承，转速更高，可方便地获得小于10^{-8} Pa的超高真空。

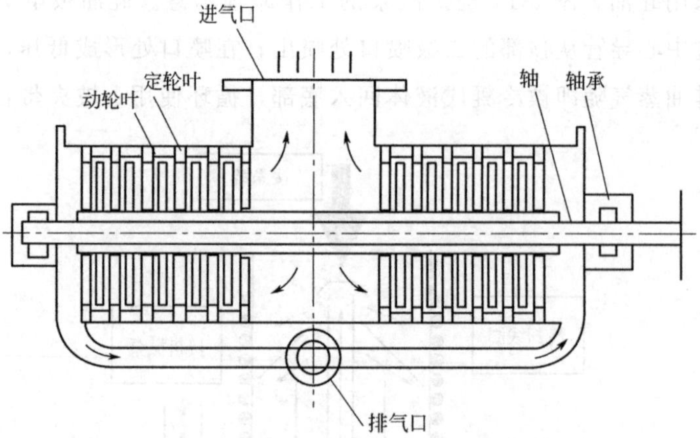

图3-15　分子泵工作原理示意

5. 吸附泵

吸附泵的全名为分子筛吸附泵。它是利用分子筛在低温时能吸附大量气体或蒸气的原理制成的，其特点是将气体捕集在分子筛内，而不是将气体排出泵外。

其结构如图 3-16 所示。分子筛是人工合成的无水硅铝酸盐结晶，其内部充满着孔径均匀的无数微孔空穴，约占整个分子筛体积的 1/2。当向液氮筒中灌入液氮后，分子筛因被冷却到低温，能大量捕集待抽容器中的气体，极限真空度可达约 10^{-1} Pa，由于吸附后的分子筛可通过加热脱附活化，反复使用，因此吸附泵的使用寿命较长，维护方便。吸附泵可单独使用，其优点是无油，但工作时需消耗液氮。通常吸附泵用作超高真空系统中钛泵的前级泵。

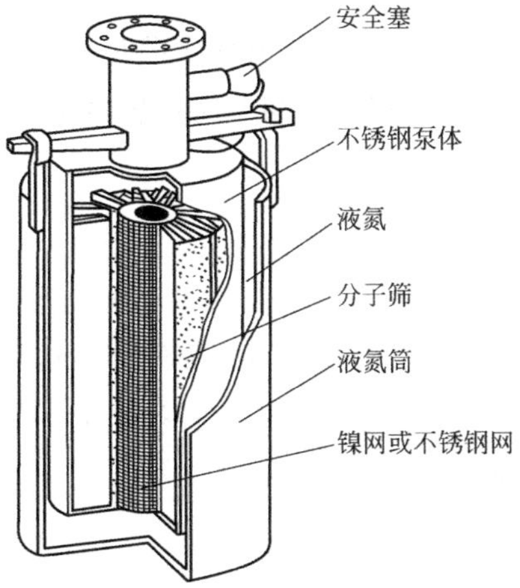

图 3-16　吸附泵结构示意

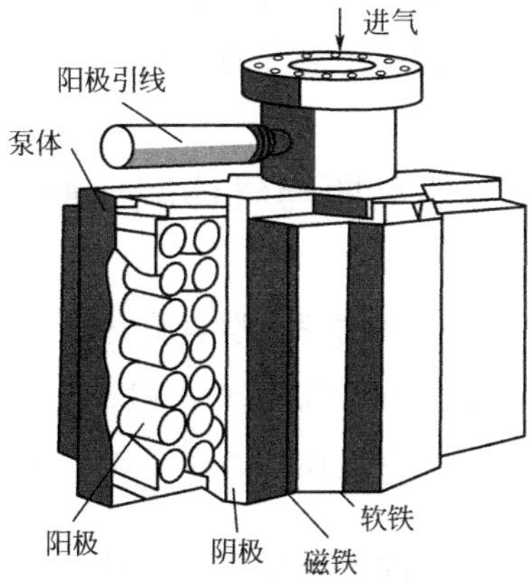

图 3-17　钛泵的结构示意

6. 钛泵

钛泵的抽气机理通常认为是化学吸附和物理吸附的综合，而以化学吸附为主。钛泵的种类很多，这里介绍一种磁控管型冷阴极溅射离子钛泵，其结构见图 3-17。阳极为不锈钢圆筒，阴极为钛柱，两级间加 3～6kV 高电压。泵体由不锈钢制成，置于 0.13～0.15T 的磁场中。泵内空间的游离电子在电场作用下被阳极加速，将遇到的气体分子电离，形成的正离子打在阴极钛柱上，产生二次电子。这些从阴极发出的二次电子，径向被拉向阳极，同时受磁场作用发生偏转，因此沿轮滚线轨迹绕轴运动，并不断撞击所遇到的气体分子，使气体电离，形成潘宁放电。放电后，圆筒内气体电离所产生的正离子，因质量大而不受磁场约束，在电场作用下迅速撞击阴极，在阴极上引起钛溅射。溅射的活性钛在圆筒内各处形成钛膜，大量吸附泵体内的气体分子。气体电离所产生的电子，同样按轮滚线轨迹绕轴运动，使所撞击的气体分子电离。

钛泵不能单独使用，需用吸附泵或机械泵作为其前级泵。钛泵具有极限真空度高（约 10^{-8} Pa）、无油、无噪声和无振动等优点，在 10^{-2} Pa 时仍有较大的抽速，且操作简便，使用寿命长。

7. 低温泵

低温泵是目前抽速最大，能达到极限真空的泵。其原理是靠深冷的表面抽气，主要用于产生模拟的宇宙环境。这种泵的抽气速率正比于深冷表面的大小，一般可达 $10^3 m^3/s$。

在液氦温度下，许多气体的蒸气压几乎为零，因此低温泵可获得 10^{-9}～10^{-10} Pa 的超高真空或极高真空。但氢气是个例外，液氦温度下其蒸气压为 10^{-4} Pa。如果在低温泵的进口处加一催化泵使氢电离，在经氧化铜时氢变成水，就可以解决抽氢气的困难。在液氦板槽外加液氮的板槽是为了防止热辐射。

四、气体钢瓶与气体减压阀

在物理化学实验室，经常要用到 O_2、N_2、H_2 和 Ar 等气体。这些气体通常储存在耐高压（10^4 kPa）的专用钢瓶内。使用时，钢瓶上必须装上一个气体减压阀，使气体压力降低到实验所需的压力范围。

1. 气体钢瓶的类型及其标记

气体钢瓶是由无缝碳素钢或合金钢制成。常用的气体钢瓶类型见第一章中表 1-1 和表 1-2。

2. 气体减压阀

最常用的气体减压阀为氧气减压阀，也称氧气表。下面就以氧气减压阀为例来说明减压阀的工作原理与使用。

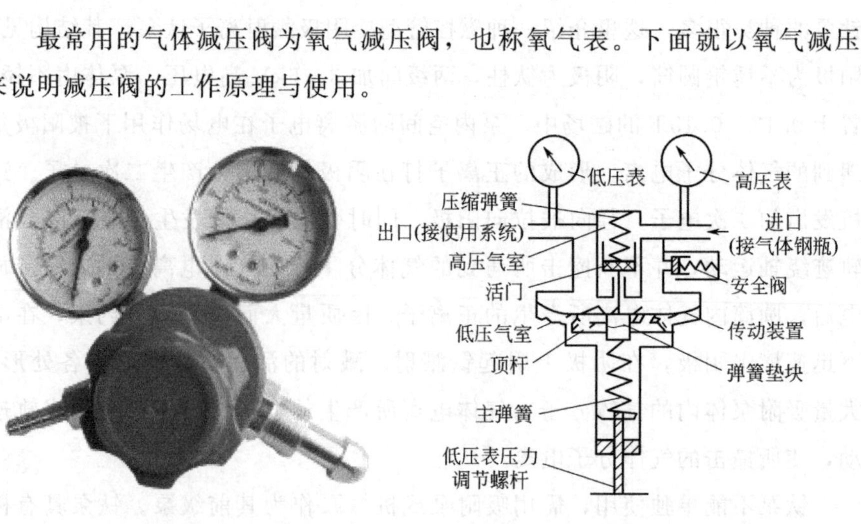

图 3-18　氧气减压阀及其工作原理示意

氧气瓶上的减压阀装置如图 3-18 所示。其高压部分与钢瓶连接，为气体进口；其低压部分为气体出口，通往工作系统。高压表的示值为钢瓶内储存气体的压力。低压表的示值为出口压力，可由减压阀来调节和控制。

使用时先打开钢瓶总开关，然后顺时针转动低压表压力调节螺杆，使其压缩主弹簧并传动薄膜、弹簧垫块和顶杆而将活门打开。这样进口的高压气体由高压室经由节流减压后进入低压室，并经出口通往工作系统。转动调节螺杆，改变活门开启的高度，从而调节高压气体的通过量并达到所需的减压压力。

使用氧气减压阀应注意：

① 根据使用要求的不同，氧气减压阀有多种规格。最高进口压力都为15MPa，最低进口压力应大于出口压力的2.5倍。出口压力的规格较多，最低为0～0.1MPa，最高为0～4MPa。

② 氧气减压阀严禁接触油脂类物质，以免发生火警事故。

③ 停止工作时，应先将减压阀内余气放净，然后旋松调节螺杆，旋到最松位置，即关闭减压阀门。

④ 减压阀应避免撞击和振动，不可与腐蚀性气体接触。有些气体，例如N_2、H_2、空气和Ar等可以采用氧气减压阀。但有些气体，如NH_3等腐蚀性气体，则需要用专用的减压阀，其使用方法及注意事项与氧气减压阀基本相同，但要注意调节螺杆的螺纹方向。

3. 气体钢瓶的安全使用

使用气体钢瓶应注意安全，密闭时应保证不漏气，对可燃性气体钢瓶应绝对避免发生爆炸事故。钢瓶发生爆炸主要有以下几个方面原因：

① 钢瓶受热，内部气体膨胀导致压力超过它的最高负荷；

② 瓶颈螺纹因年久损坏，瓶中气体会冲脱瓶颈以高速喷出，钢瓶则向喷气的相反方向高速飞行，可能造成严重的事故；

③ 钢瓶的金属材料不佳或受腐蚀，在钢瓶坠落或撞击时容易引发爆炸。

使用钢瓶时应注意以下几点：

① 钢瓶座存放在阴凉、干燥及远离热源（如炉火、暖气、阳光等）的地方，放置时必须垂直放稳，并用一定的方法固定好。

② 搬运时，要稳走轻放，并把保护阀门的瓶帽旋上。

③ 使用时，要用气体减压阀（CO_2、NH_3可例外）。对一般不燃性气体或助燃性气体（例如N_2、O_2等），钢瓶气门螺纹按顺时针方向旋转时为关闭；对可燃性气体（例如H_2、C_2H_2等），钢瓶气门螺纹按逆时针方向旋转时为关闭。

④ 绝不容许把油或其他易燃性有机物沾染在钢瓶上（特别是在出口和气压表处），也不可用棉、麻等物堵漏，以防燃烧。

⑤ 开启气门时，工作人员应避开瓶口方向，站在侧面，并缓慢操作，以保证安全。

⑥ 不可把钢瓶内气体用尽，应留有剩余压力，以核对气体的种类和防止灌气时有空气或其他气体进入而发生危险。钢瓶每 2～3 年必须进行一次检验，不合格的应及时报废。

⑦ 氢气钢瓶应放在远离实验室的地方，用导管引入实验室，要绝对防止泄漏，并应加上防止回火的装置。

第三节 光学测量技术

一、折射率测量技术

单色光从一种介质进入另一种介质时发生方向改变的现象叫折射。折射现象如图 3-19 所示。在一定温度下入射角 i 与折射角 γ 的正弦之比为一个常数，而且等于光线在两种介质内传播速率 v_1 与 v_2 之比，即：

$$\frac{\sin i}{\sin\gamma}=\frac{v_1}{v_2}=n_{1,2} \tag{3-15}$$

$n_{1,2}$ 称为第二种介质对第一种介质的相对折射率。若光线从真空进入某介质，此时 n 为该介质的绝对折射率，但介质 A 通常用空气，空气的绝对折射率为 1.00029，这样得到的各种物质的折射率称为常用折射率，也称为相对折射率。

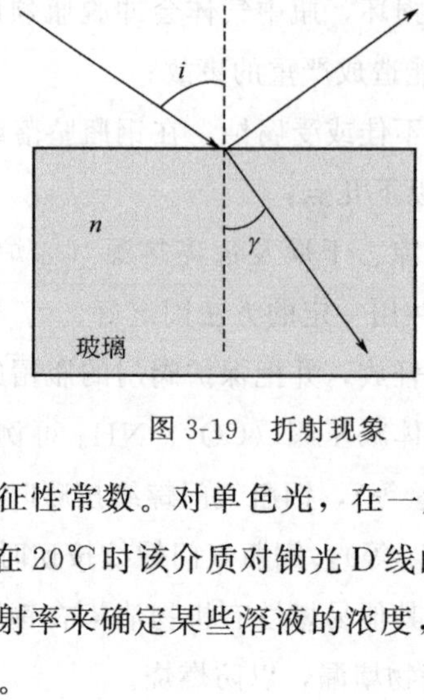

图 3-19 折射现象

折射率是物质的特征性常数。对单色光，在一定的温度压力下，折射率是一个确定值，如 n_D^{20} 表示在 20℃时该介质对钠光 D 线的折射率。在物理化学实验中，常用阿贝折光仪测定折射率来确定某些溶液的浓度，如环己烷-乙醇二组分系统的组成、糖溶液的浓度等。

1. 阿贝折光仪的测定原理

阿贝折光仪是根据临界折射现象设计的，如图 3-20 所示。

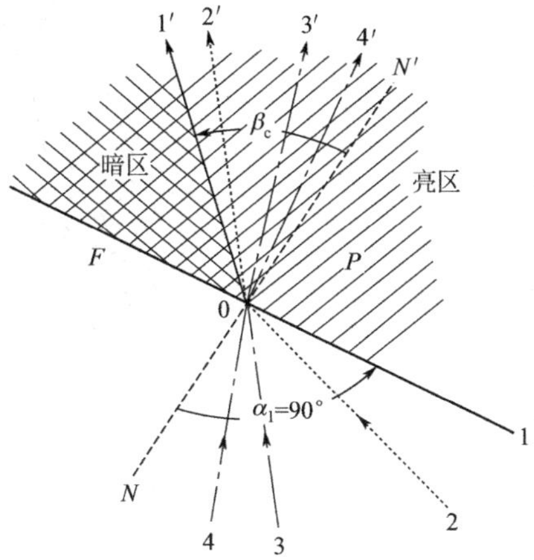

图 3-20 阿贝折光仪的临界折射

试样 m 置于测量棱镜 P 的镜面 F 上，而棱镜的折射率 n_p 大于试样的折射率 n。如果入射光 I 正好沿着棱镜与试样的界面 F 射入，其折射光为 I'，入射角 $\alpha_1=90°$，折射角为 β_c，此即称为临界角，因为再没有比 β_c 更大的折射角了。大于临界角的构成暗区，小于临界角的构成亮区。因此 β_c 具有特征意义，根据式(3-15)，可得：

$$n=n_p\frac{\sin\beta_c}{\sin 90°}=n_p\sin\beta_c \tag{3-16}$$

显然，如果已知棱镜 P 的折射率 n_p，并且在温度，单色光波长都保持恒定值的实验条件下，测定临界角 β_c，就可得到待测溶液的折射率 n。

2. 阿贝折光仪的构造

阿贝折光仪的仪器构造与光的行程见图 3-21。阿贝折光仪主要部分由两块直角棱镜组成，在其对角线上重叠，中间仅留微小的缝隙，将待测液体滴放在其中，可以展开呈一极薄液层。光线从反射镜射入棱镜，由于棱镜的对角线平面是毛玻面，从而产生的散射使光线在各个方向都有，散射产生的光线通过缝隙中液体层从各个方向进入棱镜，产生折射。根据前面的讨论，小于临界角的部分有光线通过，大于临界角的部分没有光线通过，因此在 E 外可见明暗交接的两部分，中间有明显分界线，落在数字中心部位。

以上讨论的是对单色光而言，若以白光为光源，因白光由各种波长的光混合而成，而波长不同的光其折射也各不相同，造成明暗界线呈现出一条较宽的色带。

这种现象称为色散。为此在阿贝折光仪目镜上装有消色补偿器得到清楚的明暗界线，这时可从放大镜中直接读出折射率数值。

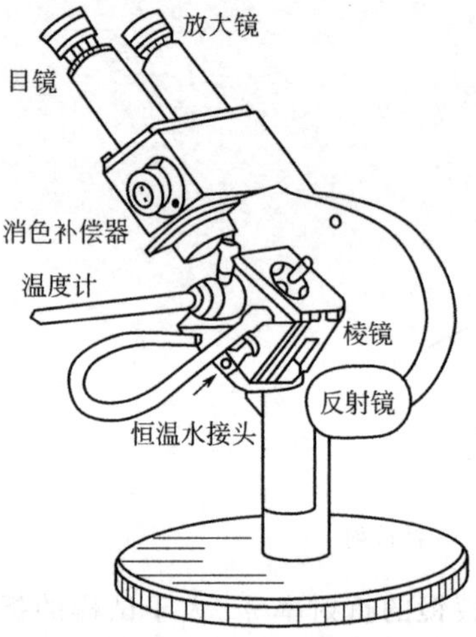

(a) 仪器构造

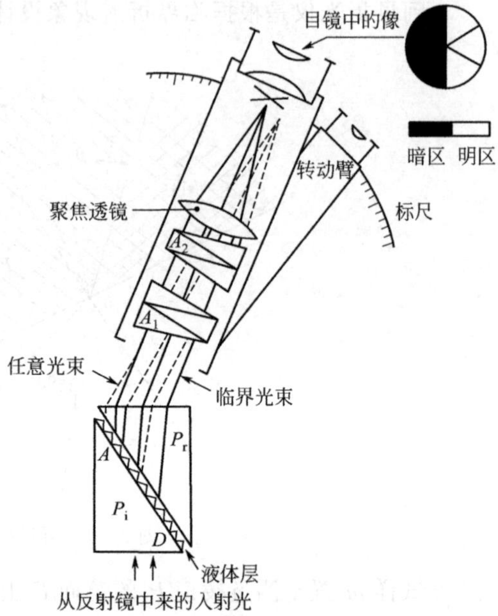

(b) 光的行程

图 3-21 阿贝折光仪的结构示意以及光在阿贝折光仪中的行程图

A_1，A_2—阿密西棱镜；P_r—折射棱镜；P_i—辅助棱镜；A，D—毛玻面

3. 阿贝折光仪的使用方法

① 在棱镜温度计插座上装好温度计，在恒温器接头处用橡皮管接通超级恒温槽打出的水，调节水温至测定的温度。

② 打开两块三角棱镜的锁钮，用乙醚或丙酮滴洗镜面，用洗耳球鼓气吹干，再用擦镜纸擦干。

③ 用已知折射率的纯液体或者标准玻璃进行读数校正。用标准玻璃块校正方法如下：打开下棱镜后扭转 180°，在标准玻璃块上滴 2 滴溴代萘随即贴在棱镜上面，转动手轮由目镜观察出明暗界面后调节消色补偿器消除色散，使界线清楚。观察放大镜内的刻度读数，按照标准玻璃块的已知折射率调节手轮，再观察目镜明暗界线是否落在十字交叉中心。如有偏差可以转动校正螺丝调节交叉中心。一般在一次实验中只需校正一次。

④ 清洁棱镜上面的溴代萘，待干燥后将待测液体用滴管滴加在磨砂面棱镜上面，保持水平位置合上棱镜，要求液体均匀无气泡充满视野。如被测液体为易挥发物质，则需用滴管从棱镜的侧面小孔加入液体。

⑤ 调节反射镜，使两个目镜视野明亮。

⑥ 分别转动手轮及消色补偿器，使明暗界线清楚地落在十字交叉线中心处，然后由放大镜刻度盘的数值读出待测液体的折射率。

⑦ 实验结束后，拆除温度计及连接超级恒温槽的橡皮管；用乙醚或丙酮滴洗棱镜面，待干燥后在两棱镜间夹入一薄层擦镜纸，然后合上棱镜，将折光仪放入专用仪器箱中。

4. 阿贝折光仪的注意事项

① 阿贝折光仪只能测定折射率在 1.3～1.7 范围内的液体试样。

② 阿贝折光仪不能测定腐蚀性液体、强酸、强碱和含氟化合物的折射率。

③ 液体的折射率与温度有关，在测定中，折光仪不要直接被日光照射，或者靠近热的光源，以免影响测定温度。

④ 在使用阿贝折光仪时必须注意保护棱镜，切记用其他纸擦棱镜；擦镜面时切记指甲碰到镜面；滴加液体时切忌滴管触及镜面。

二、旋光度测量技术

旋光性就是指某一物质在一束平面偏振光通过时能使其偏振方向转过一个角度的性质。这个角度被称为旋光度，其方向和大小与该分子的立体结构有关。对于溶液来说，旋光度与其浓度有关，还受多种实验条件的影响，例如样品管长度、温度和光源波长等。

1. 比旋光度

“旋光度”这个物理化量只有相对含义，它可以因实验条件的不同而有很大的差异。所以又提出了“比旋光度”的概念。规定以钠光灯 D 线作为光源，温度为 20℃时，一根 10cm 长的样品管中，每立方厘米溶液中含有 1g 旋光物质所产生的旋光度，即为该物质的比旋光度，通常用符号 $[\alpha]$ 表示，它与上述各种实验因素的关系为：

$$[\alpha]=\frac{10\alpha}{lc} \tag{3-17}$$

式中 α——测量所得的旋光度值；

l——样品管长度，cm；

c——每立方厘米溶液中旋光物质的质量。

比旋光度可用来度量物质的旋光能力，并有左旋和右旋的差别，这是指测定时检偏镜时沿逆时针还是顺时针方向转动得到的数据，如果是左旋，则应在 $[\alpha]$

值前面加“－”号，例如：$[\alpha]_{蔗糖}=66.55°$，$[\alpha]_{葡萄糖}=52.5°$，都是右旋物质；$[\alpha]_{果糖}=-91.9°$，是左旋物质。

2. 影响旋光度的各种因素

（1）浓度及样品管长度的影响　旋光度与旋光物质的溶液浓度成正比，在其他实验条件相对固定的情况下，可以很方便地利用这一关系来测量旋光物质的浓度及其变化。

旋光度也与样品管长度成正比，通常旋光仪中的样品管长度为 10cm 或 20cm 两种，一般均选用 10cm 长度的，这样换算成比旋光度比较方便；但对于旋光能力较弱或溶液浓度太稀的样品，则必须用 20cm 长的样品管。

（2）温度的影响　旋光度对温度比较敏感，这涉及旋光物质分子不同构型之间平衡态的改变，以及溶剂-溶质分子之间互相作用的改变等内在原因。但就总的结果来看，旋光度具有负的温度系数，并且随着温度升高，温度系数越负，不存在简单的线性关系，且随各种物质的构型不同而异，一般均在（－0.01～0.04)°之间。因此在测试时必须对试样进行恒温控制，在精密测定时必须用装有恒温水夹套的样品管，恒温水由超级恒温浴循环控制。在要求不太高的测量工作中可以将旋光仪（光源除外）放在空气恒温箱内，用普通的样品管进行测量，但要求被测试样预先恒温，然后注入样品管，再恒温 3～5min 进行测量。

（3）其他因素的影响

这里值得一提的是样品管的玻璃窗口。窗口是用光学玻璃片加工制成的，用螺丝帽盖及橡皮垫圈拧紧，但不能拧得太紧，以不漏液为限，否则光学玻璃会受应力而产生一种附加的亦即“假的”偏振作用，给测量造成误差。

3. 旋光仪

旋光仪是当平面偏振光通过具有旋光性的物质时，测定物质旋光度的方向和大小的仪器。

（1）基本原理　一般光源辐射的光，其光波在垂直于传播方向的一切方向上振动，这种光称为自然光。当一束自然光通过双折射的晶体时，就分解为两束互相垂直的平面偏振光，如图 3-22 所示。

这两束平面偏振光在晶体中的折射率不同，因而其临界折射角也不同，利用这个差别可以将两束光分开，从而获得单一的平面偏振光。尼科尔棱镜就是根据这一原理而设计的。它是将方解石晶体沿一定对角面剖开再用加拿大树胶黏合而成。当自然光进入尼科尔棱镜时就分成两束互相垂直的平面偏振光，由于折光率不同，当这两束光到达方解石与加拿大树胶的界面上时，其中折光率较大的一束被全反射，而另一束光则可自由通过，如图 3-23 所示。全反射的光被直角面上的黑色涂层吸收，从而在尼科尔棱镜的出射方向上获得一束单一的平面偏振光。在这里尼科尔棱镜称为起偏镜，用它来产生偏振光。

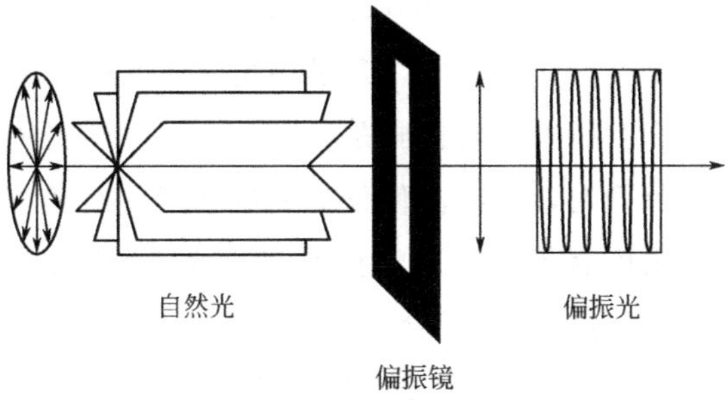

图 3-22 平面偏振光的产生

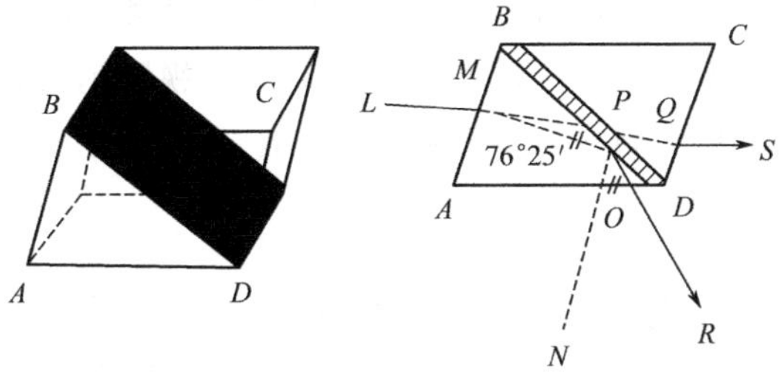

图 3-23 尼科尔棱镜起偏振的原理

偏振光振动平面在空间轴向角度位置的测量也是借助于一块尼科尔棱镜，此处它被称为检偏镜。它与刻度盘等机械零件组成一个可同轴转动的系统。由于尼科尔棱镜只允许按某一方向振动的平面偏振光通过，因此如果检偏镜光轴的轴向角度与入射的平面偏振光的轴向角度不一致，则透过检偏镜的偏振光将发生衰减或甚至不透过。由于刻度盘随检偏镜仪器同轴转动，因此就可以直接从刻度盘上读出被测平面偏振光的轴向角度。

（2）旋光仪的测定原理　旋光仪就是利用检偏镜来测定旋光度的，其构造如图 3-24 所示。旋光仪的主要构造为起偏器和检偏器两部分。起偏器又称第一尼科尔棱镜，是使各向振动的可见光起偏振，它固定在仪器的前端。检偏器用来测定偏振面的转动角度，称为第二尼科尔棱镜，随刻度盘一起转动。

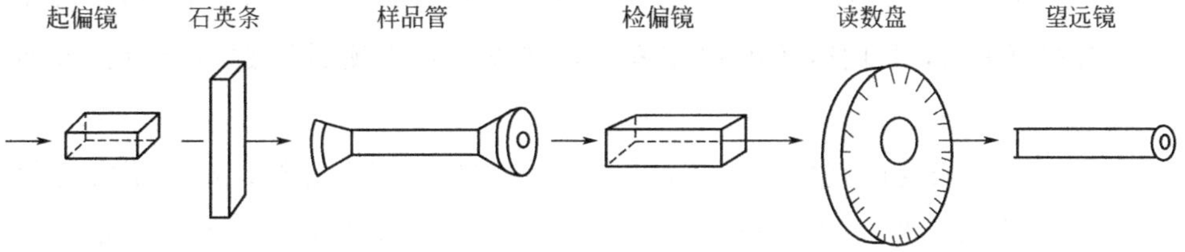

图 3-24 旋光仪的构造

对于自然光，其光波在与光传播方向垂直的一切可能方向上振动，但当通过起偏的第一尼科尔棱镜之后，获得了只在一个方向上振动的平面偏振光。当两个尼科尔棱镜的上表面相平行时，从第一尼科尔棱镜射到第二尼科尔棱镜的偏振光全部能通过；当两个棱镜的主截面互相垂直时，则偏振光全部不能通过；当两个棱镜主截面夹角介于0～90°之间时，透过的光强将被减弱。

两个棱镜主截面互相垂直时视野是黑暗的，但在棱镜中间放入一个装有旋光性物质的溶液的样品管时，因溶液使偏振光旋转了一个角度，又可使视野重新变暗，检偏镜旋转的角度就等于光的偏振面在通过溶液后的旋光角 α，如要顺时针方向旋转才能恢复黑暗的称为右旋性，反之称为左旋性。

由于肉眼对鉴别黑暗的视野误差较大，为精确确定旋光角，常采用比较方法，即二分视野法，在起偏镜后的中部装一个狭长的石英片，其宽度约为视野的1/3，因为石英片也具有旋光性，所以在目镜中出现三分视野，如图3-25所示。在旋转相应的角度后，视野中三个区内明暗相等，三分视野消失，鉴于肉眼对于这种明暗相等的三分视野易于判断，可以准确测得被测溶液的旋光度。

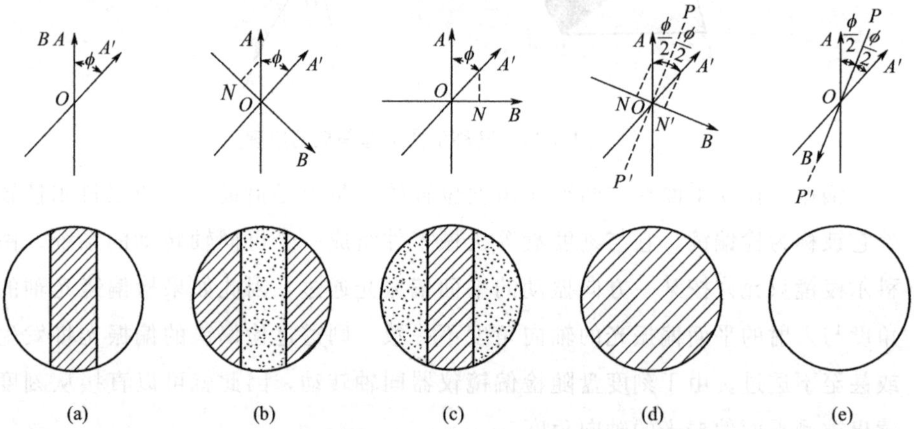

图3-25 旋光仪的测量原理

(3) 旋光仪的使用方法

① 将仪器接通电源，开启电源开关，约5min，待钠光灯发光稳定后就可以进行测量。

② 仪器零位的校正。样品管中装好蒸馏水（应无气泡），调节检偏镜角度使二分视野消失，将此时角度记作零位，在以后各次测量读数中应减去或加上该数值。

③ 选取长度适宜的样品管，装入待测溶液，旋上螺帽，螺帽不宜旋得过紧（以不漏水为标准），否则光学玻璃会产生应力，影响读数。然后将样品管内残余溶液倒干，以免影响观察的清晰度及测定精度。

④ 测定旋光角。转动刻度盘，检偏镜全目镜中三分视野消失，再从刻度盘上读数，读数为正系右旋物质，读数为负则为左旋物质。

⑤ 双游标读数法。考虑到仪器可能有偏心差，在刻度盘上才有 A、B 两个游标窗，再按下列公式求得结果：

$$Q=\frac{A+B}{2} \tag{3-18}$$

式中 Q——实测旋光角度数；

A、B——两游标窗读数。

（4）旋光仪的使用注意事项

① 仪器连续使用时间不宜过长，一般不超过 4h，如使用时间过长，中间需关闭电源开关 10～15min，待钠光灯冷却后再继续使用。

② 观察者的个人特点对零位调节及旋转角的读数均会起相当作用，每个学生都要做出自己的零位读数，不要用别人测量的数值。

③ 样品管装填好溶液后，不应有气泡，不应漏液。

④ 样品管用后要及时将溶液倒出，用蒸馏水洗涤干净，揩干。所有镜片应用软绒布或擦镜纸擦拭。

第四节 电化学测量技术

电化学测量技术在物理化学实验中占有重要地位。日益发展的电子工业为电化学测量提供了数字电压表、恒电位仪等一类全新的电子测试仪器，它们具有快速、灵敏、数字化等优点；同时，光、声、磁、辐射等实验技术也开始引入电化学测量，并逐渐形成一个非传统的电化学研究领域。但是早期的各种电化学测试设备包括标准电池、标准电阻、电位差计、电桥、检流计等，不仅还在物理化学中广泛的应用着，而且仍然是电化学测试中最基本的标准测试设备，了解这些仪器设备的原理和性能，掌握其使用是十分必要的。

一、电导测量

电解质溶液的电导测量除可用交流电桥法外，还可以采用电导仪进行。

1. 测量原理

在电解质的溶液中，带电的离子在电场的作用下产生移动而传递电子，因此具有导电作用。导电能力的强弱称为电导度 G，单位以符号 S 表示。因为电导是电阻的倒数，因此，测量电导度大小的方法可用两个电极插入溶液中，以测出两极间的电阻 R_x 即可。根据欧姆定律，温度一定时这个电阻值与电极的间距 L（cm）成正比，与电极的横截面积 A（cm^2）成反比，即：

$$R=\rho L/A \tag{3-19}$$

对于一个给定的电极而言，电极面积 A 与间距 L 都是固定不变的，故 L/A 是个常数，以 J 表示，故式(3-19) 可写成：

$$G=1/R=1/\rho J \tag{3-20}$$

式中 $1/\rho$——电导率，以 κ 表示。

由式(3-19) 知 κ 单位是 S/m，因此，式(3-20) 变为：

$$\kappa=GJ \tag{3-21}$$

在工程上因这个单位太大而采用其 10^{-6} 或 10^{-3} 作为单位，称微西门子/厘米或毫西门子/厘米，显然 $1S/cm=10^3 mS/cm=10^6 \mu S/cm$。

由此可知，电导的测量实际上是通过测量浸入溶液的电极极板之间的电阻来实现的。

2. 电导仪的使用

目前国内广泛使用的是 DDS 型电导率仪，是测定液体电导率的基本仪器。这种仪器是直读式的，测量范围广，操作简便，还可以自动记录电导值的变化情况。本实验使用的是 DDSJ-308A 型电导率仪，仪器外貌见图 3-26。该仪器的测量温度范围为－5～105℃，使用简便，测试结果快速准确。

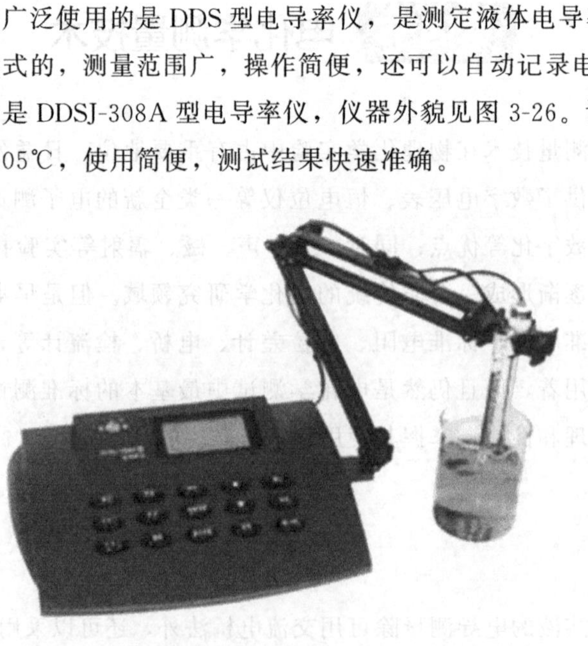

图 3-26 DDSJ-308A 型电导率仪

(1) 电导率仪的具体操作步骤

① 按下“ON/OFF”键，几秒后仪器自动进入测量工作状态；按“模式”

键，可切换到需要测试项目。

② 用电导水清洗电导电极和温度传感器，再用被测溶液洗一次，然后将电导电极和温度传感器浸入被测溶液中。

③ 仪器开始测量，数秒后在显示屏上显示电导率的结果。

④ 测量完毕，按“ON/OFF”键，仪器关机。将电极和传感器取出，用电导水清洗电极和传感器，用试纸将电极擦拭干净。

(2) 电导率仪使用的注意事项

① 开机前，必须检查电源是否接妥。

② 接通电源后，按“ON/OFF”键，若显示屏不亮，检查电源是否有电。

③ 对于高纯水的测量，需在密闭流动状态下测量，且水流方向应使水能进入开口处，流速不宜太高。

④ 若仪器显示“溢出”，则说明所测值已超出仪器的测量范围，此时应马上关机，并换用电极常数更大的电极，然后再进行测量。

⑤ 电导率超过 3000μS/cm 时，使用 DJS-1C 型铂黑电极进行测量。

二、电池电动势测量

1. 测量原理

电池电动势不能直接用伏特计或万用表来测量，因为电池与伏特计、万用表连接后有电流通过，会在电极上发生电极极化，结果是电极偏高平衡状态。另外，电池本身有内阻，所以伏特计或万用表所量得的仅是不可逆电池的端电压。测量电池电动势只能在无电流通过的情况下进行，因此需要用补偿法（又称对消法）来测定电动势，补偿法原理如图 3-27 所示。

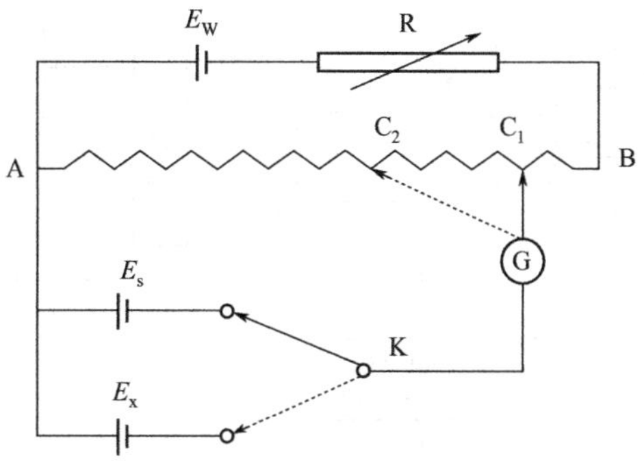

图 3-27 测电动势补偿法原理

按图 3-27 连接线路，当开关 K 连接上部分时，将电动势很精确的标准电池

E_s 接入电路，调节接头 C 至检流计 G 指针指零为止，此时接头位置为 C_1，则 A 和 C_1 之间的电势差应等于标准电池的电动势 E_s；当将开关 K 连接下部分时，则待测电池 E_x 接入电路，按上述操作，当检流计 G 指针指零时，接头位于 C_2 的位置，那么待测溶液的电动势 E_x 应为：

$$E_x=E_s\frac{R_x}{R_s}=E_s\frac{AC_1}{AC_2} \tag{3-22}$$

应用补偿法测量电动势有下列优点：

① 当被测电动势完全补偿时，被测电动势不会因为接入电位差计而发生任何变化。

② 不需要测出工作电流的大小，只要测出 R_x 和 R_s 的比值即可。

2. 测量装置与方法

直流电位差计是测量电池电动势的装置，它是根据补偿法原理设计制造的，与标准电池、检流计等配合使用，可获得较高的精确度。直流电位差计分高阻和低阻两种类型：701 型、UJ-1 型等属于低阻型，用于一般测量；UJ-25，SDC-Ⅲ型等属于高阻型，用于较精确的测量。

SDC 数字电位差综合测试仪是采用补偿法测试原理设计的一种电位测量仪器，它将普通电位差计、检流计、标准电池及工作电池合为一体，保持了普通电位差计的测量结构，并在电路设计中采用了对称设计，保证了测量的高精确度。SDC-Ⅲ型直流电位差计的工作原理简图和面板结构分别见图 3-28 和图 3-29。

当测量开关置于内标时，拨动精密电阻箱通过恒电流电路产生电位数模转换电路送入 CPU，由 CPU 显示电位，使电位显示为 1V。这时，精密电阻箱产生的

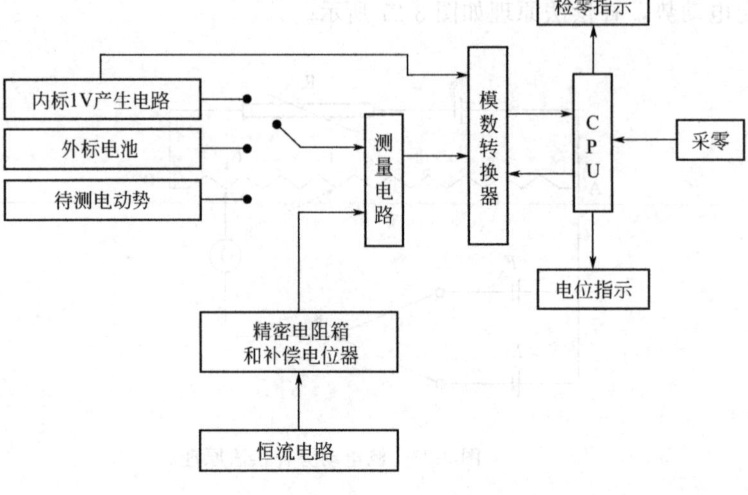

图 3-28 SDC-Ⅲ型电位差计工作原理简图

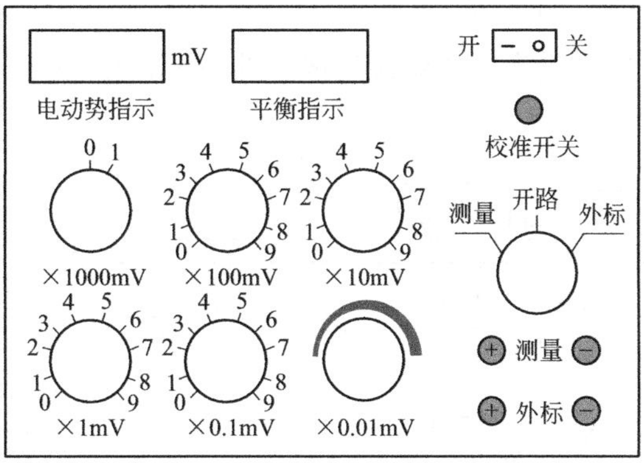

图 3-29 SDC-Ⅲ型电位差计面板示意

电压信号与内标 1V 电压送至测量电路，由测量电路测量出误差信号，经数模转换电路再送入 CPU，由检零显示误差值，由采零按钮控制并记忆误差，以便测量待测电动势时进行误差补偿。

当测量开关置于外标时，由外标标准电池提供标准电压，拨动精密电阻箱和补偿电位器产生电位显示和检零显示。测量电路经标定后即可测量待测电势。

具体操作步骤如下：

① 将被测电动势按“+”“−”极性与测量端对应连接好。

② 将仪器与交流 220V 电源连接、开启电源、预热 15min。

③ 采用“内标”校验时，将“测量选择”置于“内标”位置，将 10^0 位旋钮置于 1，其余旋钮和补偿旋钮逆时针旋到底，此时“电位指示”显示“1.00000”V，待检零指示数值稳定后，按下“采零”键，此时“检零指示”应显示“0000”。

注：若上述情况电位显示不为“1.00000”V，可将“10^0～10^4”五个旋钮和“补偿”电位器配合调节，使其指示为“1.00000”V。

④ 采用“外标”校验时，将外标电池的“+，−”极性按极性与“外标”端接好，将“测量选项”置于“外标”，调节“10^0～10^4”旋钮和补偿电位器，使“电位指示”数值与外标电池数值相同，待“检零指示”数值稳定后按下“采零”键，此时“检零指示”为“0000”。

⑤ 仪器用“内标”或“外标”校验完毕后，将被测电池按“+，−”极性与“测量”端接好，将“测量选择”置于“测量”，将“补偿”电位器逆时针旋到底，调节“10^0～10^4”五个旋钮，使“检零指示”为“−”且绝对值最小时再调节补偿电位器，使“检零指示”为“0000”，此时“电位指示”数值即为被测电动势的大小。

注：测量过程中，若“电位指示”值与被测电动势值相差过大时，“检零指

示”将显示“OUL”溢出符号。

UJ-25 型电位差计是一种实验室常用的精密高电势电位差计，其面板示意如图 3-30 所示。

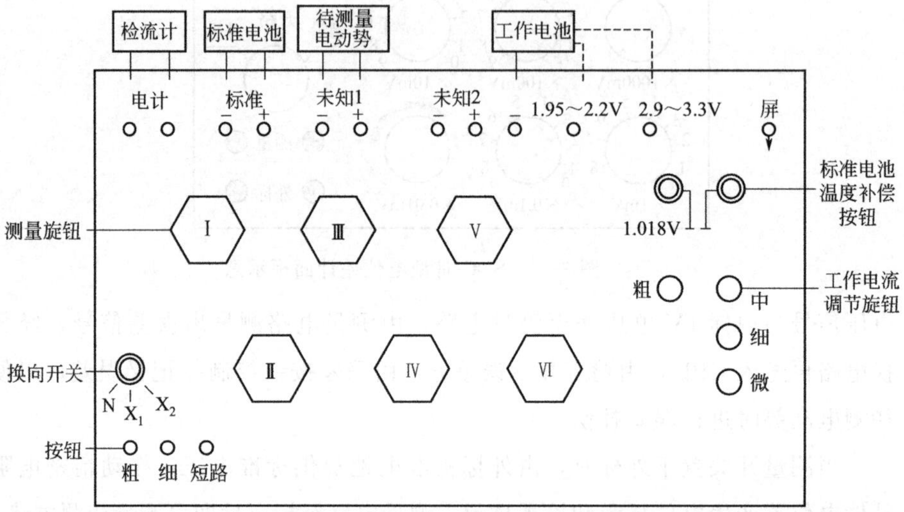

图 3-30 UJ-25 型电位差计面板示意

其使用步骤如下：

① 先将有关的外部线路如工作电池、检流器、标准电池和待测电池等接好，切不可将标准电池倒置或摇晃。

② 接通电源，调好检流计光点的零位。

③ 将选择开光扳向 N（“校正”），然后将温度补偿旋钮扭至相应的标准电池电动势的数值位置上（注意：应加上温度校正值）。继而断续按下粗测键（当按下粗测键时，检流计光点在一小格范围内摆动才能按细测键），视检流计光点的偏转情况，调节可变电阻（粗、中、细、微）使检流计光点指示零位。

④ 电位差计标定完毕后，将选择开关拨向 X_1 或 X_2。根据理论计算出待测电池的电动势，将各挡测量旋钮预置在合适的位置。

⑤ 然后分别按下粗测和细测键，同时旋转各测量挡旋钮，至检流计光点指示零位，此时电位差计各测量挡所示电压值的总和即为被测电池的电动势。注意：每次测量前都要用标准电池对电位差计进行标定；否则，由于工作电池电压不稳或温度的变化会导致测量结果不准确。

3. 液接界电势与盐桥

(1) 液接界电势　许多实用的电池中两个电极周围的电解质溶液的性质不同（例如参比电极内的溶液和被研究电极内溶液的组成不一样，或者两种溶液相同而浓度不同等），它们不处于平衡状态。当这两种溶液相接触时存在一个液体接界面，在接界面的两侧会有离子往相反方向扩散，随着时间的延长，最后扩散达到相对稳定。这时，在液接面上产生一个微小的电势差，这个电势差成为液接界电势。

例如两种不同浓度的 HCl 溶液的界面上，H^+ 和 Cl^- 有浓度梯度的突跃。因此，两种离子必从浓的一边向稀的一边扩散。因此 H^+ 比 Cl^- 的淌度大得多，所以最初 H^+ 以较高的速率进入较稀的一相。这个过程使稀相出现过剩的 H^+ 而带正电荷；而浓相有过剩的 Cl^- 而带负电荷，结果产生了界面电势差。由于电势差的存在，该电场使 H^+ 的扩散速率减慢，同时加快了 Cl^- 的扩散速率，最后这两种离子的扩散速率相等，此时在界面上得到一个微小的稳态电势，即液接界电势。根据它产生的原因，有时也称为扩散电势。

（2）盐桥　减小液接界电势的方法一般是采用“盐桥”。常用的盐桥是一种充满盐溶液的玻璃管，管的两端分别与两种溶液相连接，使其导通（见图 3-31）。

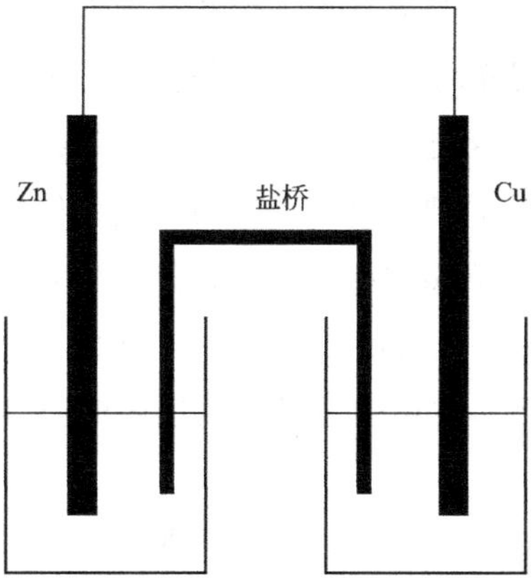

图 3-31　盐桥的主要形式

选择盐桥内的溶液应注意的几个问题如下。

① 盐桥内的正、负离子的摩尔电导率应尽量接近。具有相同离子摩尔电导率的溶液，其液接界电势较小，所以在水溶液体系中，通常采用 KCl 溶液，而且是高浓度（甚至饱和）的溶液。当饱和 KCl 溶液与另一较稀溶液相接界时，在界面上主要由 K^+ 和 Cl^- 向稀溶液扩散，而 K^+ 和 Cl^- 的摩尔电导率相接近，因此减小了液接界电势。而且盐桥两端液接界电势符号往往恰好相反，使两端两个液接界电势可以抵消一部分，这样可进一步减小液接界电势。

② 盐桥内溶液必须与两端溶液不发生反应。例如，$AgNO_3$ 溶液体系就不能采用含 Cl^- 的盐桥溶液，此时可改用 NH_4NO_3 溶液作盐桥溶液。因为 NH_4^+ 的摩尔电导率为 73.7S・cm^2/mol，NO_3^- 的摩尔电导率为 71.42S・cm^2/mol，两者比

较接近，可有效地减小液接界电势。

③ 如果盐桥溶液中的离子扩散到被测系统会对测量结果有影响的话，必须采取措施避免。例如，某体系采用离子选择电极测定 Cl^- 浓度，如果选 KCl 溶液作盐桥溶液，那么 Cl^- 会扩散到被测系统中，将影响测量结果。这时可采用液位差原理使电解液朝一定方向流动，可以减少盐桥溶液离子流向被测电极（或参比电极）溶液内。

4. 参比电极

电极电势的测量是通过被测电极与参比电极组成电池测其电池的电动势，然后根据参比电极的电势求得被测电极的电极电势。电极电势的测量除了要考虑电动势测量中的有关问题之外，特别要注意参比电极的选择。

（1）选择参比电极必须注意的问题

① 参比电极必须是可逆电极，它的电极电势也是可逆电势。

② 参比电极必须具有良好的稳定性和重现性，即它的电极电势与放置时间影响不大，各次制作的同样的参比电极，其电极电势也应基本相同。

③ 由金属和金属难溶盐或金属氧化物组成参比电极属第二类电极，如银-氯化银电极、汞-氧化汞电极，要求这类金属的盐或氧化物在溶液中的溶解度很小。

④ 参比电极的选择必须根据被测体系的性质来决定。例如，氯化物体系可选甘汞电极或氯化银电极，硫酸溶液体系可选硫酸亚汞电极，碱性溶液体系可选氧化汞电极等。在具体选择时还必须考虑液接界电势等问题。此外，还可以采用氢电极作参比电极。

（2）氢电极　氢电极主要用作电极电势的标准。但在酸性溶液中也可作为参比电极，尤其在测量氢超电势时，采用同一溶液中的氢电极作为参比电极，可简化计算。

氢电极的电极反应为：

在酸性溶液中　$2H^+ + 2e^- \rightleftharpoons H_2(g)$

在碱性溶液中　$2H_2O + 2e^- \rightleftharpoons H_2(g) + 2OH^-$

氢电极的电极电势与溶液的 pH 值和氢气压力有关。

$$\phi_{H^+/H_2} = \frac{RT}{F} \ln \frac{a(H^+)}{p_{H_2}^{1/2}} \tag{3-23}$$

式中　$a(H^+)$——H^+ 的活度；

p_{H_2}——氢气的压力（p_{H_2} = 大气压 − 水的饱和蒸气压）。

如果氢气的压力是标准大气压，在 25℃时氢电极的电极电势是：

$$\phi_{H^+/H_2} = 0.05916\text{pH} \tag{3-24}$$

氢电极的优点是其电极电势仅取决于液相的热力学性质，因而易做到实验条件的重复。但其电极反应在许多金属上的可逆程度很低，因此必须选择对此反应有催化作用的惰性金属作为电极材料。一般采用大小适中的金属铂片，将铂片与一铂丝相焊接，铂丝的另一头可烧结在 5 号量器玻璃管中。这是一种无硼的钠玻璃，其线膨胀系数与铂相近，与铂丝密封性好，避免漏液。

氢电极结构示意如图 3-32 所示。

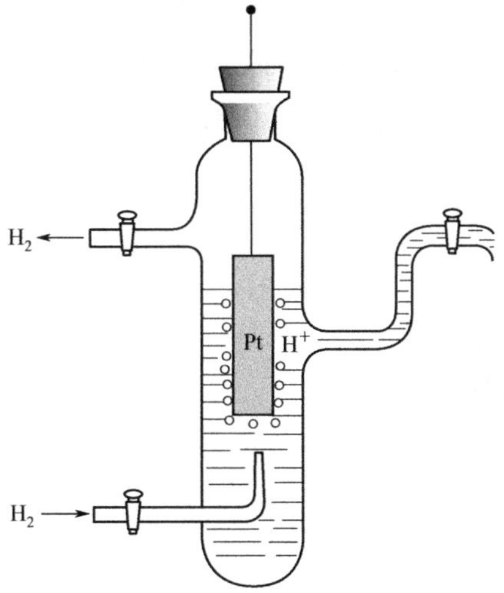

图 3-32　氢电极结构示意

（3）甘汞电极　由于氢电极的制备和使用不甚方便，实验室中常用甘汞电极作为参比电极。它的组成为：$Hg|Hg_2Cl_2|KCl$(溶液)

其电极反应为：$Hg_2Cl_2+2e^- \rightleftharpoons 2Hg+2Cl$

因此电极的平衡电势取决于 Cl^- 的活度，通常使用的有 $0.1mol/dm^3$、$1.0mol/dm^3$ 和饱和式三种。甘汞电极电势参见书后附录二附表 2-9。甘汞电极的结构示意参见图 3-33。

实验室常用电解法制备甘汞电极，在电极管底部注入适量的纯汞，再将用导线连接的清洁铂丝插入汞中，在汞的上部吸入指定浓度的 KCl 溶液，另取一烧杯装入 KCl 溶液，插上一支铂丝电极作为阴极，被制作的电极作为阳极进行电解，电流密度控制在 $100mA/cm^2$ 左右，此时汞面上会逐渐形成一层灰白色的 Hg_2Cl_2 固体微粒，直至汞面被 Hg_2Cl_2 全部覆盖为止。甘汞电极的另一种制备方法是将分析纯的甘汞和几滴汞置于玛瑙研钵研磨，再用 KCl 溶液调成糊状，将这种甘汞糊小心地敷于电极管内的汞面上，然后再注入指定浓度的 KCl 溶液。

（4）银-氯化银电极

银-氯化银电极为：　　$Ag|AgCl|Cl^-$（溶液）

电极反应为：　　$AgCl+e^- \rightleftharpoons Ag+Cl^-$

其电极电位取决于 Cl^- 的活度。该电极具有良好的稳定性和较高的重现性，无毒、耐震。其缺点是必须浸入溶液中，否则 AgCl 层会因干燥而剥落。另外，AgCl 遇光会分解，所以银-氯化银电极不易保存。

银-氯化银电极主要部分是覆盖有 AgCl 的银丝，它浸在含 Cl^- 的溶液中，其结构示意如图 3-34 所示。电极的制备工艺较好的为电镀法：取一段铂丝作为金属基体，另一端封接在玻璃管中，铂丝洗净后，置于电镀液中作为阴极，用另一铂丝作为阳极。电镀液为 $K[Ag(CN)_2]$ 溶液。也可直接用高纯度的金属银丝制备银-氯化银电极，先用丙酮将银丝除油，如表面有氧化物则可用稀硝酸去除，再用蒸馏水洗净，然后按上述方法阳极氧化即可。

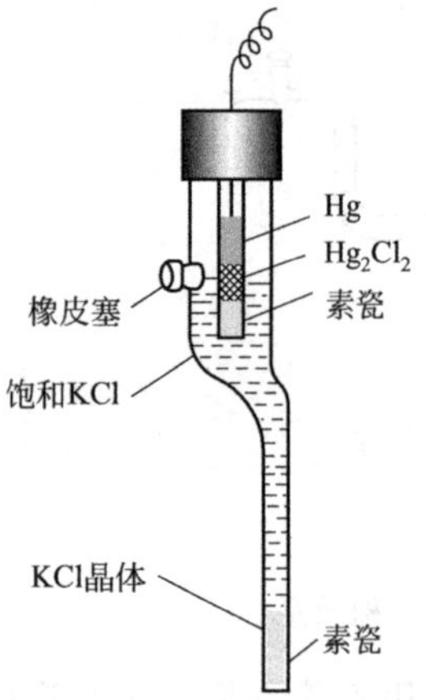

图 3-33 甘汞电极结构示意

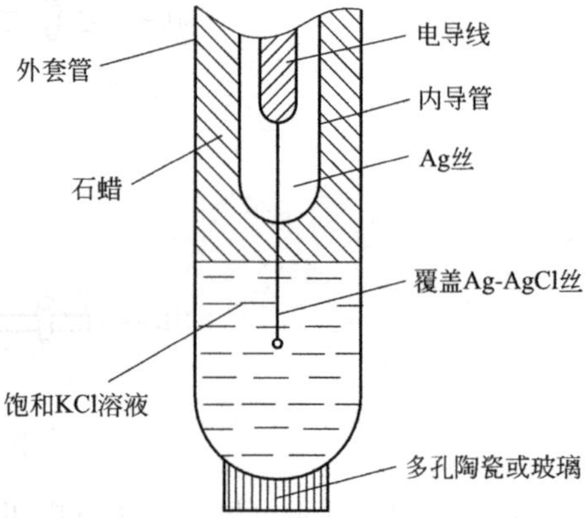

图 3-34 Ag|AgCl 电极示意

5. 电解池

电化学测量用的电解池，一般采用硬质玻璃加工成各种适宜于实验的电解池。也可采用具有良好化学稳定性的合成材料作电解池的材料，如聚四氟乙烯、聚三氟氯乙烯、有机玻璃、聚乙烯、聚苯乙烯及环氧树脂等。

研究的对象不同，采用的电解池也不同。在设计电解池的时候，应该注意电解池的体积不能太大，否则会浪费电解液；但体积也不能太小，特别在较长时间的稳态测量中，否则溶液的浓度会发生改变，而影响测量结果。在电化学测量中应尽量减少其他物质的干扰，因此有必要时可在研究电极、参比电极与辅助电极各自之间用磨口活塞或烧结玻璃隔开。当反应的电流较大，而溶液的电阻也较大时，应该考虑采用鲁金毛细管以保证电势测量的正确。同时辅助电极的位置必须正确放置，一般应针对研究电极，而且其面积应大于研究电极，否则会因为研究电极表面电流分布的不均匀，而造成电势分布不均匀，影响测量结果。

6. 标准电池

在电化学、热化学的测量中，电势差（或电动势）这个物理量要求具有较高的准确度。电势差的单位为伏特，它是一个导出单位，是以欧姆基准和安培基准为基础，通过欧姆定律来标定的。由于标准电池的电动势极为稳定，经过欧姆基准、安培基准标定后，其电动势就体现了伏特这个单位的标准量值，从而成为伏特基准器，将伏特基准长期保存下来。在实际工作中，标准电池被作为电压测量的标准量具或工作量具，在直流电位差计电路中提供一个标准的参考电压。

标准电池的电动势具有很好的重现性和稳定性，其重现性一般能达到0.1mV。稳定性是指两种情况：一种是当电位差计电路内有微量不平衡电流通过该电池时，由于电池的可逆性号，电极电势不发生变化，电池电动势仍能保持恒定；另一种是能在恒温条件下较长时期内保持电动势基本不变。

标准电池可分饱和式（参见图 3-35）和不饱和式两类，前者可逆性好，因而电动势的重现性、稳定性均好，但温度系数较大，必须进行温度校正，一般用于精密测量中；后者的温度系数很小，但可逆性差，用在精度要求不是很高的测量中，可以免除烦琐的温度校正。

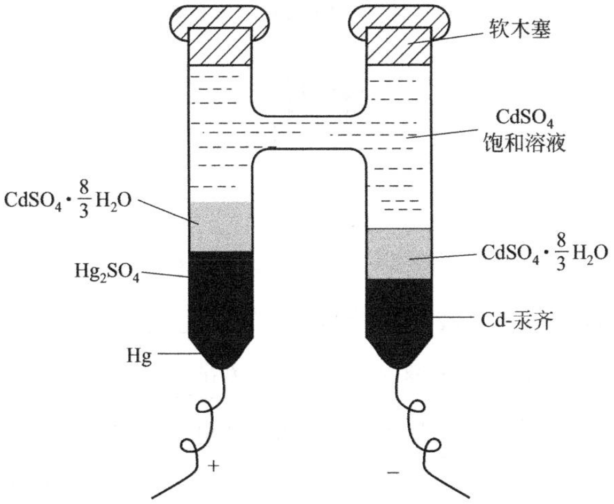

图 3-35 饱和式标准电池构造

三、酸度的测定

酸度计又称 pH 计，是用来测量溶液 pH 值的一种常用仪器，同时也可用于测量电极电势。它由指示电极（又称玻璃电极）、参比电极和用来测量这一对电极所组成的电池电动势的测量装置构成。近年来，出现了将玻璃电极和参比电极合并制成的复合 pH 电极，使测量装置更简化了。

1. 复合 pH 电极的结构和测量原理

复合 pH 电极的结构参见图 3-36。下端的玻璃膜小球是电极的主要部分，直径为 5～10mm，玻璃膜厚度约 0.1mm，内阻≤250MΩ，它是用对 pH 敏感的特殊玻璃吹制成的；上部则是用质量致密的厚玻璃作外壳。Ag-AgCl 电极作为内参比电极，内参比溶液通常采用经 AgCl 饱和 0.1mol/dm^3 的 HCl。同样以 Ag-AgCl 电极作为外参比电极，外参比溶液为经 AgCl 饱和的 3mol/dm^3 的 KCl。电极管内及引线装有屏蔽层，以防静电感应而引起电位漂移。

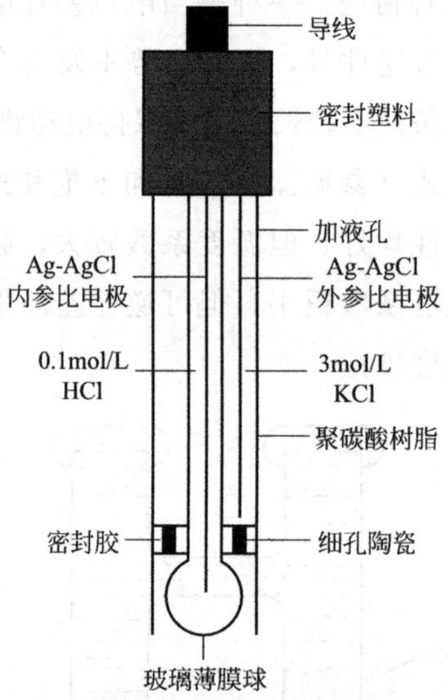

图 3-36　复合 pH 电极结构示意

当复合电极置于水溶液中时就组成了一个电池：

$$\underbrace{\text{Ag}|\text{AgCl}|\overbrace{\text{HCl(0.1mol/L)}}^{\text{内参比溶液}}}_{\text{内参比电极}} \vdots \text{玻璃膜} \vdots \overbrace{\text{待测溶液}}^{\text{外部溶液}} \ \underbrace{|\text{KCl(3mol/L)}|\text{AgCl}|\text{Ag}}_{\text{外参比电极}}$$

该电池的电动势为：

$$E=\varphi_{\text{Ag/AgCl}}-\varphi_{\text{玻}}=\varphi_{\text{Ag/AgCl}}-\left(\varphi^{\ominus}_{\text{玻}}-2.303\frac{RT}{F}\text{pH}\right) \tag{3-25}$$

则有

$$\text{pH}=\frac{E-\varphi_{\text{Ag/AgCl}}+\varphi^{\ominus}_{\text{玻}}}{2.303RT/F} \tag{3-26}$$

式中　$\varphi_{\text{Ag|AgCl}}$——外 Ag|AgCl 参比电极的电极电位；

　　　$\varphi_{\text{玻}}$——玻璃电极的电极电位；

$\varphi^{\ominus}_{玻}$——玻璃电极的标准电极电位；

R——气体常数，8.314J/(mol·K)；

T——热力学温度；

F——法拉第常数，96500C/mol。

从理论上讲，用一个已知 pH 值的标准溶液作为待测溶液来测量上述电池的电动势，利用式(3-25) 就可求得$\varphi^{\ominus}_{玻}$值。但在实际工作中，并不需要具体计算出该数值，而是通过测定标准缓冲溶液对酸度计进行标定，并做校正，然后就可以直接进行未知溶液的测量。

使用复合 pH 电极时应注意：

① 对于新的或长期未使用的复合 pH 电极，使用前必须在 $3mol/dm^3$ 的 KCl 溶液中浸泡 24h。使用完毕后应清洁干净，然后将电极套于含有 $3mol/dm^3$ 的 KCl 溶液的保护套中。

② 电极的玻璃膜球不要与硬物接触，稍有破损或擦毛都将使电极失效。

③ 应注意电极管中是否有外参比溶液，如太少则应从电极管上端的小孔中添加 $3mol/dm^3$ 的 KCl 和饱和的 AgCl 混合溶液。

④ 保持电极引出端的清洁与干燥，以免两端短路。

⑤ 避免电极长期浸泡在蒸馏水、含蛋白质溶液和酸性氟化物溶液中，并严禁与有机硅油酯接触。

⑥ 复合 pH 电极的有效期一般为一年。如果添加含有饱和 AgCl 的 $3mol/dm^3$ 的 KCl 混合溶液作为外参比补充溶液，并使用得当，则可延长电极的使用期。

2. 酸度计

(1) PHSJ-3F 型数字显示酸度计

1) 仪器准备　生产酸度计的厂家很多，包括一些国外的，此处以上海雷磁仪器厂生产的 PHSJ-3F 型数字显示酸度计为例，简要介绍其工作原理和使用方法。

该仪器由电子单元、复合 pH 电极与温度传感器组成测量系统，可测量溶液的 pH 值、电极电势值和温度，并具有温度自动补偿功能；是目前国内较先进的测量 pH 值的仪器。

仪器的构造如图 3-37 所示。

使用酸度计的准备工作如下。

① 接通电源，预热 30min。

② 等电位点：仪器处于任何工作状态下，按下“等电位点”键，仪器即进入“等电位点”选择工作状态。仪器设有 3 个等电位点，即等电位点 7.00pH、12.00pH、17.00pH。可通过“▲”或“▼”键选用所需的等电位点。一般水溶

液的 pH 值测量选用等电位点 7.00pH。

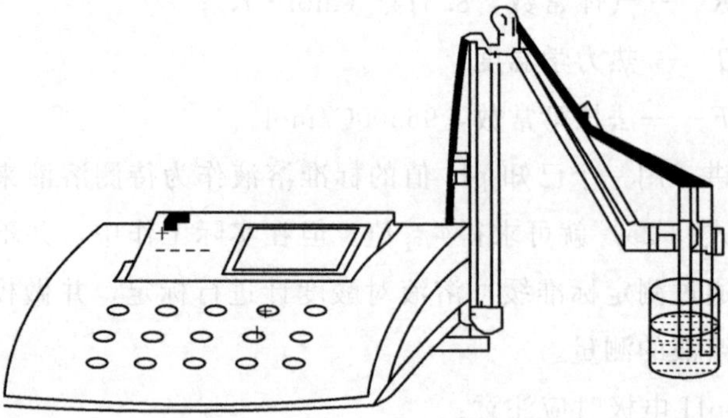

图 3-37 PHSJ-3F 型数字显示酸度计的构造

2）仪器标定（自动一点标定） 一点标定含义是只采用一种 pH 标准缓冲溶液对电极系统进行定位，自动校准仪器的定位值。在测量精度要求不高的情况下，仪器把 pH 复合电极的百分斜率作为 100%，可采用此方法，简化操作。

操作步骤如下：

① 将 pH 复合电极和温度传感器分别插入仪器的测量电极插座温度传感器插座内，并将该电极用蒸馏水清洗干净，放入 pH 标准缓冲溶液 A 中（规定的 5 种 pH 标准缓冲溶液中的任意一种，参见附录二附表 2-21）；

② 在仪器处于任何工作状态下，按“校准”键，仪器即进入“标定 1”工作状态，此时，仪器显示“标定 1”以及当前测得 pH 值和温度值；

③ 当显示屏上的 pH 值读数趋于稳定后，按“确认”键，仪器显示“标定 1 结束!”以及 pH 值和斜率值，说明仪器已完成一点标定。此时，pH、mV、校准和等电位点键均有效。如按下其中某一键，则仪器进入相应的工作状态。

3）溶液 pH 测量 如用户不需对 pH 复合电极进行校准，则仪器自动进入 pH 测量工作状态；不论仪器处于何种工作状态，按“pH”键，仪器即进入 pH 测量工作状态，仪器显示当前溶液的 pH 值、温度值以及电极的百分理论斜率和选择的等电位点。若需对 pH 电极进行标定，则可按本节中“电极标定”进行操作，然后再按“pH”键仪器进入 pH 测量状态。

4）使用完毕应将复合电极清洗干净，然后将电极套于含有 3mol/dm^3 的 KCl 溶液的保护套中。

（2）PH-3V 酸度电势测定装置

1）仪器的准备和标定 实验室还采用 PH-3V 酸度电势测定装置进行更精确的酸度测定，其装置如图 3-38 所示。PH-3V 型精密酸度计是一种智能型的实验常规分析测量仪器，它适用于医药、环保、高校和科研单位的化验室测量水溶液中 pH 值和溶液温度值。仪器采用微处理器技术，使仪器具有自动温度补偿功能，同时仪器也可以进行手动温度补偿，仪器具有断电保护功能，在使用完毕后关机或非正常断电情况下仪器内部存储的设置参数不会丢失。PH-3V 酸度电势测定装置在 5.0～60℃ 温度范围内，用户可选择 5 种 pH 缓冲溶液对仪器进行二点标定。

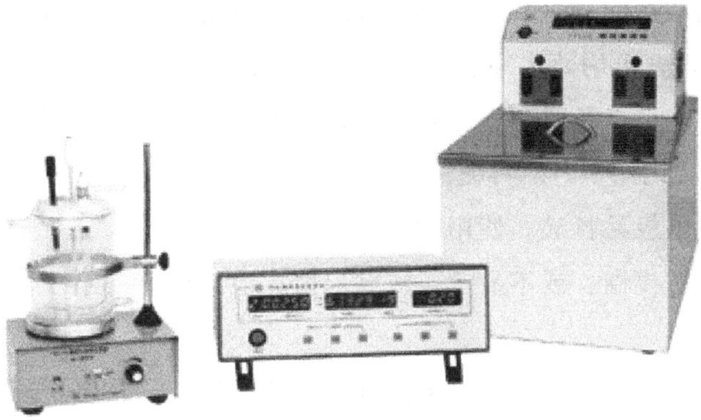

图 3-38 PH-3V 酸度电势测定装置

二点标定是为了保证 pH 的测量精度。其含义是选用两种 pH 标准缓冲溶液对电极系统进行标定，测得 pH 复合电极的百分理论斜率和定位值。

操作步骤如下：

① 在完成一点标定后，将电极取出重新用蒸馏水清洗干净，放入 pH 标准缓冲溶液中；

② 再按“校准”键，使仪器进入“标定 2”工作状态，仪器显示“标定 2”以及当前的 pH 值和温度值；

③ 当显示屏上的 pH 值读数趋于稳定后，按下“确认”键，仪器显示“标定 2 结束！”以及 pH 值和斜率值，说明仪器已完成二点标定；

④ 此时，pH、mV 和等电位点键均有效，如按下其中某一键，则仪器进入相应的工作状态。

2）仪器使用的注意事项

① 虽然该仪器在出厂是已经过校准，可直接使用，但出现下列情况必须重新校准：电极使用特别频繁；测量精度要求比较高；校准后已使用（或放置）很长时间；做校正时，勿重复使用校正缓冲液。

② 当玻璃电极敏感球泡上有无机盐沉积物时，请将电极分别浸入 0.1mol/dm^3 的 HCl 溶液、0.1mol/dm^3 的 NaOH 溶液，然后再浸入 0.1mol/dm^3 的 HCl 溶液各 5min，即可恢复性能，然后再用蒸馏水冲洗即可。

③ 滴几滴保存液或校正缓冲液在笔套里面，请勿使用蒸馏水或纯水来浸泡或保存测试笔。

④ 测试笔玻璃电极敏感球泡中可能有小气泡，它将影响电极的正常测量，摇动仪器，使气泡跑出敏感球泡。

⑤ 玻璃电极上沾有油脂薄膜会影响测量结果，需用75%的醇溶液冲洗敏感球泡，再用滤纸吸干，用清水冲洗，然后浸入蒸馏水中几小时。

⑥ 蛋白质沉淀物（如测牛奶、乳酪等）要浸入胃蛋白酶和盐酸溶液中几小时进行消除处理，再用清水冲洗，浸入蒸馏水中几小时。

⑦ 若玻璃电极长时间露置空气中，因电极干燥，响应变慢，这时应将电极浸入蒸馏水中活化几小时后再使用。

⑧ 玻璃电极易打破，使用时需小心。

⑨ 显示值模糊、或不显示、或显示值比溶液的真实 pH 值高或低很多，则应更换电池。

⑩ 更换电池的方法：将笔上面有开关的黑色板，轻轻拉出来，注意不要拉断电线，可看见 3 颗 1.5V 电池，拉出更换即可。

⑪ 注意电池极性及选择相同型号的电池。

⑫ 电极插入待测液或校正缓冲液时，不可超过测试笔的“浸没线”位。

第五节 大型仪器及其测量技术

一、粉末 X 射线衍射技术

一定波长的 X 射线照射到晶体上将出现衍射现象。1895 年 W. K. Röntgen 发现 X 射线，这是一种具有很强穿透力的电磁辐射，并于 1901 年获得第一个诺贝尔物理学奖。1912 年，W. L. Bragg 和 W. H. Bragg 建立 X 射线反射公式，为晶体 X 射线衍射法奠定了物理基础，获得 1915 年诺贝尔物理学奖。1916 年，P. J. W. Debye 和 J. A. Scherrer 发明粉末法测定晶体结构；1936 年，J. D. Watson 和 F. H. C. Crick 根据 M. Wilkins 对 DNA 的 X 射线衍射数据，提出 DNA 双螺旋分子的结构模型，获得 1963 年诺贝尔生物学奖。

粉末 X 射线衍射分析仪器得到很快的发展。20 世纪 50 年代以前，出现照相式 X 射线衍射仪；50 年代初，研制出目前最广泛使用的 X 射线衍射仪；60 年代设计成功了四圆衍射仪，与此同时采用聚焦原理设计了多晶 X 射线衍射仪；60 年代采用各种辐射探测器制成 X 射线衍射仪，继而又设计了旋转阳极靶 X 射线衍射仪；80 年代研制 PSPC 探测器 X 射线衍射仪。近十余年以来，由于 X 射线源和辐射源探测设备的不断更新、高速度大容量电子计算机和工作站的广泛应用，尤其是分子和晶体结构的模型设计以及高维（4维与5维）对称群理论的发展，使得X射线衍射学进入一个新的发展时期。X射线衍射仪和电子显微镜成为使用量最大的大型分析仪器。

1. 粉末X射线衍射分析仪器的原理

粉末X射线衍射分析仪多为旋转阳极X射线衍射仪，由单色X射线源、样品台、测角仪、探测器和X射线强度测量系统所组成。Cu靶X射线发生器发出的单色X射线通过入射索拉（soller）狭缝，发散狭缝照射样品台，X射线经试样晶体产生衍射，衍射线经出射狭缝，散射soller狭缝，接受狭缝被探测器检测。衍射仪的主要组成部分包括X射线发生器、衍射测量仪、衍射线检测器和数据处理分析系统（参见图3-39）。

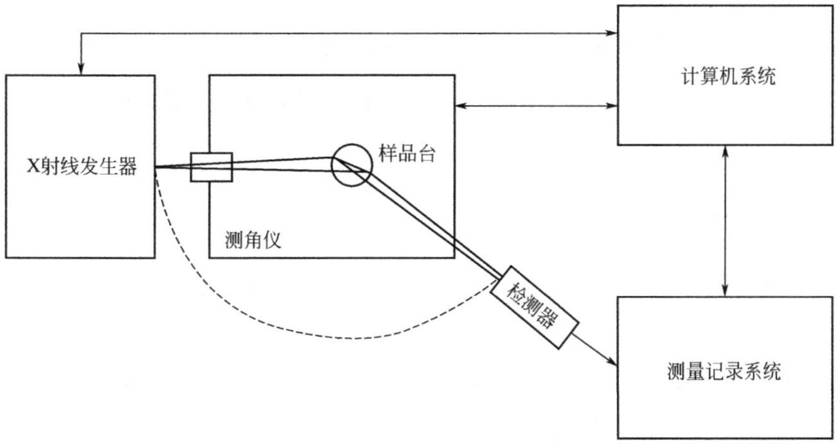

图3-39 X射线衍射仪结构示意

XRD的仪器实物参见图3-40。

X射线管发射的X射线照射晶体物质后产生吸收、散射、衍射X荧光、俄歇电子和X电子。晶体中原子散射的电磁波互相干涉和互相叠加而产生衍射图谱。X射线粉末衍射图谱可以提供衍射线位置（角度）、强度和形状（宽度）三种晶体结构信息，根据这些信息可以进行晶体结构分析、物相定性和定量等。现代粉末X射线衍射分析仪还配置有电子计算机和软件，以使衍射仪操作和数据处理实现自动化和智能化。

2. 粉末X射线衍射分析仪器的应用

（1）XRD晶体结构分析　XRD是目前晶体结构分析的重要方法。粉末衍射法常用于立方晶系的晶体结构分析，测定晶胞参数，甚至点阵类型，晶胞中的原子

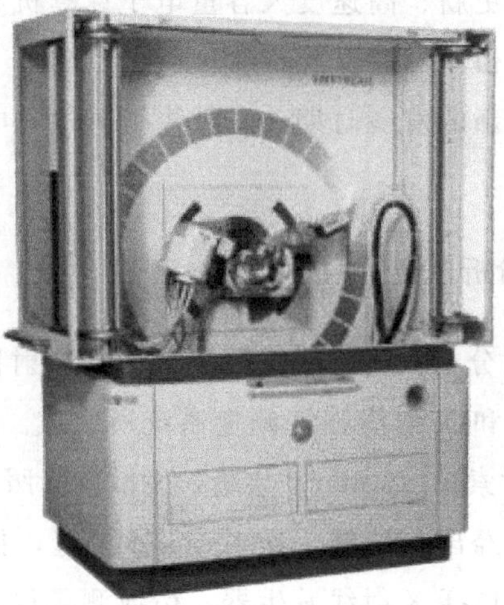

图 3-40 帕纳科 Empyrean XRD 粉末衍射仪

数和原子位置。

例如，已知作锂离子电池正极材料 $LiMn_2O_4$ 的 XRD 图谱，基于(111)、(311)、(400)、(511) 和 (440) 五个衍射峰，根据晶面间距 d 和晶格指数 (hkl) 的关系：

$$2d\sin\theta=\lambda \tag{3-27}$$

$$d=a/(h^2+k^2+l^2)^{1/2} \tag{3-28}$$

经拟合得到晶体参数 $a_{450c}=0.827\text{nm}$，与标准晶格参数 $a=0.824\text{nm}$ 基本一致。

再例如：W 属于金属晶体，根据 XRD 可以求出其晶胞参数 $a=3.175\text{Å}$ ($1\text{Å}=10^{-10}\text{m}$)。根据衍射线 $\sin^2\theta$ 的比例可确定其为立方体心点阵Ⅰ。已知晶体密度为 19.1g/cm³，W 原子量为 183.92，所以晶胞中的原子数

Z=晶胞质量/原子量$=(3.157\times10^{-8})^3\times19.1\times6.023\times10^{23}/183.92=2$

(2) XRD 物相定性分析　XRD 是晶体的“指纹”，不同的物质具有不同的 XRD 特征峰值（晶面间距和相对强度）对照 PDF 卡片进行定性。

XRD 不同于一般的元素分析（AES、AAS、XFA），它能确定元素所处的化学状态（如 FeO、Fe_2O_3、Fe_3O_4）、能区别同分异构体、能区别是混合物还是固溶体，这种方法对于各种材料相变的研究是有用的。试样的形状可以是粉末、块状、板状和线状，但必须是结晶态的；气态、液态和非晶态物质只能予以状态的判别，不能做相分析。

XRD 定性分析要求试样充分混合，使各晶面达到紊乱分布，从而得到与 PDF 卡片基本一致的粉末衍射数据。

(3) XRD 物相定量分析　XRD 物相定量分析是基于待测相的衍射强度与其含

量成正比，但是影响强度的因素很多，至今凡是卓有成效的物相定量方法都是建立在强度比的基础上。

XRD 定量方法有内标法、K 值法、增量法和无标定量法，其中常用的是内标法。衍射强度的测量用积分强度或峰高法，有利于消除基体效应及其他因素的影响。

XRD 定量方法的优势在于它能够给出相同元素不同成分的含量，这是一般化学分析不能达到的。粉末 X 射线衍射仪使得强度测量既方便又准确。例如钢中残余奥氏体的测定，XRD 比金相法、磁性法更加灵敏，更加准确。

(4) 晶粒大小分析　多晶体材料的晶体尺寸是影响其物理化学性能的重要因素，测定纳米材料的晶粒大小要用 XRD，用 X 射线衍射法测量小晶粒尺寸是基于衍射线剖面宽度随晶粒尺寸减小而增宽。可根据 Scherrer 公式计算：

$$D_{hkl}=\frac{k\lambda}{\beta_{hkl}\cos\theta} \tag{3-29}$$

式中　D_{hkl}——小晶体的平均尺寸；

θ——Bragg 角；

k——形状因子（约等于 1）；

β_{hkl}——衍射线剖面的半高宽。

影响衍射峰宽度的因素很多，如光源、平板试样、轴向发散、吸收、接受狭缝和非准直性、入射 X 射线的非单色性（$K\alpha_1$、$K\alpha_2$、K_β）等。

应该指出，当小晶体的尺寸和形状基本一致时上式计算结果比较可靠。但一般粉末试样的晶体大小都有一定的分布，Scherrer 公式需要修正，否则只能得到近似的结果。

(5) 结晶度分析　物质的结晶度会影响材料的物性，测定结晶度的方法有密度法、IR 法、NMR 法和差热分析法，XRD 法优于上述各法，它是依据晶相和非晶相散射守恒原理，采用非晶散射分离法（HWM）、计算机分峰法（CPRM）或近似全导易空间积分强度法（RM）测定结晶度。

无论这些方法还存在什么缺陷，结晶度的测定对于聚合物材料的研究都是有益的。从 X 射线测量来说，理想的晶体产生衍射，理想的非晶体产生相干散射，而畸变的结晶（次晶、介晶、近晶、液晶）变成程度不同的散射，所以聚合物材料结晶度的精确测定是困难的。

(6) 宏观应力和微观应力分析　实际构件中的残余应力对构件的疲劳强度、抗压力、耐腐蚀能力、尺寸稳定性和使用寿命等有直接影响。通过测定构件的残余应力，可以控制加工工艺的效果，解决具体的工艺问题，所以残余应力的测定具有重要的实际意义。

残余应力是一种内应力，是指物体较大范围内存在并平衡的内应力。当这种第Ⅰ类内应力所产生的力和力矩的平衡受到破坏时，会产生宏观尺寸的变化，又叫宏观应力。在晶体或若干原子范围内存在并保持平衡时的内应力叫微观应力，其中宏观应力可以精确测量。

设无残余应力的多晶试样中，晶面间距与晶面所处的方位无关，当有残余应力存在时 d（或 2θ）将是方位角 Ψ 的函数。

$$\sigma_{\Psi}=-K_1(2\theta_{\Psi 2}-2\theta_{\Psi 1})/(\sin\Psi_2-\sin\Psi_1) \tag{3-30}$$

式中　K_1——应力常数；

σ_{Ψ}——应力；

θ——衍射角；

Ψ——方位角。

因此，只要使 X 射线先后从不同方向对试样入射，并分别测量其衍射峰的 2θ 值就可求得应力 σ_{Ψ}。

X 射线衍射法测量构件的残余应力具有无损、快速、测量精度高、能测量小区域应力等特点，所以备受人们重视。

通过热处理及冷热变形，使多晶体中晶块细碎化和增加点阵畸变度，是金属材料强韧化的重要途径之一。晶块细碎化和点阵畸变（也反映微观应力大小）的增加一般使衍射线变宽，也可能使衍射线强度减弱。据此可以测量，粉末 X 射线衍射仪测定应力需要配置专门的应力测试装置，亦有测定机械零件宏观残余应力的专用设备——X 射线应力分析仪。

（7）薄膜厚度的测定和物相纵向深度分析　薄膜厚度是一个重要的物理参数，但是薄膜厚度的测定是 X 射线衍射分析的难题之一。另外，随着高新技术材料的开发和应用，对衍射分析技术提出更高的要求，例如固体薄膜、表面改性材料、多层薄膜等新兴材料常需要纵向深度分析。由于二维衍射技术的发展，就是通常所说的薄膜 X 射线分析方法——STD 技术使得问题得到了解决。

【例 3.2】 采用 STD 技术得到的真空离子镀（PVD）TiN 薄膜（不锈钢衬底）的 X 射线衍射谱（XRD）。首先，膜层纵向深度随 α_0 由 5.0°分别降低到 2.0°和 0.6°时，TiN_{111} 以及 TiN_{200} 反射线呈现增强的趋势，而 Ti_{002} 反射线和衬底（M）同步呈现降低的趋势，特别是当 $\alpha_0=0.6°$时，只有 TiN 出现，这说明 TiN 膜富集于表面层，而 Ti 层是介于衬底和 TiN 层之间的过渡层。

根据 $\alpha_0=0.6°$，$\mu_{TiN}=8.78\times10^2/cm$，便可计算出 TiN 层的厚度：

$$t=0.13\alpha_0/\mu=1.5\times10^{-6}\,cm$$

式中　α_0——试样表面与入射线的夹角；

μ——衍射材料的吸收系数。

（8）择优取向分析　当材料存在择优取向（织构）时材料便呈现各向异性。例如聚合物总是存在某种择优取向，蛋白质有 α-螺旋链的取向盘绕、β-锯齿链的取向叠合、DNA 双螺旋链互相取向盘绕，合成高分子材料诸如薄膜、纤维、滚碾的片材、注塑、吹塑和挤塑的聚合物产品都是具有各向异性的聚合物。金属材料经拉丝、冲压、冷轧、退火、液相凝固、电解沉积等都能形成织构，影响材料的机械性能、物理性能和化学性能。

织构测定有极图法、反极图法和三维取向分布函数法三种方法。X 射线衍射仪需要专门的织构测定装置附件。

粉末 X 射线衍射分析广泛应用于材料科学、物理学、化学化工、生物学、冶金地质、建材陶瓷和聚合物材料等领域。

二、紫外可见分光光度法

人们在实践中早已总结出不同颜色的物质具有不同的物理和化学性质。根据物质的这些特性可对它进行有效分析和判别。由于颜色本就惹人注意，根据物质的颜色深浅程度来对物质的含量进行估计可追溯到古代及中世纪。1852 年，比尔（Beer）参考了布给尔（Bouguer）1729 年和朗伯（Lambert）在 1760 年所发表的文章，提出了分光光度的基本定律，即液层厚度相等时颜色的强度与呈色溶液的浓度成比例，从而奠定了分光光度法的理论基础，这就是著名的朗伯-比尔定律。1854 年，杜包斯克（Duboscq）和奈斯勒（Nessler）等将此理论应用于定量分析化学领域，并且设计了第一台比色计。到 1918 年，美国国家标准局制成了第一台紫外可见分光光度计。此后，紫外可见分光光度计经不断改进，又出现自动记录、自动打印、数字显示、微机控制等各种类型的仪器，使光度法的灵敏度和准确度也不断提高，其应用范围也不断扩大。

紫外可见分光光度法自问世以来，在应用方面有了很大的发展，尤其是在相关学科发展的基础上，其促使分光光度计仪器的不断创新，功能更加齐全，使得光度法的应用更拓宽了范围。目前，分光光度法已为工农业各个部门和科学研究的各个领域所广泛采用，成为人们从事生产和科研的有力测试手段。我国在分析化学领域有着坚实的基础，在分光光度分析方法和仪器的制造方面国际上都已达到一定的水平。

1. 紫外可见分光光度法的基本原理

物质的吸收光谱本质上就是物质中的分子和原子吸收了入射光中的某些特定波长的光能量，相应地发生了分子振动能级跃迁和电子能级跃迁的结果。由于各种物质具有各自不同的分子、原子和不同的分子空间结构，其吸收光能量的情况也就不会相同，因此，每种物质就有其特有的、固定的吸收光谱曲线，可根据吸收光谱上的某些特征波长处的吸光度的高低判别或测定该物质的含量，这就是分光光度定性和定量分析的基础。分光光度分析就是根据物质的吸收光谱研究物质的成分、结构和物质间相互作用的有效手段。紫外可见分光光度计主要由光源、透镜、单色器、样品池、检测器等组成（见图 3-41）。

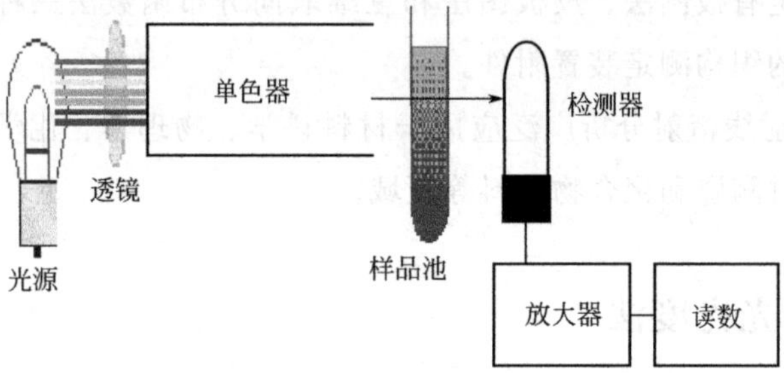

图 3-41　紫外可见分光光度计的基本原理示意

仪器的图示以岛津 UV-2600 紫外可见分光光度计为例，见图 3-42。

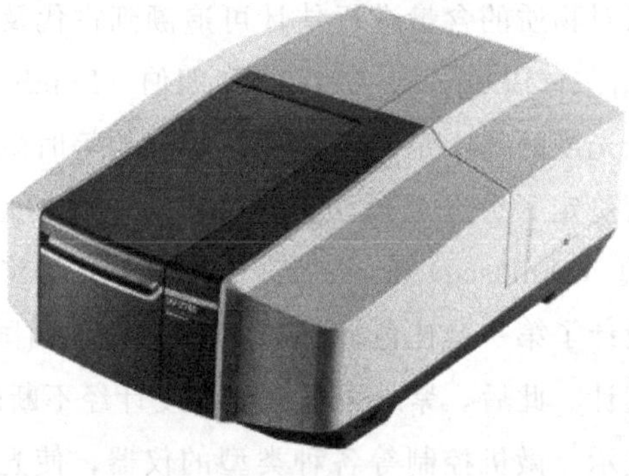

图 3-42　岛津 UV-2600 紫外可见分光光度计

紫外可见分光光度法的定量分析基础是朗伯-比尔（Lambert-Beer）定律，即物质在一定浓度的吸光度与它的吸收介质的厚度呈正比。

物质的颜色和它的电子结构有密切的关系，当辐射（光子）引起电子跃迁使分子（或离子）从基态上升到激发态时，分子（或离子）就会在可见区或紫外呈现吸光，颜色的发生或变化是和分子的正常电子结构的变形联系的。当分子中含有一个或更多的生色基因（即具有不饱和键的原子基团），辐射就会引起分子中电子能量的改变。常见的生色团有 CO、—N ═N—、—N ═O、—CN、CS。

如果两个生色团之间隔一个碳原子，则形成共轭基团，会使吸收带移向较长的波长处（即红移），且吸收带的强度显著增加。当分子中含有助色基团（有未共用电子对的基团）时，也会产生红移效应。常见的助色基团有—OH、—NH_2、

—SH、—Cl、—Br、—I。

2. 紫外可见分光光度法的特点

分光光度法对于分析人员来说可以说是最有用的工具之一。几乎每一个分析实验室都离不开紫外可见分光光度计。

分光光度法的主要特点如下。

(1) 应用广泛　由于各种各样的无机物和有机物在紫外可见区都有吸收，因此均可借此法加以测定。到目前为止，几乎化学元素周期表上的所有元素（除少数放射性元素和惰性元素之外）均可采用此法。在国际上发表的有关分析的论文总数中，光度法约占 28%，我国约占所发表论文总数的 33%。

(2) 灵敏度高　由于新的显色剂的大量合成，并在应用研究方面取得了可喜的进展，使得对元素测定的灵敏度有所推进，特别是有关多元络合物和各种表面活性剂的应用研究，使许多元素的摩尔吸光系数由原来的几万提高到数十万。

(3) 选择性好　目前有些元素只要利用控制适当的显色条件就可直接进行光度法测定，如钴、铀、镍、铜、银、铁等元素的测定已有比较好的方法了。

(4) 准确度高　对于一般的分光光度法，其浓度测量的相对误差在 1%～3% 范围内；如采用示差分光光度法进行测量，则误差可减少到更低。

(5) 适用浓度范围广　可从常量（1%～50%）（尤其使用示差法）到痕量（10^{-8}%～10^{-6}%）(经预富集后)。

(6) 分析成本低、操作简便、快速　由于分光光度法具有以上优点，因此目前仍广泛地应用于化工、冶金、地质、医学、食品、制药等部门及环境监测系统。单在水质分析中的应用就很广，目前能用直接法和间接法测定的金属和非金属元素就有 70 多种。

3. 紫外可见分光光度法的应用

(1) 鉴定物质　根据吸收光谱图上的一些特征吸收，特别是最大吸收波长和摩尔吸收系数是鉴定物质的常用物理参数，这在药物分析上就有着很广泛的应用。在国内外的药典中，已将众多的药物紫外吸收光谱的最大吸收波长和摩尔吸收系数载入其中，为药物分析提供了很好的手段。

(2) 与标准物及标准图谱对照　将分析样品和标准样品以相同浓度配制在同一溶剂中，在同一条件下分别测定紫外可见吸收光谱。若两者是同一物质，则两者的光谱图应完全一致；如果没有标样，也可以和现成的标准谱图对照进行比较。这种方法要求仪器准确，精密度高，且测定条件要相同。

(3) 比较最大吸收波长吸收系数的一致性　由于紫外吸收光谱只含有 2～3 个

较宽的吸收带，而紫外光谱主要是分子内的发色团在紫外区产生的吸收，与分子和其他部分关系不大。具有相同发色团的不同分子结构，在较大分子中不影响发色团的紫外吸收光谱，不同的分子结构有可能有相同的紫外吸收光谱，但它们的吸收系数是有差别的。如果分析样品和标准样品的吸收波长相同，吸收系数也相同，则可认为分析样品与标准样品为同一物质。

(4) 纯度检验　紫外吸收光谱能测定化合物中含有微量的具有紫外吸收的杂质。如果化合物的紫外可见光区没有明显的吸收峰，而它的杂质在紫外区内有较强的吸收峰，就可以检测出化合物中的杂质。

紫外吸收光谱检测乙醇样品含有的苯的杂质。苯的最大吸收波长在256nm，而乙醇在此波长处没有吸收。因此在紫外吸收光谱上能明显地看出杂质苯的特征吸收。

如果化合物在紫外可见有吸收，可用吸收系数检测其纯度。

紫外吸收光谱还可以用差示法来检测样品的纯度。取相同浓度的纯品在同一溶剂中测定做空白对照，样品与纯品之间的差示光谱就是样品中含有杂质的光谱。

(5) 推测化合物的分子结构

① 推测化合物的共轭体系和部分骨架。如果一个化合物在紫外区是透明的，没有吸收峰，则说明不存在共轭体系（指不存在多个相间双键），它可能是脂肪族烃类化合物、胺、腈、醇等不含双键或环状结构的化合物。如果在210～250nm有强吸收，则可能有两个双键共轭系统（如共轭二烯或α,β-不饱和酮）。如果在250～300nm有强吸收，则可能具有3～5个不饱和共轭系统。如果在260～300nm有中强吸收（吸收系数＝200～1000），则可能有苯环。如果在250～300nm有弱吸收，则可能存在羰基基团。

② 区分化合物的构型和构象。例如：化合物二苯乙烯有顺式和反式两种构型，它们的最大吸收波长和吸收强度都不同，由于反式构型没有空间障碍，偶极矩大，而顺式构型有空间障碍，因此反式的吸收波长和强度都比顺式的大。为此就很容易区分顺式构型和反式构型了。

③ 互变异构体的鉴别。在有机化学中会有异构体的互变现象，通过紫外光谱也可鉴别。

(6) 氢键强度的测定　实验证明，不同的极性溶剂产生氢键的强度也不同，这可以利用紫外光谱来判断化合物在不同溶剂中氢键强度，以确定选择哪一种溶剂。

(7) 络合物组成及稳定常数的测定　金属离子常与有机物形成络合物，多数络合物在紫外可见区是有吸收的，可以利用分光光度法来研究其组成。

(8) 反应动力学研究　借助于分光光度法可以得出一些化学反应速度常数，

并从两个或两个以上温度条件下得到的速度数据，得出反应活化能。在丙酮的溴化反应的动力学研究中就是一个成功的例子。

（9）在有机分析中的应用　有机分析是一门研究有机化合物的分离、鉴别及组成结构测定的科学，它是在有机化学和分析化学的基础上发展起来的综合性学科。在国民经济的许多领域都用有机分析。

波长在 190～800nm 的电磁光谱是一个判断有机分子中是否存在共轭体系、芳环结构及 C═C、C═O、N═N 之类的发色团很好的手段，其具有强烈的吸收，摩尔吸光系数可达 10^4～10^5（而红外吸收光谱的摩尔吸光系数一般均<10^3），因而检测灵敏度很高。对于一些特列类型的结构，可通过简单的数学运算确定最大吸收。如果发色团之间不以共轭键相连的话，其紫外吸收具有可加性，即总的吸收等于各单独发色团的吸收之和。用此性质曾成功地推导出利血平及氯霉素的部分结构。一个复杂分子的结构，往往可以由比较化合物的紫外光谱性质来推断其含有何种发色团，有时紫外光谱性质还能提供一些立体结构及分子量的一些信息，为未知物的剖析提供有用的线索。

利用紫外分光光度法进行定量分析时，可将待测试样的纯品配制成一系列标准溶液，事先绘制标准曲线，由待测未知样品吸光度对照标准曲线，就可得到其含量。当未知物样品为几种组分，且组分的最大吸收峰值互不重叠，则可联立方程解之。

紫外可见分光光度法仪器价格低廉且适用性广泛，尤其是采用微机控制以来，该技术得到了突飞猛进的发展。近年来我国仪器制造厂可以生产出与国外等同水平的紫外分光光度计，成为分析者的最佳选择。

三、红外分光光度法

1. 红外分光光度法的基本原理

红外分光光度法是在 4000～400cm^{-1}波数范围内测定物质的吸收光谱，用于化合物的鉴别、检查或含量测定的方法，化合物受红外辐射照射后，使分子的振动和转动运动由较低能级向较高能级跃迁，从而导致对特定频率红外辐射的选择性吸收，形成特征性很强的红外吸收光谱，红外光谱又称振-转光谱。

红外光谱是鉴别物质和分析物质化学结构的有效手段，已被广泛应用于物质的定性鉴别、物相分析和定量测定，并用于研究分子间和分子内部的相互作用。

习惯上，往往把红外区分为 3 个区域，即近红外区（12800～4000cm^{-1}，0.78～2.5μm），中红外区（4000～400cm^{-1}，2.5～25μm）和远红外区（400～

10cm^{-1}，25～1000μm)；其中中红外区是药物分析中最常用的区域。红外吸收与物质浓度的关系在一定范围内服从于朗伯-比尔定律，因而它也是红外分光光度法定量的基础。

红外分光光度计分为色散型和傅里叶变换型两种。

色散型红外分光光度计主要由光源、单色器（通常为光栅)、样品室、检测器、记录仪、控制和数据处理系统组成。以光栅为色散元件的红外分光光度计，波数为线性刻度，以棱镜为色散元件的仪器以波长为线性刻度。波数与波长的换算关系如下：

$$\text{波数}(\text{cm}^{-1})=\frac{10^4}{\text{波长}(\mu\text{m})} \tag{3-31}$$

傅里叶变换型红外光谱仪（简称 FT-IR）则由光学台（包括光源、干涉仪、样品室和检测器)、记录装置和数据处理系统组成（见图 3-43)，由干涉图变为红外光谱需经快速傅里叶变换。该型仪器现已成为最常用的仪器。

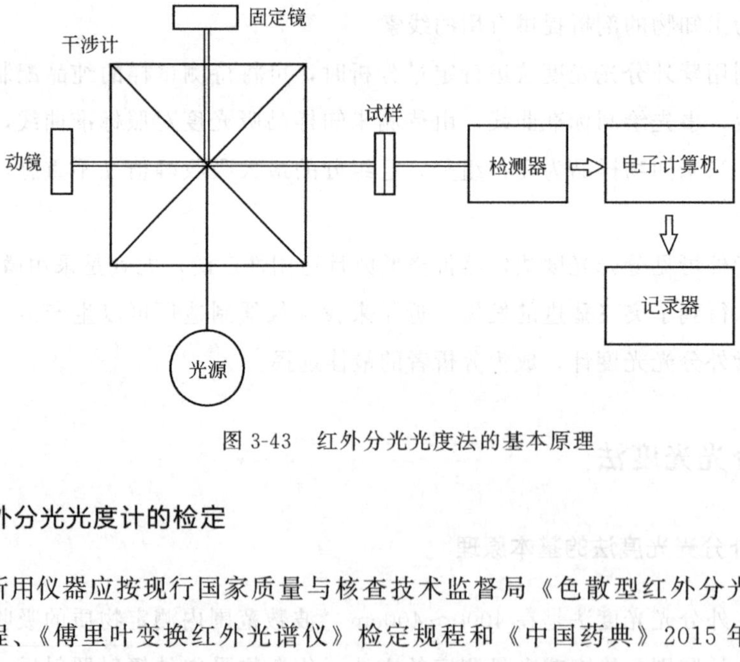

图 3-43 红外分光光度法的基本原理

2. 红外分光光度计的检定

所用仪器应按现行国家质量与核查技术监督局《色散型红外分光光度计》检定规程、《傅里叶变换红外光谱仪》检定规程和《中国药典》2015 年版四部通则 0401 规定，并参考仪器说明书，对仪器定期进行校正规定。

（1）波数准确度

1）波数准确度的允差范围　傅里叶变换红外光谱仪在 3000cm^{-1}附近的波数误差应不大于±5cm^{-1}，在 1000cm^{-1}附近的波数误差应不大于±1cm^{-1}。

2）波数准确度检定方法

① 以聚苯乙烯膜校正：按仪器使用说明书要求设置参数，以常用的扫描速度记录厚度为 50μm 的聚苯乙烯膜红外光谱图。测量有关谱带的位置，其吸收光谱

图应符合《药品红外光谱集》所附聚苯乙烯图谱的要求，并与参考波数（表 3-3）比较，计算波数准确度。

表 3-3 聚苯乙烯吸收带常用的波数值

波数/cm^{-1}	波数/cm^{-1}	波数/cm^{-1}	波数/cm^{-1}
3027.1	1583.1	1801.6	906.7
2850.7	1154.3	1601.4	
1944.0	1028.0		

② 以液体池用液体茚校正：液体茚在 3900～690cm^{-1}范围内有较多的吸收峰可资比较，适于测定中等分辨率的仪器。一般需用适当液层厚度的固定厚度密封液体池，选用液体池的窗片材料应能保证在测量波数范围内有良好的红外光透过率，窗片应有良好的光洁度和平面平行度，注样品时将液体池放在一楔形板上，打开 2 个进样孔塞，把样品用专用注射器从下部进样孔缓缓注入；同时观察池内液面缓缓上升而不夹带气泡，至液体在上进样孔内接近满溢时取下注射器，先盖好下进样孔塞，再盖上上进样孔塞，吸去外溢液体后即可在仪器上测定吸收光谱。其主要谱带见表 3-4。

表 3-4 茚主要吸收谱带的波数值（50μm 液层）

波数/cm^{-1}	波数/cm^{-1}	波数/cm^{-1}	波数/cm^{-1}
3926.5	1361.1	1915.3	830.5
3139.5	1205.1	1553.2	590.8
2771.0	1018.5		

（2）波数重现性　用波数准确度测量相同的仪器参数，对同一张聚苯乙烯膜进行反复重叠扫描。一般扫描 3～5 次。从扫描所得光谱测定波数的重现性。测得的各吸收峰的重现性应符合现行国家技术监督局的要求。

（3）分辨率　以聚苯乙烯膜检定为例：色散型红外仪用常规狭缝程序，通常的扫描速度，或以较窄的狭缝程序用较慢的扫描速度，记录聚苯乙烯的图谱。傅里叶红外仪设置于 2cm^{-1}分辨率和适宜的扫描次数，依法记录光谱图。在 3110～2850cm^{-1}范围内应能显示 7 个吸收带，其中峰 2851cm^{-1}与谷 2870cm^{-1}之间的分辨深度应不小于 18%透光率；又峰 1583cm^{-1}与谷 1589cm^{-1}之间的分辨深度应不小于 12%透光率。仪器的标称分辨率应不低于 2cm^{-1}。

（4）100%线平直度　调节 100%控制旋钮，使记录笔置于 95%透光率处，以快速扫描速度扫描全波段，其 100%线的偏差应小于 4%透光率。

（5）噪声调节 100%控制旋钮，使记录笔置于 95%透光率处，在 1000cm^{-1}处定波数连续扫描 5min，其最大噪声（峰-峰值）应小于 1%透光率。

（6）其他杂散光水平和透光率准确度检查，因需要特殊器件，且对药品测定影响不大，故不做硬性要求。

3. 红外光谱测定操作方法

红外光谱测定技术分两类：一类是指检测方法，如透射、衰减全反射、漫反射、光声及红外发射等；另一类是指制样技术。在药物分析中，通常测定的都是透射光谱，采用的制样技术主要有压片法、糊法、膜法、溶液法、衰减全反射法和气体吸收池法等。

（1）压片法　取供试品约1～1.5mg，置于玛瑙研钵中，加入干燥的溴化钾或氯化钾细粉约200～300mg（与供试品的比约为200∶1）作为分散剂，充分研磨混匀，置于直径为13mm的压片模具中，便铺展均匀，抽真空约2min，加压至0.8×10^6kPa（约8～10T/cm^2），保持压力2min，撤去压力并放气后取出制成的供试片，目视检测，片子应呈透明状，其中样品分布应均匀，并无明显的颗粒状样品。也可采用其他直径的压模制片，样品与分散剂的用量需相应调整以制得浓度合适的片子。

（2）糊法　取供试品约5mg，置玛瑙研钵中，粉碎研细后，滴加少量液状石蜡或其他适宜的糊剂，研成均匀的糊状物，取适量糊状物夹于两个窗片或空白溴化钾片（每片约150mg）之间作为供试片，另以溴化钾约300mg制成空白片作为补偿。也可用专用装置夹持糊状物。制备时应注意尽量使糊状样品在窗片间分布均匀。

（3）膜法　参照上述糊法所述的方法，将能形成薄膜的液体样品铺展于适宜的盐片中，使形成薄膜后测定。若为聚合物，可先制成适宜厚度的高分子薄膜，直接置于样品光路中测定。熔点较低的固体样品可采用熔融成膜的方法制样。

（4）溶液法　将供试品溶于适宜的溶剂中，制成1%～10%浓度的溶液，灌入适宜厚度的液体池中测定。常用溶剂有四氯化碳、三氯甲烷、二硫化碳、己烷、环己烷及二氯乙烷等。选用溶液应在被测定区域中透明或仅有中至弱的吸收，且与样品间的相互作用应尽可能小。

（5）气体吸收池法　测定气体样品需使用气体吸收池，常用气体吸收池的光路长度为10cm。通常先把气体吸收池抽空，然后充以适当压力（约50mmHg，1mmHg=133.3224Pa）的供试品测定。也可用注射器向气体吸收池内注入适量的样品，待样品完全气化后测定。

（6）衰减全反射法（ATR）　取供试品适量，均匀地铺展在衰减全反射棱镜的底面上，使紧密接触，依法录制反射光谱图。本法适用于纤维、聚合物等难粉碎的样品。

（7）试样的制备方法　除另有规定外，用作鉴别时应按照药典委员会编订的

《药品红光谱集》第一卷（1995 年版）、第二卷（2000 年版）与第三卷（2005 年版）和第四卷（2010 年版）收载的各光谱图所规定的制备方法制备。具体操作技术可参见《药品红外光谱集》的说明。当新卷收载旧卷相同谱号的光谱图时旧卷图谱作废。

用作晶型、异构体限度检查或含量测定时，试样制备和具体测定方法均按药典各品种项下有关规定操作。

4. 供试品的测定

（1）原料药的鉴别　采用固体制样技术时，最常碰到的问题是多晶型现象，固体样品的晶型不同，其红外光谱往往也会产生差异。当供试品的实测光谱与《药品红外光谱集》所收载的对照图谱不一致时，在排除各种可能影响光谱的外在或人为因素后，应按该药品光谱图中备注的方法或各品种项下规定的方法进行预处理，再绘制光谱，进行比对。如未规定该品种供药用的晶型或预处理方法，则可使用对照品，并采用适当的溶剂对供试品与对照品在相同的条件下同时进行重结晶，然后依法绘制光谱，进行比对。如已规定特定的药用晶型，则应采用相应晶型的对照品依法进行比对。

当采用固体制样技术不能满足鉴别需要时，可改用溶液法绘制光谱后比对。

（2）制剂的鉴别

1）分类

① 不加辅料的制剂：如无菌原料直接分装的注射用粉针剂及不加辅料的冻干剂和胶囊剂等其他成品，可直接取内容物绘制光谱图进行鉴别。

② 单方制剂：一般采取简单的提取分离手段就能有效去除辅料，可根据不同剂型的特点选择不同的分离提取方法，取干燥后的提取物绘制光谱图进行鉴别。

③ 复方制剂：一般情况比较复杂，根据具体问题具体分析。

2）前处理

① 预处理：对可能影响样品红外光谱的部分，在提取前应尽量去除，如对于包衣制剂应先去除包衣，双层片将二层分开等。

② 提取：一般按各品种项下规定的方法对待测成分进行分离提取。如品种项下未规定提取方法，对国外药典已收载有红外光谱鉴别的制剂或有其他相关文献资料的品种，可参考相关文献方法进行处理。对于无文献资料的药物制剂，可根据活性成分和辅料的性质选择适当的提取方法。首选易挥发、非极性的有机溶剂为提取溶剂，如乙醚、乙酸乙酯、丙酮、三氯甲烷、二氯甲烷、石油醚、乙醇、甲醇等；如标准光潜集中有转晶方法，或可获得原料药的精制溶剂，最好选用与转晶方法相同的溶剂或精制溶剂。若首选溶剂不适用，可考虑混合溶剂。一般所

选溶剂为无水溶剂，提取时有机层可加无水硫酸钠除去水分。

根据活性成分和辅料的溶解度不同，通过选择适合的溶剂既能提取活性成分又能去除辅料，则采用直接提取法。对于多数药品，一般选用的常用溶剂如水、甲醇、乙醇、丙酮、三氯甲烷、二氯甲烷、乙醚、石油醚等就能基本达到分离效果，非极性溶剂的效果比极性的好。一般非电离有机物质（不是有机酸或有机碱的盐）采用此法可获得满意的结果。如冻干制剂常用辅料均不溶于乙醇和甲醇，用醇提取均能获得满意结果；辅料只有水的液体制剂，可蒸干水分后绘制红外光谱。对于液体或半固体制剂宜选择萃取法，可根据活性成分和辅料性质选用直接萃取法，当有机酸或有机碱的盐类药物经直接提取法不能够获得满意的光谱图时，一般采用经酸化（或碱化）后再萃取的方法，但需与活性物质（基）的红外光谱进行比对。

含有待测成分的提取溶液经过滤后，可选择析晶、蒸干、挥干等方法获得待测成分；必要时可经洗涤、重结晶等方法纯化。

3）干燥　可根据《药品红外光谱集》备注中的干燥方法对待测成分进行干燥，也可采用各品种项下规定的干燥失重方法或参考（《中国药典》2010 年版二部附录ⅧL）干燥失重测定法项下的方法进行干燥，可视待测成分情况适当增减干燥时间。

4）图谱比对

① 辅料无干扰，待测成分的晶型不变化，此时可直接与对照品图谱或对照图谱进行比对。

② 辅料无干扰，但待测成分的晶型有变化，此种情况可用对照品经同法处理后的图谱比对。

③ 待测成分的晶型不变化，而辅料存在不同程度的干扰，此时可参照原料药的对照图谱，在指纹区内选择 3～5 个不受辅料干扰的待测成分的特征谱带作为鉴别的依据。鉴别时，实测谱带的波数误差应小于规定值的 0.5%。

④ 待测成分的晶型有变化，辅料也存在干扰，此种情况一般不宜采用红外光谱鉴别。

（3）多组分原料药的鉴别　不能采用全光谱比对，可选择主要成分的若干个特征谱带，用于组成相对稳定的多组分原料药的鉴别。

（4）晶型、异构体的限度检查或含量测定　供试品制备和具体测定方法均按各品种项下有关规定操作。

5. 测量操作注意事项

（1）环境条件　红外实验室的室温应控制在 15～30℃，相对湿度应小于

65%，适当通风换气，以避免积聚过量的二氧化碳和有机溶剂蒸气。

供电电压和接地电阻应符合仪器说明书要求。

(2) 背景补偿或空白校正　记录供试品光谱时，双光束仪器的参比光路中应置相应的空白对照物（空白盐片、溶剂或糊剂等）；单光束仪器（常见的傅里叶变换红外仪）应先进行空白背景扫描，扫描供试品后扣除背景吸收，即得供试品光谱。

(3) 采用压片法时，以溴化钾最常用。若供试品为盐酸盐，可比较氯化钾压片和溴化钾压片法的光谱，若二者没有区别则使用溴化钾。

所使用的溴化钾或氯化钾在中红区应无明显的干扰吸收；应预先研细，过200目筛，并在120℃干燥4h后分装并在干燥器中保存备用。若发现结块，则必须重新干燥。

(4) 供试品研磨应适度，通常以粒度2～5μm为宜。供试品过度研磨有时会导致晶格结构的破坏或晶型的转化。粒度不够细则易引起光散射能量损失，使整个光谱基线倾斜，甚至严重变形。该现象在4000～2000cm^{-1}高频端最为明显。压片法及糊法中最易发生这种现象。

(5) 压片法制成的片厚在0.5mm左右时，常可在光谱上观察到干涉条纹，对供试品光谱产生干扰。一般可将片厚调节至0.5mm以下即可减弱或避免。也可用金相砂纸将片稍微打毛以去除干扰。

(6) 测定样品时的扫描速度应与波长校正的条件一致（快速扫描将使波长滞后）。制成图谱的最强吸收峰透光率应在10%以下，图谱的质量应符合《药品红外光谱集》的要求。

(7) 使用预先印制标尺记录纸的色散型仪器，在制图时应注意记录笔在纸上纵横坐标的位置与仪器示值是否相符，以避免因图纸对准不良而引起的误差。

(8) 压片模具及液体吸收池等红外附件，使用完后应及时擦拭干净，必要时清洗，保存在干燥器中，以免锈蚀。

(9) 关于样品的纯度　提取后活性成分的纯度在90%～95%范围内就能基本满足制剂红外鉴别的要求。

(10) 建立自己的光谱库　不同仪器间峰波数和峰的强弱会有微小差别，建议各实验室建立自己的光谱库，用仪器自带软件计算与参考图谱的一致性。导数光谱能够极大地增强判断的准确性。

(11) 波数的偏差　低于1000cm^{-1}波数的偏差不超过0.5%，其他波数的偏差不超过$\pm 10cm^{-1}$。

(12) 整体性　红外光谱与分子结构有密切的关系，谱带之间相互关联，特别是指纹区体现的是整体结构。图谱比较时，应主要从整体上比较谱带最大吸收的位置、相对强度和形状与参考图谱的一致性。

6. 结果判定

红外光谱在药品分析中，主要用于定性鉴别和物相分析。定性鉴别时，主要着眼于供试品光谱与对照光谱全谱谱形的比较，即首先是谱带的有无，然后是各谱带的相对强弱。若供试品的光谱图与对照光谱图一致，通常可判定两化合物为同一物质（只有少数例外，如有些光学异构体或大分子同系物等）。若两光谱图不同，则可判定两化合物不同。但下此结论时，必须考虑供试品是否存在多晶现象，纯度如何，以及其他外界因素的干扰。采用固体样品制备法，如遇多晶现象而使实测光谱与标准光谱有差异时，一般可按照《药品红外光谱集》中所收载重结晶处理法或与对照品平行处理后测定。但如对药用晶型有规定则不能自行重结晶。

其他影响常可通过修改制样技术而解决。由于各种型号的仪器性能不同，试样制备时研磨程度的差异或吸水程度不同等原因，均会影响光谱的形状。因此，进行光谱比对时应考虑各种因素可能造成的影响。

常见的外界干扰因素如下。

(1) 大气吸收

① 二氧化碳：2350cm^{-1}，667cm^{-1}。

② 水气：3900～3300cm^{-1}，1800～1500cm^{-1}。

③ 溶剂蒸气。

(2) 干涉条纹　规律性的正弦形曲线叠加在光谱图上。

(3) 仪器分辨率的不同和不同研磨条件的影响。

四、气相色谱仪

色谱仪是利用混合物样品可分离原理而设计的一种柱色谱仪器，以气体作为流动相的称为气相色谱仪，它广泛用于化学、石油化工、生物、食品、医药、环境科学、航天和军事科学以及物理化学等领域。按操作技术方法来说可分为脉冲进样色谱法、顶替色谱法和迎头色谱法等，其中以脉冲进样色谱法为主：待测试样品由流动相带动进入色谱柱，并在流动相和固定相之间进行分配；最后经检测器检测后逸出。流动相是一些不会与固定相和待测样品发生化学作用的气体，它始终承载着待测组分，被称为载气。固定相可以是固体吸附剂（气-固色谱），也可以是涂布在惰性多孔单体上的液体薄膜（气-液色谱）。

气相色谱的结构可归纳为气流控制系统、进样系统、色谱柱、检测器、信号记录和处理系统以及温度控制系统等几大部分，如图 3-44 所示。

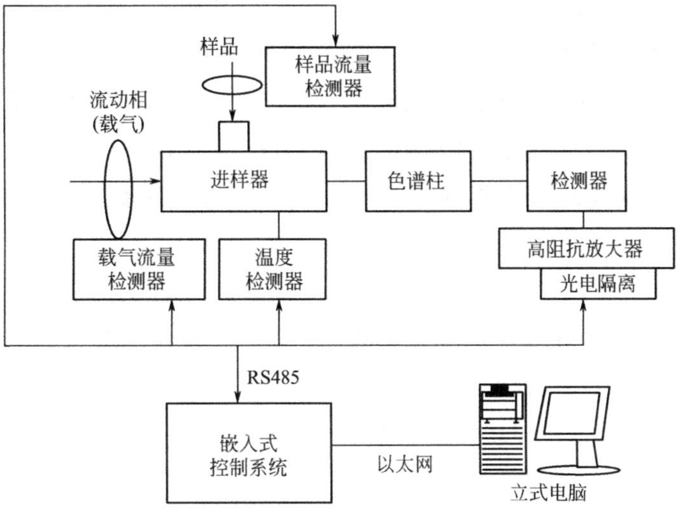

图 3-44 气相色谱仪主要部件方框图

1. 载气系统和辅助气源

（1）载气和辅助气 作为流动相的载气，常用的有 He、H_2、N_2、Ar 等惰性气体，应根据需要具体选用。载气的压力和流速对于测定结果影响颇大，因为载气不仅带动样品沿着色谱柱方向运动，为样品的分配提供了一个空间，且在一定温度和流速下，在特定时间把待测组分冲洗出来。其次，色谱柱的分离效率取决于载气流速的选择，而检测器的灵敏度与载气种类密切相关。

用热导池作为检测器时，以 He 和 H_2 作为载气最为理想，这是因为它们的摩尔质量小、热导系数大、黏度小，因而灵敏度高。He 比 H_2 性能更佳，只是由于来源和成本问题，常以 H_2 为载气，但是 H_2 易燃易爆，操作时应特别注意。N_2 的扩散系数小，柱效较高，所以在氢火焰离子化检测器中多采用之。

（2）气源及其控制 实验室常以高压气体钢瓶作为气源，经减压-净化-稳压后，用针形阀控制流量。载气和辅助气源系统都有压力表和转子流量计分别显示压力和流量，在测定过程中保持恒定。进入色谱柱之前的载气压力，在载气放空前精确测量。一般情况下载气流速控制在 30～60mL/min。

为了补偿各种条件波动所引起的误差，不少新型色谱仪采用双柱双路结构。载气经稳压后分成两路，分别进入两个平行的气化室和色谱柱。在外界环境或操作条件改变时，双柱及其各自的检测器的工作情况同时变化，互相补偿。在物理化学实验中常需测定一系列柱温条件下的色谱行为，利用这种双气路色谱仪可迅速达到平衡。

（3）进样系统　脉冲进样气相色谱的工作原理是将少量气体或者液体样品通过进样器快速进入色谱柱，并在气/固两相之间进行分配，最后由检测器测出一个样品峰。因此，进样量的大小、进样时间的长短、液体样品气化速度和样品浓度等都会影响色谱测定结果。为了得到符合热力学理想状态的分配条件，进样量尽可能少。一般气体样品进样量可为 0.1mL 左右，液体样品可为 0.1μL 左右，最佳进样品通常根据色谱柱大小、检测器灵敏度等条件通过实验具体确定。

进样器：塞式进样是脉冲进样的基本要求，在 1s 内完成进样操作才有可能形成近于高斯分布的色谱峰。常用液体进样器为微量注射器，气体进样器除注射器外，还常用拉杆式或者平面转动式六通阀。

气化室：使液体样品瞬时受热气化。

2. 色谱柱

色谱柱是色谱仪的心脏，其中的固定相则是色谱柱的关键。在细长管内装入固定相就成为填充式的色谱柱。色谱柱材料多为不锈钢或玻璃管，内径一般为 2～6mm，长 0.5～10m。以毛细管为分离柱的为毛细管柱，其内径大约为 0.1～0.5mm，长可达数十至数百米，可用玻璃、金属或塑料制成。

（1）气-固填充色谱柱　管内填充具有表面活性的吸附剂，如分子筛、硅胶、碳分子筛、石墨化炭黑以及高分子多孔微球，它们以一定粒度装入色谱柱，直接作为固定相材料，被测样品在气-固两相吸附-脱附进行分配。

（2）气-液填充色谱柱　将固定液均匀涂布于一定颗粒度的惰性载体上，装入填充柱即成。其化学性质稳定且热稳定，比表面积通常为每克数百平方米，表面吸附性很好。固定液是高沸点、低蒸气压的，通常以蒸气压小于 13Pa 的温度作为该固定液的最高使用温度。如使用温度过高，固定液流失严重，色谱柱性能将改变，并且会污染检测器，影响基线的稳定性。

液体固定相的制作比固相复杂：选用合适的溶剂将固定液溶解，在加入一定量的担体搅拌，这样固定液可借助溶剂作用，均匀涂敷在载体表面，最后在红外灯下烘干。如果载体表面或其孔中有空气，将会影响固定液渗入，因此还可以用减压法，将空气抽走。

（3）色谱柱的装填和老化

1）洗涤　色谱柱在装填前应先清洗柱管。玻璃柱管的清洗方法与一般玻璃仪器的洗涤方法相同。不锈钢柱管可用 5%～10%的热碱水溶液抽洗数次，再用自来水冲洗。所有管子最后都必须用蒸馏水清洗烘干备用。旧柱管应选择适当的溶剂，如乙醚、乙醇或热碱液等，洗涤以除去原来的固定相等物质，然后再按照上法处理。

2）装填 固定相装填务必紧密均匀，从分析的角度来说，可得到较好的分离效果，峰的形状可以如实反映被测组分在气-固两相间分配的情况。通常可将柱的尾端塞上色谱用脱脂棉，再接真空泵，而柱的前端接上专用漏斗。开启真空泵，不断从漏斗转入固定相，同时轻轻均匀地敲打色谱柱管壁，最后色谱柱两端均应塞有硅烷化的玻璃棉。将色谱柱的前端与进样器连接，尾端与检测器连接，经检漏后即可予以老化。

3）老化 老化过程可使其表面得以活化。对于固定液来说，则可彻底除去固定相中残余溶剂和某些挥发性杂质，并可使固定液更均匀、牢固地分布在载体表面上。老化时通常将尾端与检测器分开，让载气同挥发物直接放空，防止检测器被污染。按预计实际载气流速，在略高于实际操作温度条件下，用高纯 N_2 或 He 通气 8h 左右。接上检测器后，如记录得到的基线能很快达到平衡即可认为老化正常。

3. 检测器

检测器是一种测量载气中待测组分的浓度随时间变化的装置，同时还把待测组分的浓度变换成电信号。一般说来，检测器的死体积应尽可能小、响应快、灵敏度高、稳定且噪声小。在定量分析中还要求线性范围宽。

（1）热导池检测器

1）结构与原理 热导池检测器简称 TCD（Thermal Conductivity Detector），其结构简单，制作及维修方便，而且性能稳定，对各种气体都有响应，所以是气相色谱仪中最通用的检测装置。

图 3-45 为四臂热导池的结构示意。

热导池由整块不锈钢车制而成，四臂热导池装有长短、粗细、电阻值相同的金属丝，这就是热导池的核心部分——热敏感元件，其电阻温度系数要大。通常选用钨丝、镍丝、铼钨合金丝或铂铱合金丝。钨丝是最常用的热敏感元件，其阻值随温度上升而上升。以一定的直流电通入钨丝，使其发热，但热量不断地被载气带走，最后钨丝处于热平衡状态，因此具有一定的温度和电阻值，其中只通过纯载气的池臂为参考臂，而接在色谱柱后的为测量臂，当待测组分随载气进入热导池时，由于热导技术的不同钨丝的温度将发生变化，并导致其电阻值改变。如果把钨丝元件接与直流电桥中，桥路的不平衡将有一个电信号输出，在记录仪上显示出该信号随时间的变化关系，这就是色谱曲线。

2）操作参数的选择 热导池温度的波动，对记录仪上的基线稳定性影响很

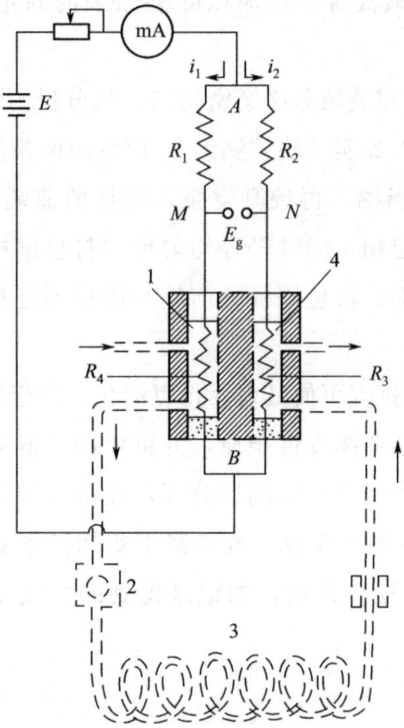

图 3-45　四臂热导池结构示意

大，在待测样品不制冷凝的前提下，适当降低热导池温度有利于提高检测灵敏度。通常可控制在与色谱柱所在层析室温度相近或略高一些。热导池的灵敏度与电桥电流的三次方成正比，但桥流过大，噪声明显，而且热丝易氧化甚至烧毁。另一方面，检测室温度和载气的导热性能对热丝的温度也有直接影响。

(2) 氢焰离子化检测器　氢焰离子化检测器简称 FID (Flame Ionization Detector)。它主要由离子室和微电流放大器两部分组成。离子室主要由收集极和火焰燃烧嘴组成。当含样品的气体通过离子室时，在能源的作用下定向运动，形成微电流，它流经一个高电阻，产生电压降，电压降和微电流大小成正比，经过静电计管前置放大，再经过晶体管多级放大，在记录仪上便显示出色谱流出曲线。

为了使氢火焰离子化鉴定器有好的敏感度和大的线性范围，除了离子室和放大器的设计外，还必须很好地净化载气和燃烧气，尤其注意清除压缩空气中可能含有的机油蒸气，同时柱温一般要低于固定液最高使用温度 50℃，以保证低噪声工作。载气与氢气流量比约为 (1～1.5)∶1，燃烧最总流量应小于 80mL/min，空气与氢气比为 (10～15)∶1。实验证明，按这种比例关系控制流量，输出信号不受气体流速波动的影响。

4. 气相色谱仪的安装与使用

气相色谱仪的型号有多种，但其基本原理和结构基本相同，仪器的安装和使用也大同小异。物理化学实验中较多选用单柱式，最高柱温 300℃，检测器为 TCD 和 FID 的色谱仪。

仪器安装和使用前必须仔细阅读产品说明书，严格按照操作规程。

(1) 使用热导池检测器的操作步骤

① 气路装接：根据气体流程图检查需安装的部位装接管道，在装接前应保持接头的清洁，钢瓶到仪表的连接管用不锈钢管，在连接时应特别注意在层析室或其他近高温处的接头一律用紫铜垫圈而不能用塑料垫圈，同时勿忘装上干燥筒。

② 密封性检查：先将载气出口处用螺母及橡胶堵住，再将钢瓶输出压力调到 $4\sim6kgf/cm^2$ 左右，并查看载气的转子流量计，如流量计无读数则表示气密性良好，若发现转子流量计有读数则表示有漏气现象，可用十二烷基硫酸钠水溶液检漏。

③ 电器线路的装接：对号入座地接好主机与电子部件和记录仪之间的连接插头和插座，接地线必须良好可靠，绝对不可将电源的中线代替地线，电源的输入线路的承受功率必须大于成套仪器的消耗功率，且电源电路尽可能不要与大功率设备相连接或用同一线路，以免受干扰。

④ 通载气：将钢瓶输出气压调至 $2\sim5kgf/cm^2$，调节载气稳压阀，使柱前压在设定值上。注意钢瓶的输出压力应比柱前压高 $0.5kgf/cm^2$ 以上。

⑤ 调节温度：开启仪器电源总开关，主机指示灯亮，鼓风电动机开始运转。开启层析室加热开关，加热指示灯亮，层析室升温。升温情况可用测温选择开关，在测温毫伏表上读出。调节层析室温度控制器使层析室恒温在所需温度上。开启气化加热开关，调节气化温度控制旋钮，使气化室升温，并用测温选择开关使其控制在需要的温度上。加热时应逐步升温，防止调压加热控制得过高，使电热丝和硅橡胶烧毁。

⑥ 调节电桥：层析室温度稳定后，氢焰热导选择开关放置在“热导”，开启放大器电源开关，调节热导电流至电流表指示出需要值。

⑦ 测量：开启记录仪电源开关，反复调整热导“平衡”和热导“调零”两旋钮，使记录仪指针在零位上，开启记录开关让其走基线。待基线稳定后，按下记录笔，注入试样，可得色谱曲线。

⑧ 关机：测量完毕后，先抬起记录笔，再关闭记录仪各开关。然后，关闭热导池电源及温度控制器的加热开关，再开启层析室散热，待降至近室温，关闭主机电源。最后关闭钢瓶气源和载气稳压阀。

(2) 使用氢焰离子化检测器的操作步骤

① 开机前的准备和温度调节：与热导池检测器的操作步骤相同。

② 检查放大器的稳定性：将氢焰热导旋钮拨向“氢焰”，开启放大器电源开

关，电流表指示约 30mA。待 20min 后开启记录仪电源开关，灵敏度选择在“1000”，基始电流补偿逆时针旋到底，用调零将记录仪指针调在零位。

③ 点火：层析室温度稳定 0.5h 后，用空气针形阀将流量调至 200～800mL/min，调节氢气稳压阀，使氢气流量略高于载气流量；将点火引燃开关置于“点火”位置，约 0.5h 后再复原。如记录仪指针已显著漂离零点，则表示已点燃。这时，若改变氢气流量或变换灵敏度位置则基线会发生变动。调节基始电流补偿粗细调，将记录仪指针调回到记录仪量程中。然后，慢慢降低氢气流量至所需值。不要降得太快，以防熄火。再调节基始电流补偿至记录笔指零。待基线稳定后方可进样。

④ 测量：待基线稳定后，调节变速器至适宜低速，注入试样，得色谱图谱。

⑤ 关机：测量完毕后，先关闭记录仪，抬起记录笔，关闭氢气稳压阀及空气针形阀，使火焰熄灭。再关闭温度控制器、放大器的电源开关。然后，开启层析室，待冷至室温，关闭总电源。最后关闭载气稳压阀和钢瓶气源。

5. 气相色谱仪使用的注意事项

① 在启动仪器前应先通上载气，特别是开“热导池电源”时必须检查气路是否接在热导池上。关闭时，则先关电源再关载气，以防烧断热导池中的钨丝。

② 为防止放大器上热导氢焰开关选择开至“热导”而烧断钨丝，在使用氢火焰离子化检测器时可把仪器背后的热导池检测器的信号引出线插头拔去。

③ 层析室的使用温度不得超过固定液的最高使用温度，否则固定液要蒸发流失。

④ 连接气路管道的密封垫圈若使用温度在 150℃以内，可用聚四氟乙烯管，超过 150℃时应使用紫铜垫圈。

⑤ 气化器的硅胶密封垫片应注意及时更换，一般可进样 20～30 次。进样次数过多，垫片会被碎渣堵塞管道，

⑥ 稳压阀和针形阀的调节需缓慢进行。稳压阀不工作时，必须放松调节手柄。针形阀不工作时应将阀门处于“开”的状态。

⑦ 热导池的灵敏度用衰减开关来调节，放大器的灵敏度由放大器灵敏度开关来调节，开关处于 10000 时灵敏度为最高。

⑧ 当热导池使用时间长或脏污后，必须进行清洗。放松安装钨丝的螺丝帽，去除钨丝，用丙酮或其他低沸点有机溶剂清洗并烘干，热导池块也应作同样清洗后烘干。在清洗钨丝时当心钨丝扭断。重新安装钨丝时，注意不能使钨丝碰到热导池块的腔体。

第六节 部分实验用仪器参数及注意事项

一、DP-SJ 氨基甲酸铵分解反应测定装置

1. DP-J 氨基甲酸铵分解反应测定装置参数

（1）测量装置　如图 3-46 所示。

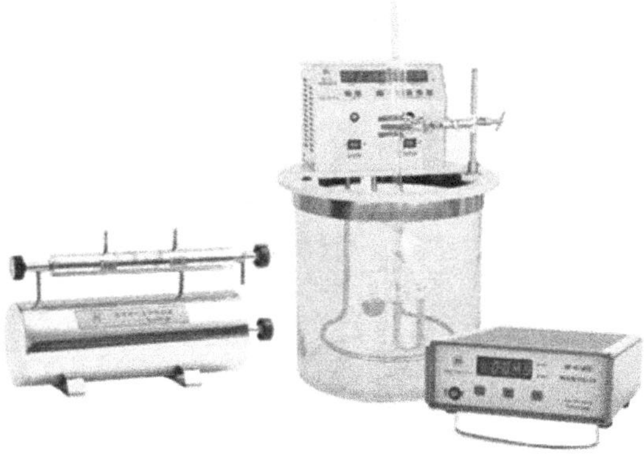

图 3-46　DP-SJ 氨基甲酸铵分解反应测定装置

（2）实验测定　装置参数　包含玻璃仪器、DP-AF 精密数字（真空）压力计、SYP-Ⅱ（或 SYP-Ⅲ）玻璃恒温水浴、不锈钢缓冲储气罐。

① 测量范围：0～－101.3kPa。

② 分辨率：0.01kPa。

③ 显示：41/2 显示。

④ 精度：0.1% F.S.。

⑤ 缓冲罐采用针芯阀微量调节，密封性好。

⑥ 缓冲储气罐有微调装置，U 形管压力调节缓慢、平衡自如。

⑦ 玻璃水浴：温度范围为室温～100℃。

（SYP-Ⅱ）温度波动　±0.1℃；分辨率　0.1℃；

（SYP-Ⅲ）温度波动　±0.02℃；分辨率：0.01℃。

2. DP-SJ 氨基甲酸铵分解反应测定装置的注意事项

① 实验系统必须密闭，一定要仔细检漏。

② 必须让 U 形等位计中的试液缓缓沸腾 3～4min 后方可进行测定。

③ 升温时可预先漏入少许空气，以防止U形等位计中液体暴沸。

④ 液体的蒸气压与温度有关，所以测定过程中须严格控制温度。

⑤ 漏入空气必须缓慢，否则U形等位计中的液体将冲入试液球中。

⑥ 必须充分抽净U形等位计空间的全部空气。U形等位计必须放置于恒温水浴中的液面以下，以保证试液温度的准确度。

二、DP-AF饱和蒸气压实验装置

1. DP-AF饱和蒸气压实验装置参数

（1）实验装置　如图3-47所示。

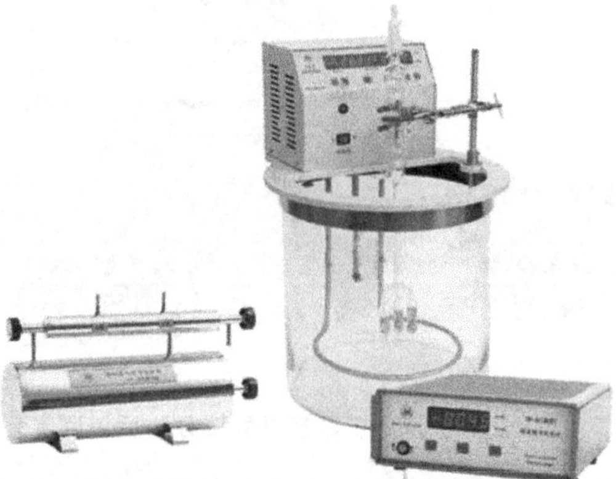

图3-47　DP-AF饱和蒸气压实验装置

（2）实验装置参数　包含DP-AF精密数字（真空）压力计、饱和蒸气压玻璃仪器（双组）、不锈钢缓冲储气罐。

① 测量范围：0～－101.3kPa。

② 分辨率：0.01kPa，41/2数字显示。

③ 准确度：0.1% F.S。

④ 玻璃仪器：U形等位计、冷凝管。

⑤ 缓冲罐采用针芯阀微量调节，密封性好。

⑥ 缓冲储气罐有微调装置，U形管压力调节缓慢、平衡自如。

2. DP-AF饱和蒸气压实验装置的注意事项

① 实验系统必须密闭，一定要仔细检漏。

② 必须让U形等位计中的试液缓缓沸腾3～4min后方可进行测定。

③ 升温时可预先漏入少许空气，以防止U形等位计中液体暴沸。

④ 液体的蒸气压与温度有关，所以测定过程中须严格控制温度。

⑤ 漏入空气必须缓慢，否则 U 形等位计中的液体将冲入试液球中。

⑥ 必须充分抽净 U 形等位计空间的全部空气。U 形等位计必须放置于恒温水浴中的液面以下，以保证试液温度的准确度。

三、FDY-Ⅱ双液系气液平衡常数实验装置

1. FDY-Ⅱ双液系气液平衡常数实验装置参数

（1）实验装置　如图 3-48 所示。

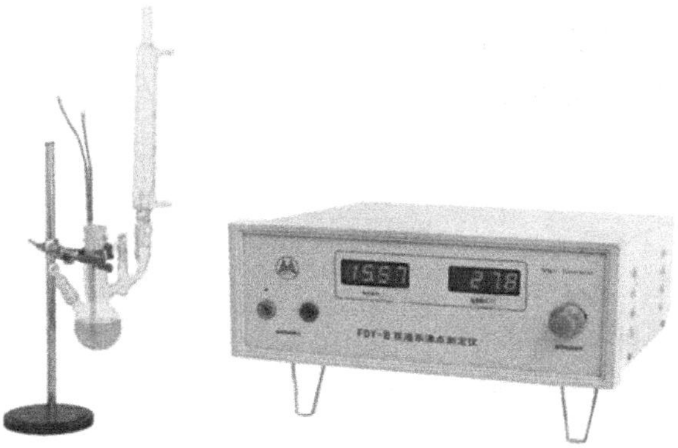

图 3-48　FDY-Ⅱ双液系气液平衡常数实验装置

（2）实验装置参数　包含玻璃沸点测定仪（含加热器）、SWJ-ⅠA 精密数字温度计、WLS-2 数字恒流源。

① 玻璃仪：蒸馏和冷凝回流双管路，气相自动回流。

② 温度范围：－50～150℃（可扩展范围），分辨率 0.1℃或 0.01℃。

③ 电流范围：0～2A，分辨率 0.001A。

④ 电压范围：0～15V（可扩展范围），分辨率 0.01V。

⑤ 具有短路、过载、限压多重软保护，不怕短路、过载，故障排除后自动恢复。

⑥ 一体化和分体式用户自行选择。

⑦ 输出电流四线制输出，安全可靠。

2. FDY-Ⅱ双液系气液平衡常数实验装置的注意事项

① 加热丝一定要被被测液体浸没，否则通电加热时可能会引起有机液体燃烧。

② 加热功率不能太大，加热丝上有小气泡逸出即可。

③ 温度传感器不要直接碰到加热丝。

④ 一定要使体系达到平衡，即温度读数稳定后再取样。

3. FDY-Ⅱ双液系气液平衡常数实验装置的使用条件

① 电源：～220V（1±10%），50Hz。

② 环境：温度－5～50℃，湿度≤85%。

③ 无腐蚀性气体的场合。

四、SHR-15燃烧热实验装置

SHR-15燃烧热实验装置参数如下。

（1）实验装置　如图3-49所示。

图3-49　SHR-15燃烧热实验装置

（2）实验装置参数　包含SHR-15恒温式热量计（单头氧弹，不锈钢筒身，搅拌装置和点火控制）、SWC-ⅡD精密数字温度温差仪。

① 温度范围：－50～＋150℃（可扩展范围）

② 温差范围：－49.999～149.999℃。

③ 自动定时：10～99S任意设定，声音提示。

④ 数字显示：温度、温差、时间独立三显示。

⑤ 分辨率：温度0.01℃，温差0.001℃，时间1s。

⑥ 热容量：15000J/K；氧弹充氧应力：3.5MPa（氧弹的最高耐压力值为20MPa）。

⑦ 点火电源：0～30V交流安全电压。

⑧ 搅拌器单独控制，具有点火是否成功提示灯，交流电机搅拌寿命长。

⑨ 温差数字采零。

⑩ 具有数据锁定和数据保持功能，并有声音提示。

⑪ 内接触式点火结构，无需外接点火线。

五、KWL-Ⅱ金属相图实验装置

1. KWL-Ⅱ金属相图实验装置参数

（1）实验装置　如图 3-50 所示。

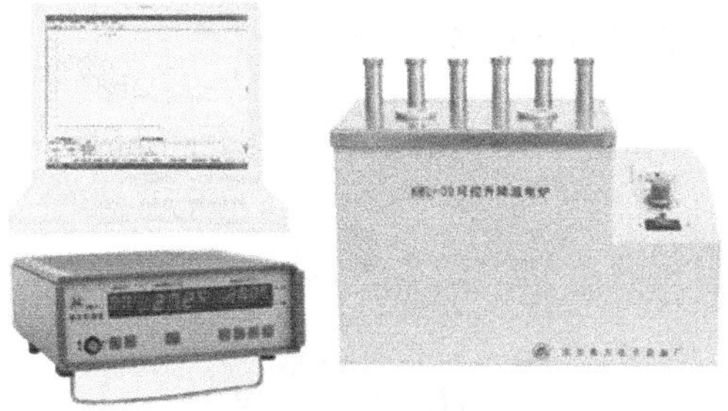

图 3-50　KWL-Ⅱ金属相图实验装置

（2）实验装置参数　包含 KWL-09 可控升降温电炉、SWKY-Ⅰ数字控温仪。

① 立式加热炉，有独立的加热和冷却系统，可加热多达 8 组介质。

② 最快升温速率：40℃/min。

③ 最快降温速率：30℃/min（可通过“加热调节”和“冷风量调节”控制降温速度）。

④ 加热功率：1.5kW（保温功率为 0.5kW）。

⑤ 控温仪可同时进行测、控温，配有双传感器。

2. KWL-Ⅱ金属相图实验装置的注意事项

① 为保证使用安全，必须先用对接线将两仪器“加热器电源”相连，然后将控温仪与～220V 电源接通。

② 仪器应放置在通风、干燥、无腐蚀性气体场所。

③ 电炉长期搁置重新起用时，应将灰尘打扫干净后才能通电，并检查由于长期搁置是否有漏电现象。

④ 在进行金属相图试验的降温时，要注意降温速率的保持（一般为 5～8℃/min），以便找到曲线的拐点。

⑤ 操作人员离开时必须将电炉和控温仪断电。

⑥ 测温范围：0～650℃（可扩展范围），控温范围为 0～650℃（可扩展范

围)，分辨率 0.1℃。

⑦ 定时报警时间范围：10～99s。

⑧ PID 技术智能化控温，有效防止加热炉温度过冲。

⑨ 有软、硬件过温保护功能，安全、可靠。

⑩ 加热炉温度、降温区温度、定时三显示。

⑪ 可同时进行熔样和冷却，以节省时间。

六、CTP-Ⅰ磁天平（整体式）

1. CTP-Ⅰ磁天平（整体式）参数

（1）实验装置　如图 3-51 所示。

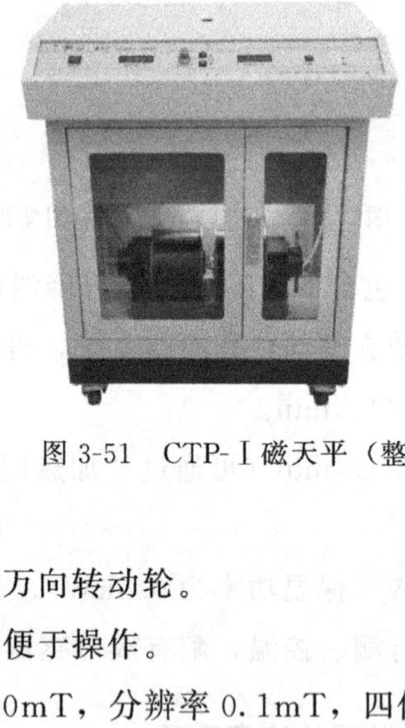

图 3-51　CTP-Ⅰ磁天平（整体式）

（2）实验装置参数

① 底座带锁紧装置万向转动轮。

② 内置冷光照明，便于操作。

③ 高斯计：0～2000mT，分辨率 0.1mT，四位半显示。

④ 磁场强度：0.000～0.85T，分辨率 0.1mT。

⑤ 磁场稳定度：＜1%/h，测磁系统为使用霍尔探头的高斯计。

⑥ 励磁电流范围 0～10A（可调），分辨率 0.01A。

⑦ 磁柱直径 ϕ40mm，磁隙宽度 0～40mm（可调）。

⑧ 磁场均匀度＜1.5%（磁极间距 $D=20$mm）。

⑨ 采用键控调节，关机后自动恢复低电流状态，避免了高电流开关机对仪器的损坏。

2. CTP-Ⅰ磁天平（整体式）使用注意事项

① 磁天平总机架必须放在水平位置，分析天平应做水平调整。

② 吊绳和样品管必须与他物相距 3mm 以上。

③ 励磁电流的变化应平稳、缓慢，调节电流时不宜用力过大。

④ 测试样品时，应关闭仪器玻璃门，避免环境对整机的振动，否则实验数据误差较大。

⑤ 霍尔探头两边的有机玻璃螺丝可使其调节到最佳位置。

七、PGM-Ⅱ介电常数实验装置

PGM-Ⅱ介电常数实验装置为小电容测量仪和电容池。

PGM-Ⅱ型数字小电容测试仪（见图 3-52）采用微弱信号锁定技术，在引进国外先进技术及组件的基础上设计制造。该装置具有高分辨率、价格低等特点。

图 3-52　PGM-Ⅱ型数字小电容测试仪

该仪表不但能进行电容量的测定，而且可和电容池配套对溶液和溶剂的介电常数进行测定，是高等院校实验室的理想设备。

1. PGM-Ⅱ型数字小电容测量仪-电容池参数

含：数字小电容测试仪、电容池。

① 量程：0～199.99PF，41/2 显示。

② 分辨率：0.01PF。

③ 采用微弱信号锁定技术，具有高分辨率。

④ 电容池可接循环水。

2. PGM-Ⅱ型数字小电容测试仪的注意事项

① 测量空气介质电容或液体介质电容时，必须首先拔下电容池“外电极 C1”插座一端的测试线，再进行采零操作，以清除系统的零位漂移，保证测量的准确度。

② 带电电容请勿在测试仪上进行测试，以免损坏仪表。

③ 易挥发的液体介质测试时，加入液体介质后必须将盖子盖紧，以防液体挥发影响测试的准确度。

④ 仪表应放置在干燥、通风及无腐蚀性气体的场所。

⑤ 一般情况下，尽量不要拆卸电容池，以免因拆卸时不慎损坏密封件，造成漏气（液），而影响实验的顺利进行。

八、SDC-Ⅲ数字电位差综合测试仪-原电池电动势

1. SDC-Ⅲ数字电位差综合测试仪-原电池电动势特点

测试仪装置如图 3-53 所示。

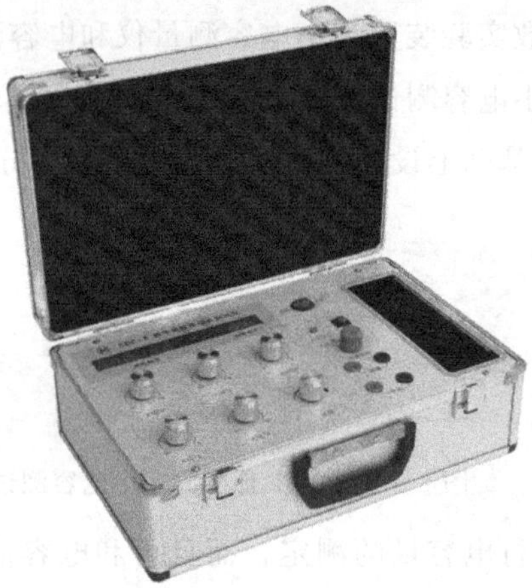

图 3-53　SDC-Ⅲ数字电位差综合测试仪

① 一体设计：将 UJ 系列电位差计、光电检流计、标准电池等集成一体，体积小，质量轻，便于携带。

② 数字显示：电位差值七位显示，数值直观清晰、准确可靠。

③ 内外基准：既可使用内部基准进行校准，又可外接标准电池作基准进行校准，使用方便灵活。

④ 误差较小：保留电位差计测量功能，真实体现电位差计对比检测误差微小的优势。

⑤ 性能可靠：电路采用对称漂移抵消原理，克服了元器件的温漂和时漂，提高测量的准确度。

2. SDC-Ⅲ数字电位差综合测试仪的参数

① 显示：七位数字显示。

② 测量范围：0～±5V。

③ 分辨率：1μV。

④ 将 UJ 电位差计、光电检流计、1V 标准电池、电源功能结合于一体，无需

另配标准电池。

⑤ 可用内标或外标进行标定。

3. SDC-Ⅲ数字电位差综合测试仪的维护注意事项

① 置于通风、干燥、无腐蚀性气体的场合。

② 不宜放置在高温环境，避免靠近发热源如电暖气或炉子等。

③ 为了保证仪表工作正常，没有专门检测设备的单位和个人，请勿打开机盖进行检修，更不允许调整和更换元件，否则将无法保证仪表测量的准确度。

④ 若波段开关旋钮松动或旋钮指示错位，可撬开旋钮盖，用备用呆扳手对准槽口拧紧即可。

⑤ 在使用时，若测试信号小于 1V 时，数码管六位显示；若测试信号大于 1V 时，数码管显示自动升位。

九、PH-3V 酸度电势测定装置

1. PH-3V 酸度电势测定装置

PH-3V 型精密酸度计是一种智能型的实验常规分析测量仪器（见图 3-54），它适用于医药、环保、高校和科研单位的化验室测量水溶液中 pH 值和溶液温度值。

图 3-54 PH-3V 酸度电势测定装置

2. PH-3V 酸度电势测定装置的特点

① 仪器采用微处理器技术，使仪器具有自动温度补偿功能，同时仪器也可以进行手动温度补偿，仪器具有断电保护功能，在使用完毕后关机或非正常断电情况下，仪器内部存储的设置参数不会丢失。

② 在5.0～60℃温度范围内，用户可选择5种pH缓冲溶液对仪器进行二点标定。

3. PH-3V酸度电势测定装置的参数

含反应器（含电极）、PH-3V酸度电势测定仪、SYC-15B（或SYC-15C）超级恒温水浴。

① 测量范围：pH0.000～14.000；电势Ⅰ±999.9mV；电势Ⅱ±1999.9mV；温度－10～60℃。

② 分辨率：pH0.001；电势Ⅰ0.1mV；电势Ⅱ0.1mV；温度1℃。

③ 超级水浴：温度范围为室温～100℃。

（SYC-15B）温度波动：±0.1℃，分辨率0.1℃。

（SYC-15C）温度波动：±0.02℃，分辨率0.01℃。

附 录

附录一 国际单位制

国际单位制是 1960 年第 11 届国际计量大会所通过的国际间统一的单位制，其符号 SI 为法文 Le Sytème International d'Unitès 的缩写。SI 已逐渐为各国所采用。

国际单位制用数值和单位两个部分来表示某个量，其关系式为：

数值×单位=量　或　量/单位=数值

国际单位制由 7 个基本单位、2 个辅助单位、19 个具有专门名称和符号的导出单位以及 16 个用来构成十进倍数和分数单位的词头组成。

附表 1-1　SI 基本单位及其定义

量的名称	单位名称	单位符号	定义
长度	米	m	米为在时间间隔 1/299792458s 期间光在真空中所通过的路径长度
质量	千克	kg	等于保存在巴黎国际权度衡局的铂铱合金圆柱体的千克原器的质量
时间	秒	s	秒是铯-133 原子基态的两个超精细能级之间跃迁所对应的辐射的 9192631770 个周期的持续时间
电流	安[培]	A	在真空中，截面积可忽略的两根相距 1m 的无限长平行圆直导线内通以等量恒定电流时，若导线间相互作用力在每米长度上为 2×10^{-7}N，则每根导线中的电流为 1A
热力学温度	开[尔文]	K	热力学温度单位，开尔文是水三相点热力学温度的 1/273.16
发光强度	坎[德拉]	cd	坎德拉是一光源在给定方向上的发光强度，该光源发出频率为 540×1012Hz 的单色辐射，且在该方向上的辐射强度为 1/683W/sr
物质的量	摩[尔]	mol	摩尔是一系统的物质的量，该系统中所包含的基本单元数与 0.012kg 碳-12 的原子数目相等

附表 1-2　具有专门名称和符号的 SI 导出单位

量的名称	单位名称	单位符号	表示式	
			用 SI 单位	用 SI 基本单位
频率	赫[兹]	Hz	—	s^{-1}
力，重力	牛[顿]	N	—	m/kg^2
压力，应力	帕[斯卡]	Pa	N/m^2	$kg/(s^2 \cdot m)$
能量，功，热量	焦[耳]	J	$N \cdot m$	$m^2 \cdot kg/s^2$

续表

量的名称	单位名称	单位符号	表示式	
			用 SI 单位	用 SI 基本单位
功率，辐射通量	瓦[特]	W	J/s	$m^2 \cdot kg/s^3$
电荷[量]	库[仑]	C	—	s · A
电压，电动势，电位(电势)	伏[特]	V	W/A	$m^2 \cdot kg/(s^3 \cdot A)$
电容	法[拉]	F	C/V	$s^4 \cdot A^2/(kg \cdot m^2)$
电阻	欧[姆]	Ω	V/A	$m^2 \cdot kg/(s^3 \cdot A^2)$
电导	西[门子]	S	A/V	$s^3 \cdot A^2/(m^2 \cdot kg)$
磁通量	韦[伯]	Wb	V · s	$m^2 \cdot kg/(s^2 \cdot A)$
磁通量密度，磁感应强度	特[斯拉]	T	Wb/m^2	$kg/(s^2 \cdot A)$
电感	亨[利]	H	Wb/A	$m^2 \cdot kg/(s^2 \cdot A^2)$
光通量	流[明]	lm	—	cd · sr
[光]照度	勒[克斯]	lx	$1m/m^2$	$m^{-2} \cdot cd \cdot sr$
放射性活动①	贝克[勒尔]	Bq	—	s^{-1}
吸收剂量①	戈[瑞]	Gy	J/kg	m^2/s^2
摄氏温度	摄氏度	℃	—	K
剂量当量①	希[沃特]	Sv	J/kg	m^2/s^2

① 由于人类健康防护上的需要而确定的。

附表 1-3 SI 辅助单位及其定义

物理量	单位名称	单位符号	定义
平面角	弧度①	rad	弧度是圆内两条半径之间的平面角，这两条半径在圆周上所截取的弧长与半径相等
立体角	球面度①	sr	球面度是一个立体角，其顶点位于球心，而它在球面上所截取的面积等于以球半径为边长的正方形面积

① 无量纲；GB 3102.1～GB 3102.10 将其作为导出量。

附表 1-4 构成倍数或分数的 SI 词头

倍数词头	词头名称		词头符号	分数词头	词条名称		词头符号
	法文	中文			法文	中文	
10^{18}	exa	艾[可萨]	E	10^{-1}	déci	分	d
10^{15}	peta	拍[它]	P	10^{-2}	centi	厘	c
10^{12}	téra	太[拉]	T	10^{-3}	milli	毫	m
10^{9}	giga	吉[咖]	G	10^{-6}	mirco	微	μ
10^{6}	méga	兆	M	10^{-9}	nano	纳[诺]	n
10^{3}	kilo	千	k	10^{-12}	pico	皮[可]	p
10^{2}	hecto	百	h	10^{-15}	femto	飞[母托]	f
10^{1}	déca	十	da	10^{-18}	atto	阿[托]	a

由 SI 基本单位和辅助单位可以导出许多其他单位。SI 导出单位采用一贯性原则构成。也就是说，用来确定导出单位的定义方程式中的比例系数应为 1，再由基本单位和辅助单位相乘或相除即可求得导出单位。有些导出单位还可以用专门名称来表示。

有一些单位，其应用极为广泛，使用也很方便，在一定的领域几乎已不可缺少。为此，特允许其与 SI 并存使用。附表 1-5 为可与国际单位制并用的非 SI 单位。

附表 1-5　可与 SI 并用的单位

量的名称	单位名称	单位符号	与 SI 的换算关系
	分	min	1min=60s
时间	[小]时	h	1h=60min=3600s
	天(日)	d	1d=24h=86400s
	[角]秒	(″)	1″=(π/648000)rad
平面角	[角]分	(′)	1′=(π/10800)rad
	度	(°)	1°=(π/180)rad
质量	吨	t	$1t=10^3kg$
	原子质量单位	u	$1u\approx1.6605655\times10^{-27}kg$
体积,容积	升	L,(l)	$1L=1dm^3=10^{-3}m^3$
能	电子伏特	eV	$1eV\approx1.6021892\times10^{-19}J$
表观功率	伏安	VA	1VA=1W

附表 1-6　一些已不使用和暂时还可与 SI 并用的单位

量的名称	单位名称	单位符号	与 SI 的换算关系
长度	埃	Å	$1Å=0.1nm=10^{-10}m$
	巴①	bar	$1bar=0.1MPa=10^5Pa$
压力	标准大气	atm	1atm=101325Pa
	托	Torr	1Torr=(101325/760)Pa
	毫米汞柱	mmHg	1mmHg=133.3224Pa
	千克力每平方厘米(工程大气压)	kgf/cm^2	$1kgf/cm^2=9.80665\times10^4Pa$
	毫米汞柱	mmH_2O	$1mmH_2O=9.806375Pa$
[动力]黏度	泊	P	$1P=1dyn\cdot s/cm^2=0.1Pa\cdot s$
运动黏度	斯[托克斯]	St	$1St=1cm^2/s=10^{-4}m^2/s$
能,功	瓦[特]小时	W·h	1W·h=3600J
热量	卡	cal②	1cal=4.1868J
	热化学卡	Cal_{th}	$1cal_{th}=4.1840J$
磁场强度	奥斯特	Oe	1Oe=(1000/4π)A/m
磁感应强度	高斯	Gs,G	$1Gs=10^{-4}T$
磁通[量]	麦克斯韦	Mx	$1Mx=10^{-8}Wb$
[放射性]活度	居里	Ci	$1Ci=3.7\times10^{10}Bq$
照射量	伦琴	R	$1R=2.58\times10^{-4}C/kg$
吸收剂量	拉德	rad③	$1rad=\times10^{-2}Gy$
剂量当量	雷姆	rem	$1rem=\times10^{-2}Sv$

① 在 ISO 1000 和 GB 3100-82 中是作为并用单位处理。

② 指国际蒸气表卡，国际符号是 cal_{IT}，但各国常用 cal 作符号。

③ 当这个符号与平面角单位弧度的符号 rad 混淆时，可以用 rd 作为替代符号。

附录二 物理化学实验常用数据表

附表 2-1 一些物理化学常数

常数	符号	数值	单位
真空中的光速	C_0	$2.99792458(12)\times10^{8}$	m/s
真空磁导率	$\mu_0=4\pi\times10^{-7}$	12.566371×10^{-7}	H/m
真空电容率	$\varepsilon_0=(\mu_0c^2)^{-1}$	$8.85418782(7)\times10^{-12}$	F/m
基本电荷	e	$1.60217733(49)\times10^{-19}$	C
精细结构常数	$\alpha=\mu_0ce^2/2h$	$7.29735308(33)\times10^{-3}$	
普朗克常数	h	$6.6260755(40)\times10^{-34}$	J·s
阿伏伽德罗常数	L	$6.0221367(36)\times10^{23}$	mol^{-1}
电子的静止质量	m_e	$9.1093897(54)\times10^{-31}$	kg
质子的静止质量	m_p	$1.6726231(10)\times10^{-27}$	kg
中子的静止质量	m_n	$1.6749286(10)\times10^{-27}$	kg
法拉第常数	F	$9.6485309(29)\times10^{4}$	C/mol
里德堡常数	R_∞	$1.0973731534(13)\times10^{7}$	m^{-1}
玻尔半径	$\alpha_0=\alpha/4\pi R_\infty$	$5.29177249(24)\times10^{-11}$	m
玻尔磁子	$\mu_B=eh/2m_e$	$9.2740154(31)\times10^{-24}$	J/T
核磁子	$\mu_N=eh/2m_pc$	$5.0507866(17)\times10^{-27}$	J/T
摩尔气体常数	R	8.314510(70)	J/(K·mol)
玻尔兹曼常数	$k=R/L$	$1.380658(12)\times10^{-23}$	J/K

附表 2-2 压力单位换算表

压力单位	Pa	kgf/cm^2	dyn/cm^2	lbf/in	atm	bar	mmHg
1Pa	1	1.019716×10^{-5}	10	1.450342×10^{-4}	9.86923×10^{-6}	1×10^{-5}	7.5006×10^{-3}
$1kgf/cm^2$	9.80665×10^{4}	1	9.80665×10^{5}	14.223343	0.967841	0.980665	735.559
$1dyn/cm^2$	0.1	1.019716×10^{-6}	1	1.4503777×10^{-5}	9.86923×10^{-7}	1×10^{-6}	7.50062×10^{-4}
$1lbf/in^2$	6.89476×10^{3}	7.0306958×10^{-2}	6.89476×10^{4}	1	6.8046×10^{-2}	6.89476×10^{-2}	51.7149
1atm	1.01325×10^{5}	1.03323	1.01325×10^{6}	14.6960	1	1.01325	760
1bar	1×10^{5}	1.019716	1×10^{6}	14.5038	0.986923	1	750.062
1mmHg	133.3224	1.35951×10^{-3}	1333.224	1.93368×10^{-2}	1.3157895×10^{-3}	1.33322×10^{-3}	1

附表 2-3 能量单位换算表

能量单位	cm^{-1}	J	cal	eV
$1cm^{-1}$	1	1.98648×10^{-23}	4.74778×10^{-24}	1.239852×10^{-4}
1J	5.03404×10^{22}	1	0.239006	6.241461×10^{18}
1cal	2.10624×10^{23}	4.184	1	2.611425×10^{19}
1eV	8.065479×10^{3}	1.602189×10^{-19}	3.829326×10^{-20}	1

附表 2-4 不同温度下水的饱和蒸气压

t/℃	0		0.2		0.4		0.6		0.8	
	mmHg	kPa	mmHg	kPa	mmHg	kPa	mmHg	kPa	mmHg	kPa
0	4.579	0.6105	4.647	0.6195	4.715	0.6286	4.785	0.6379	4.855	0.6473
1	4.926	0.6567	4.998	0.6663	5.70	0.6759	5.144	0.6858	5.219	0.6958
2	5.294	0.7058	5.37	0.7159	5.447	0.7262	5.525	0.7366	5.605	0.7473
3	5.685	0.7579	5.766	0.7687	5.848	0.7797	5.931	0.7907	6.015	0.8019
4	6.101	0.8134	6.187	0.8249	6.274	0.8365	6.363	0.8483	6.453	0.8603
5	6.543	0.8723	6.635	0.8846	6.728	0.8970	6.822	0.9095	6.917	0.9222
6	7.013	0.935	7.111	0.9481	7.209	0.9611	7.309	0.9745	7.411	0.9880
7	7.513	1.0017	7.617	1.0155	7.722	1.0295	7.828	1.0436	7.936	1.0580
8	8.045	1.0726	8.155	1.0872	8.267	1.1022	8.380	1.1172	8.494	1.1324
9	8.609	1.1478	8.727	1.1635	8.845	1.1792	8.965	1.1952	9.086	1.2114
10	9.209	1.2278	9.333	1.2443	9.458	1.2610	9.585	1.2779	9.714	1.2951
11	9.844	1.3124	9.976	1.3300	10.109	1.3478	10.244	1.3658	10.380	1.3839
12	10.518	1.4023	10.658	1.4210	10.799	1.4397	10.941	1.4527	11.085	1.4779
13	11.231	1.4973	11.379	1.5171	11.528	1.5370	11.680	1.5572	11.833	1.5776
14	11.987	1.5981	12.144	1.6191	12.302	1.6401	12.462	1.6615	12.624	1.6831
15	12.788	1.7049	12.953	1.7269	13.121	1.7493	13.290	1.7718	13.461	1.7946
16	13.634	1.8177	13.809	1.8410	13.987	1.8648	14.166	1.8886	14.347	1.9128
17	14.53	1.9372	14.715	1.9618	14.903	1.9869	15.092	2.0121	15.284	2.0377
18	15.477	2.0634	15.673	2.0896	15.871	2.1160	16.071	2.1426	16.272	2.1694
19	16.477	2.1967	16.685	2.2245	16.894	2.2523	17.105	2.2805	17.319	2.3090
20	17.535	2.3378	17.753	2.3669	17.974	2.3963	18.197	2.4261	18.422	2.4561
21	18.65	2.4865	18.880	2.5171	19.113	2.5482	19.349	2.5796	19.587	2.6114
22	19.827	2.6434	20.070	2.6758	20.316	2.7086	20.565	2.7418	20.815	2.7751
23	21.068	2.8088	21.324	2.8430	21.583	2.8775	21.845	2.9124	22.110	2.9478
24	22.377	2.9833	22.648	3.0195	22.922	3.0560	23.198	3.0928	23.476	3.1299
25	23.756	3.1672	24.039	3.2049	24.326	3.2432	24.617	3.2820	24.912	3.3213
26	25.209	3.3609	25.509	3.4009	25.812	3.4413	26.117	3.4820	26.426	3.5232
27	26.739	3.5649	27.055	3.6070	27.374	3.6496	27.696	3.6925	28.021	3.7358
28	28.349	3.7795	28.680	3.8237	29.015	3.8683	29.354	3.9135	29.697	3.9593
29	30.043	4.0054	30.392	4.0519	30.745	4.0990	31.102	4.1466	31.461	4.1944
30	31.824	4.2428	32.191	4.2918	32.561	4.3411	32.934	4.3908	33.312	4.4412
31	33.695	4.4923	34.082	4.5439	34.471	4.5957	34.864	4.6481	35.261	4.7011

续表

t/℃	0		0.2		0.4		0.6		0.8	
	mmHg	kPa	mmHg	kPa	mmHg	kPa	mmHg	kPa	mmHg	kPa
32	35.663	4.7547	36.068	4.8087	36.477	4.8632	36.891	4.9184	37.308	4.9740
33	37.729	5.0301	38.155	5.0869	38.584	5.1441	39.018	5.2020	39.457	5.2605
34	39.898	5.3193	40.344	5.3787	40.796	5.4390	41.251	5.4997	41.710	5.5609
35	42.175	5.6229	42.644	5.6854	43.117	5.7484	43.595	5.8122	44.078	5.8766
36	44.563	5.9412	45.054	6.0067	45.549	6.0727	46.050	6.1395	46.556	6.2069
37	47.067	6.2751	47.582	6.3437	48.102	6.4130	48.627	6.4830	49.157	6.5537
38	49.692	6.625	50.231	6.6969	50.774	6.7693	51.323	6.8425	51.879	6.9166
39	52.442	6.9917	53.009	7.0673	53.58	7.1434	54.156	7.2202	54.737	7.2976
40	55.324	7.3759	55.91	7.451	56.51	7.534	57.11	7.614	57.72	7.695

附表 2-5 一些物质的饱和蒸气压与温度的关系

表中所列物质的蒸气压可用以下方程计算：

$$\lg \frac{p}{\text{mmHg}} = a - 0.05223b/T$$

$$\lg \frac{p}{\text{mmHg}} = a - b/(c+t)$$

式中，p 为蒸气压；t 和 T 分别为摄氏温度和热力学温度；常数 a，b 以及 c 见下表。

物质	t/℃	方程及适用温度/℃	a	b	c
溴 Br_2	59.5②		6.83278	113.0	228.0
四氯化碳 CCl_4	76.6①	−19～+20	8.004	33914	
三氯甲烷 $CHCl_3$	61.3②	−30～+150	6.90328	1163.03	227.4
甲醇 CH_4O	64.65①	−10～+80	8.8017	38324	
甲醇 CH_4O	64.65②	−20～+140	7.87863	1473.11	230.0
醋酸 $C_2H_4O_2$	118.2②	0～+36	7.80307	1651.2	225.0
乙醇 C_2H_6O	78.37②		8.04494	1554.3	222.65
丙酮 C_3H_6O	56.5②		7.0244	1161.0	200.22
乙酸乙酯 $C_4H_8O_2$	77.06②	−22～+150	7.09808	1238.71	217.0
乙醚 $C_4H_{10}O$	34.6②		6.78574	994.19	220.0
苯(液)C_6H_6	80.10①	0～+42	7.9622	34	
苯 C_6H_6	80.10③	5.53～+104	6.89745	1206.350	220.237
环己烷 C_6H_{12}	80.74③	6.56～+105	6.84498	1203.526	222.863
正己烷 C_6H_{14}	80.74①	−10～+90	7.724	31679	
环己烷 C_6H_{12}	68.32③	−25～+92	6.87773	1171.530	224.366
甲苯 C_7H_8	110.63①	−92～+15	8.330	39198	
甲苯 C_7H_8	110.63③	6～136	6.95334	1343.943	219.377
苯甲酸 $C_7H_6O_2$	①	60～110	9.033	63820	
萘 $C_{10}H_8$	①	0～+80	11.450	71401	
铅 Pb	①	525～1325	7.827	188500	
锡 Sn	①	1950～2270	9.643	328000	

① 印永嘉. 物理化学简明手册. 北京：高等教育出版社，1988.

② 复旦大学，等. 物理化学实验. 北京：人民教育出版社，1979：224.

③ Jordan T E. Vapor Pressure of Organic Compounds. New York：Interscience Publishers，Inc，1954.

附表 2-6　不同温度下水的密度

t/℃	ρ/(kg/m³)	t/℃	ρ/(kg/m³)	t/℃	ρ/(kg/m³)
0	999.8395	35	994.0319	70	977.7696
1	999.8985	36	993.6842	71	977.1962
2	999.9399	37	993.3287	72	976.6173
3	999.9642	38	992.9653	73	976.0332
4	999.9720	39	992.5943	74	975.4437
5	999.9638	40	992.2158	75	974.8990
6	999.9402	41	991.8298	76	974.2490
7	999.9015	42	991.4364	77	973.6439
8	999.8482	43	991.0358	78	973.0336
9	999.7808	44	990.6280	79	972.4183
10	999.6996	45	990.2132	80	971.7978
11	999.6051	46	989.7914	81	971.1723
12	999.4974	47	989.3628	82	970.5417
13	999.3771	48	988.9273	83	969.9062
14	999.2444	49	988.4851	84	969.2657
15	999.0996	50	988.0363	85	968.6203
16	998.9430	51	987.5809	86	967.9700
17	998.7749	52	987.1190	87	967.3148
18	998.5956	53	986.6508	88	966.6547
19	998.4052	54	986.1761	89	965.9898
20	998.2041	55	985.6952	90	965.3201
21	997.9925	56	985.2081	91	964.6457
22	997.7705	57	984.7149	92	963.9664
23	997.5385	58	984.2156	93	963.2825
24	997.2965	59	983.7102	94	962.5938
25	997.0449	60	983.1989	95	961.9004
26	996.7837	61	982.6817	96	961.2023
27	996.5132	62	982.1586	97	960.4996
28	996.2335	63	981.6297	98	959.7923
29	995.9445	64	981.0951	99	959.0803
30	995.6473	65	980.5548	100	958.3637
31	995.3410	66	980.0089		
32	995.0262	67	979.4573		
33	994.7071	68	978.9003		
34	994.3715	69	978.3377		

附表 2-7　一些有机化合物的密度与温度的关系

表中所列有机化合物之密度可用下列方程计算：

$$\rho_t=[\rho_0+10^{-3}\alpha t+10^{-6}\beta t^2+10^{-9}\gamma t^3]\pm10^{-4}\Delta$$

式中，ρ_0 为 0℃时的密度；ρ_t 为 t℃时的密度。

化合物	ρ_0/(g/cm³)	α	β	γ	误差范围	温度范围/℃
四氯化碳 CCl_4	1.63255	−1.9110	−0.690		0.0002	0～40
三氯甲烷 $CHCl_3$	1.52643	−1.8563	−0.5309	−8.81	0.0001	−53～+55
甲醇 CH_4O	0.80909	−0.9253	−0.41			
乙醇 C_2H_6O	0.78506	−0.8591	−0.56	−5		10～40

续表

化合物	ρ_0/(g/cm³)	α	β	γ	误差范围	温度范围/℃
丙酮 C_3H_6O	0.81248	−1.100	−0.858		0.001	0～50
乙酸甲酯 $C_3H_6O_2$	0.93932	−1.2710	−0.405	−6.09	0.001	0～100
乙酸乙酯 $C_4H_8O_2$	0.92454	−1.168	−1.95	+20	0.00005	0～40
乙醚 $C_4H_{10}O$	0.73629	−1.1138	−1.237		0.0001	0～70
苯 C_6H_6	0.90005	−1.0638	−0.0376	−2.213	0.0002	11～72
酚 C_6H_6O	1.03893	−0.8188	−0.670		0.001	40～150

附表 2-8 某些溶剂的凝固点降低常数

溶剂		凝固点 t_t/℃	降低常数 K_t/(℃·kg/mol)
醋酸	$C_2H_4O_2$	16.66	3.9
四氯化碳	CCl_4	−22.95	29.8
1,4-二噁烷	$C_4H_8O_2$	11.8	4.63
1,4-二溴代苯	$C_6H_4Br_2$	87.3	12.5
苯	C_6H_6	5.533	5.12
环己烷	C_6H_{12}	6.54	20.0
萘	$C_{10}H_8$	80.290	6.94
樟脑	$C_{10}H_{16}O$	178.75	37.7
水	H_2O	0	1.86

附表 2-9 常用参比电极的电势及温度系数

名称	体系	E/V	(dE/dT)/(mV/K)
氢电极	Pt, H_2 | H^+($\alpha_{H+}=1$)	0.0000	
饱和甘汞电极	Hg, Hg_2Cl_2 | 饱和 KCl	0.2415	−0.761
标准甘汞电极	Hg, Hg_2Cl_2 | 1mol/dm³ KCl	0.2800	−0.275
0.1mol/dm³ 甘汞电极	Hg, Hg_2Cl_2 | 0.1mol/dm³ KCl	0.3337	−0.875
银-氯化银电极	Ag, AgCl | 0.1mol/dm³ KCl	0.290	−0.3
氧化汞电极	Hg, HgO | 0.1mol/dm³ KOH	0.165	
硫酸亚汞电极	Hg, Hg_2SO_4 | 1mol/dm³ Hg_2SO_4	0.6758	
硫酸铜电极	Cu | 饱和 $CuSO_4$	0.316	0.7

附表 2-10 标准电极电势及其温度系数

电极反应	$\varphi^\ominus$(25℃)/V	$(d\varphi^\ominus/dT)$/(mV/K)
$Ag^+ + e^- = Ag$	+0.7991	−1.000
$AgCl + e^- = Ag + Cl^-$	+0.2224	−0.658
$AgI + e^- = Ag + I^-$	−0.151	−0.248
$Ag(NH_3)_2{}^+ + e^- = Ag + 2NH_3$	+0.373	−0.460
$Cl_2 + 2e^- = 2Cl^-$	+1.3595	−1.260
$2HClO(aq) + 2H^+ + 2e^- = Cl_2(g) + 2H_2O$	+1.63	−0.14
$Cr_2O_7{}^{2-} + 14H^+ + 6e^- = 2Cr^{3+} + 7H_2O$	+1.33	−1.263
$HCrO_4{}^- + 7H^+ + 3e^- = Cr^{3+} + 4H_2O$	+1.2	
$Cu^+ + e^- = Cu$	+0.521	−0.058
$Cu^{2+} + 2e^- = Cu$	+0.337	+0.008
$Cu^{2+} + e^- = Cu^+$	+0.153	+0.073

续表

电极反应	$\varphi^\ominus$(25℃)/V	$(d\varphi^\ominus/dT)$/(mV/K)
$Fe^{2+}+2e^-$ ══ Fe	−0.440	+0.052
$Fe(OH)_2+2e^-$ ══ $Fe+2OH^-$	−0.877	−1.06
$Fe^{3+}+e^-$ ══ Fe^{2+}	+0.771	+1.188
$Fe(OH)_3+e^-$ ══ $Fe(OH)_2+OH^-$	−0.56	−0.96
$2H^++2e^-$ ══ $H_2(g)$	0.0000	0
$2H^++2e^-$ ══ $H_2(aq,sat)$	+0.0004	+0.033
$Hg_2^{2+}+2e^-$ ══ 2Hg	+0.792	
$Hg_2Cl_2+2e^-$ ══ $2Hg+2Cl^-$	+0.2676	−0.317
$HgS+2e^-$ ══ $Hg+S^{2-}$	−0.69	−0.79
$HgI_4^{2-}+2e^-$ ══ $Hg+4I^-$	−0.038	+0.04
Li^++e^- ══ Li	−3.045	−0.534
Na^++e^- ══ Na	−2.714	−0.772
$Ni^{2+}+2e^-$ ══ Ni	−0.250	+0.06
$O_2(g)+2H^++2e^-$ ══ $H_2O_2(aq)$	+0.682	−1.033
$O_2(g)+4H^++4e^-$ ══ $2H_2O$	+1.229	−0.846
$O_2(g)+2H_2O+4e^-$ ══ $4OH^-$	+0.401	−1.680
$H_2O_2(aq)+2H^++2e^-$ ══ $2H_2O+O_2$	+1.77	−0.658
$2H_2O+2e^-$ ══ H_2+2OH^-	−0.8281	−0.8342
$Pb^{2+}+2e^-$ ══ Pb	−0.126	−0.451
$PbO_2+H_2O+2e^-$ ══ PbO(红)$+2OH^-$	+0.248	−1.194
$PbO_2+SO_4^{2-}+4H^++2e^-$ ══ $PbSO_4+2H_2O$	+1.685	−0.326
$S+2H^++2e^-$ ══ $H_2S(aq)$	+0.141	−0.209
$Sn^{2+}+2e^-$ ══ Sn(白)	−0.136	−0.282
$Sn^{4+}+2e^-$ ══ Sn^{2+}	+0.15	
$Zn^{2+}+2e^-$ ══ Zn	−0.7628	+0.091
$Zn(OH)_2+2e^-$ ══ $Zn+2OH^-$	−1.245	−1.002

附表 2-11　不同温度下饱和甘汞电极（SCE）的电极电势

t/℃	φ/V⁺	t/℃	φ/V⁺
0	0.2568	40	0.2307
10	0.2507	50	0.2233
20	0.2444	60	0.2154
25	0.2412	70	0.2071
30	0.2378		

附表 2-12　甘汞电极的电极电势与温度的关系

甘汞电极	φ/V
SCE	$0.2412-6.61\times10^{-4}(t-25)-1.75\times10^{-6}(t-25)^2-9\times10^{-10}(t-25)^3$
NCE	$0.2801-2.75\times10^{-4}(t-25)-2.50\times10^{-6}(t-25)^2-4\times10^{-10}(t-25)^3$
0.1NCE	$0.3337-8.75\times10^{-5}(t-25)-3\times10^{-6}(t-25)^2$

附表 2-13　饱和标准电池在 0～40℃内的温度校正值

t/℃	$\Delta E_t/\mu V$	t/℃	$\Delta E_t/\mu V$	t/℃	$\Delta E_t/\mu V$
0	+345.60	15	+175.32	26	−271.22
1	+353.94	16	+144.30	27	−322.15
2	+359.13	17	+111.22	28	−374.62
3	+361.27	18.0	+76.09	29	−428.54
4	+360.43	18.5	+57.79	30	−483.90
5	+356.66	19.0	+39.00	31	−540.65
6	+350.08	19.5	+19.74	32	−598.75
7	+340.74	20.0	0	33	−658.16
8	+328.71	20.5	−20.20	34	−718.84
9	+314.07	21.0	−40.86	35	−780.78
10	+296.90	21.5	−61.97	36	−843.93
11	+277.26	22.0	−83.53	37	−908.25
12	+255.21	23	−127.94	38	−973.73
13	+230.83	24	−174.06	39	−1014.32
14	+204.18	25	−221.84	40	−1108.00

附表 2-14　水溶液中离子的极限摩尔电导率　　单位：S・cm²/mol

t/℃	0	18	25	50
H^+	225	315	349.8	464
K^+	40.7	63.9	73.5	114
Na^+	26.5	42.8	50.1	82
NH_4^+	40.2	63.9	73.5	115
Ag^+	33.1	53.5	61.9	101
$1/2Ba^{2+}$	34.0	54.6	63.6	104
$1/2Ca^{2+}$	31.2	50.7	59.8	96.2
OH^-	105	171	198.3	(284)
Cl^-	41.0	66.0	76.3	(116)
NO_3^-	40.0	62.3	71.5	(104)
CH_2COO^-	20.0	32.5	40.9	(67)
$1/2SO_4^{2-}$	41	68.4	80.0	(125)
$1/4[Fe(CN)_6]^{4-}$	58	95	110.5	(173)

附表 2-15　不同温度下水的表面张力 σ

t/℃	$\sigma/(10^{-3}N/m)$	t/℃	$\sigma/(10^{-3}N/m)$
0	75.64	21	72.59
5	74.92	22	72.44
10	74.22	23	72.28
11	74.07	24	72.13
12	73.93	25	71.97
13	73.78	26	71.82
14	73.64	27	71.66
15	73.49	28	71.50
16	73.34	29	71.35
17	73.19	30	71.18
18	73.05	35	70.38
19	72.90	40	69.56
20	72.75	45	68.74

附表 2-16　一些强电解质的活度系数（25℃）

电解质	m/(mol/kg)										
	0.01	0.1	0.2	0.3	0.4	0.5	0.6	0.7	0.8	0.9	1.0
$AgNO_3$	0.09	0.734	0.657	0.606	0.567	0.536	0.509	0.485	0.464	0.446	0.429
$Al_2(SO_4)_3$		0.035	0.0225	0.0176	0.0153	0.0143	0.014	0.0142	0.0149	0.0159	0.0175
$BaCl_2$		0.500	0.444	0.419	0.405	0.397	0.391	0.391	0.391	0.392	0.395
$CaCl_2$		0.518	0.472	0.455	0.448	0.448	0.453	0.460	0.470	0.484	0.500
$CuCl_2$		0.508	0.455	0.429	0.417	0.411	0.409	0.409	0.410	0.413	0.417
$Cu(NO_3)_2$		0.511	0.460	0.439	0.429	0.426	0.427	0.431	0.437	0.445	0.455
$CuSO_4$	0.40	0.150	0.104	0.0829	0.0704	0.062	0.0559	0.0512	0.0475	0.0446	0.0423
$FeCl_2$		0.518	0.473	0.454	0.448	0.450	0.454	0.463	0.473	0.488	0.506
HCl		0.976	0.767	0.756	0.755	0.757	0.763	0.772	0.783	0.795	0.809
$HClO_4$		0.803	0.778	0.768	0.766	0.769	0.776	0.785	0.795	0.808	0.823
HNO_3		0.791	0.754	0.725	0.725	0.720	0.717	0.717	0.718	0.721	0.724
H_2SO_4		0.265	0.209	0.1826	—	0.1557	—	0.1417	—	—	0.1316
KBr		0.772	0.722	0.693	0.673	0.657	0.646	0.636	0.629	0.622	0.617
KCl		0.770	0.718	0.688	0.666	0.649	0.637	0.626	0.618	0.610	0.604
$KClO_3$		0.749	0.681	0.635	0.599	0.568	0.541	0.518	—	—	—
$K_4Fe(CN)_6$		0.139	0.0993	0.0808	0.0693	0.0614	0.0556	0.0512	0.0479	0.0454	—
KH_2PO_4		0.731	0.653	0.602	0.561	0.529	0.501	0.477	0.456	0.438	0.421
KNO_3		0.739	0.663	0.614	0.576	0.545	0.519	0.496	0.476	0.459	0.443
CH_3COOK		0.796	0.766	0.754	0.750	0.751	0.754	0.759	0.766	0.774	0.783
KOH		0.798	0.760	0.742	0.734	0.732	0.733	0.736	0.742	0.749	0.756
$MgSO_4$		0.150	0.107	0.0874	0.0756	0.0675	0.0616	0.0571	0.0536	0.0508	0.0485
NH_4Cl		0.770	0.718	0.687	0.665	0.649	0.636	0.625	0.617	0.609	0.603
NH_4NO_3		0.740	0.677	0.636	0.606	0.582	0.562	0.545	0.530	0.516	0.504
$(NH_4)_2SO_4$		0.439	0.356	0.311	0.280	0.257	0.240	0.226	0.214	0.205	0.196
$NaCl$	0.90	0.778	0.735	0.710	0.693	0.681	0.673	0.667	0.662	0.659	657
$NaClO_3$		0.772	0.720	0.688	0.664	0.645	0.630	0.617	0.606	0.597	0.589
$NaClO_4$		0.775	0.729	0.701	0.683	0.668	0.656	0.648	0.641	0.635	0.629
NaH_2PO_4		0.744	0.675	0.629	0.593	0.563	0.539	0.517	0.499	0.483	0.468
$NaNO_3$		0.762	0.703	0.666	0.638	0.617	0.599	0.583	0.570	0.558	0.548
NaOAc		0.791	0.757	0.744	0.737	0.735	0.736	0.740	0.745	0.752	0.757
$NaOH$		0.766	0.727	0.708	0.697	0.690	0.685	0.681	0.679	0.678	0.678
$Pb(NO_3)_3$		0.395	0.308	0.260	0.228	0.205	0.187	0.172	0.160	0.150	0.141
$ZnCl_2$		0.515	0.462	0.432	0.411	0.394	0.380	0.369	0.357	0.348	0.339
$Zn(NO_3)_2$		0.513	0.489	0.474	0.469	0.473	0.480	0.489	0.501	0.518	0.535
$ZnSO_4$	0.39	0.150	0.140	0.0835	0.0714	0.0630	0.0569	0.0523	0.0487	0.0458	0.0435

附表 2-17 不同温度下水和乙醇的折光率

t/℃	纯水	99.8%乙醇	t/℃	纯水	99.8%乙醇
14	1.33348		34	1.33136	1.35474
15	1.33341		36	1.33107	1.35390
16	1.33333	1.36210	38	1.33079	1.35306
18	1.33317	1.36129	40	1.33051	1.35222
20	1.33299	1.36048	42	1.33023	1.35138
22	1.33281	1.35967	44	1.32992	1.35054
24	1.33262	1.35885	46	1.32959	1.34969
26	1.33241	1.35803	48	1.32927	1.34885
28	1.33219	1.35721	50	1.32894	1.34800
30	1.33192	1.35639	52	1.32860	1.34715
32	1.33164	1.35557	54	1.32827	1.34629

附表 2-18 一些液体的介电常数

化合物		介电常数		温度系数	适用温度范围
		20℃	25℃	a 或 α	℃
四氯化碳	CCl_4	2.238	2.228	0.200②	−20～+60
三氯甲烷	$CHCl_3$	4.806		0.160③	0～50
甲醇	CH_4O	33.62	32.63	0.264③	5～55
乙醇	C_2H_6O		24.35	0.270③	−5～+70
乙酸甲酯	$C_3H_6O_2$		6.68	2.2②	25～40
乙酸乙酯	$C_4H_8O_2$		6.02	1.5②	25
1,4-二氧六环	$C_4H_8O_2$		2.209	0.170②	20～50
吡啶	C_5H_5N		12.3		
溴苯	C_6H_5Br		5.40	0.115③	0～70
氯苯	C_6H_5Cl	5.708	5.621	0.133③	15～30
硝基苯	$C_6H_5NO_2$	35.74	34.82	0.225③	10～80
苯	C_6H_6	2.284	2.274	0.200②	10～60
环己烷	C_6H_{12}	2.023	2.015	0.160②	10～60
正己烷	C_6H_{14}	1.890		1.55②	−10～+50
正己醇	$C_6H_{14}O$		13.3	0.35③	15～35
二硫化碳	CS_2	2.641		0.268②	−90～+130
水	H_2O	80.37	78.54	0.200③	15～30

① 常压；真空介电常数为1。

② $a=-10^2 \cdot d\varepsilon/dt$。

③ $a=-10^2 \cdot d(\lg\varepsilon)/dt$。

附表 2-19　一些元素和化合物的磁化率

无机物	T/K	质量磁化率		摩尔磁化率	
		①	②	③	④
Ag	296	−0.192[⑤]	−2.41	−19.5	−2.45
Cu	296	−0.0860	−1.081	−5.46	−0.0686
$CuBr_2$	292.7	3.07	38.6	685.5	8.614
$CuCl_2$	289	8.03	100.9	1080.0	13.57
CuF_2	293	10.3	129	1050.0	13.19
$Cu(NO_3)_2 \cdot 3H_2O$	293	6.5	81.7	1570.0	19.73
$CuSO_4 \cdot 5H_2O$	293	5.85	73.5	1460.0	18.35
$FeCl_2 . 4H_2O$	293	64.9	816	12900.0	162.1
$FeSO_4 \cdot 7H_2O$	293.5	40.28	506.2	11200.0	140.7
H_2O	293	−0.720	−9.05	12.97	0.163
$K_3Fe(CN)_6$	297	6.96	87.5	2290.0	28.78
$K_4Fe(CN)_6$	室温	−0.3739	4.699	−130.0	−1.634
$K_4Fe(CN)_6 \cdot 3H_2O$	室温	−0.3739		−172.3	−2.165
$NH_4Fe(SO_4)_2 \cdot 12H_2O$	293	30.1	378	14500	182.2
$(NH_4)_2Fe(SO_4)_2 \cdot 6H_2O$	293	31.6	397	12400	155.8
O_2	293	107.8	1355	3449.0	43.34
醇	T/K	质量磁化率		摩尔磁化率	
		①	②	③	④
CH_3OH	293	−0.668	−8.39	−21.4	−0.2689
C_2H_5OH	293	−0.728	−9.15	−33.60	−0.4222
C_3H_7OH	293	−0.7518	−9.447	−45.176	−0.5677
$CH_3CH(OH)CH_2$	293	−0.7621	−9.577	−45.794	−0.5755
C_4H_9OH	293	−0.7627	−9.584	−56.536	−0.7105
$(C_2H_5)CH(OH)CH_3$	293	−0.7782	−9.779	−57.683	−0.7249
$(CH_3)_3COH$	293	−0.775	−9.74	−57.42	−0.7216
$(CH_3)_2CHCH_2OH$	293	−0.7785	−9.783	−57.704	−0.7251
$C_5H_{11}OH$	293	−0.766	−9.63	−67.5	−0.848
$C_6H_{13}OH$	293	−0.774	−9.73	−79.20	−0.9953
$C_7H_{15}OH$	293	−0.790	−9.93	−91.7	−1.152
$C_8H_{17}OH$	293	−0.7766	−9.759	−102.65	−1.290

① χ_m 单位（CGSM 制）：$10^{-6}cm^3/g$。

② $1cm^3/kg$（SI 质量磁化率）=（$10^3/4\pi$）cm^3/g（CGSM 制质量磁化率），本栏数据由①按此式换算而得，χ_m 的 SI 单位为 $10^{-9}cm^3/kg$。

③ χ_M 单位（CGSM 制）：$10^{-6}cm^3/mol$

④ 本栏数据参照注②由③换算而得，χ_M 的 SI 单位为 $10^{-9}cm^3/mol$。

⑤ 293K。

附表 2-20 气相中分子的偶极矩

化合物		偶极矩 μ CGS	偶极矩 μ SI
四氯化碳	CCl_4	0	0
三氯甲烷	$CHCl_3$	1.01	3.37
甲醇	CH_4O	1.70	5.67
乙醛	C_2H_4O	2.69	8.97
乙酸	$C_2H_4O_2$	1.74	5.80
甲酸甲酯	$C_2H_4O_2$	1.77	5.90
乙醇	C_2H_6O	1.69	5.64
乙酸甲酯	$C_3H_6O_2$	1.72	5.74
甲酸乙酯	$C_3H_6O_2$	1.93	6.44
乙酸乙酯	$C_4H_8O_2$	1.78	5.94
溴苯	C_6H_5Br	1.70	5.67
氯苯	C_6H_5Cl	1.69	5.64
硝基苯	$C_6H_5NO_2$	4.22	14.1
水	H_2O	1.85	6.17
氨	NH_3	1.47	4.90
二氧化硫	SO_2	1.6	5.34

附表 2-21 IUPAC 推荐的五种标准缓冲溶液的 pH 值

t/℃	溶液 ①	溶液 ②	溶液 ③	溶液 ④	溶液 ⑤
0		4.003	6.984	7.534	9.464
5		3.999	6.951	7.500	9.395
10		3.998	6.923	7.472	9.332
15		3.999	6.900	7.448	9.276
20		4.002	6.881	7.429	9.225
25	3.557	4.008	6.865	7.413	9.180
30	3.552	4.015	6.853	7.400	9.139
35	3.549	4.024	6.844	7.389	9.102
38	3.548	4.030	6.840	7.384	9.081
40	3.547	4.035	6.838	7.380	9.068
45	3.547	4.037	6.834	7.373	9.038
50	3.549	4.060	6.833	7.367	9.011

① 20℃下饱和酒石酸氢钾溶液（0.0341mol/L）。

② 0.05mol/L 的邻苯二甲酸氢钾溶液。

③ 0.025mol/L 的 KH_2PO_4 和 0.025mol/L 的 Na_2HPO_4 溶液。

④ 0.008695mol/L 的 KH_2PO_4 和 0.03043mol/L 的 Na_2HPO_4 溶液。

⑤ 0.01mol/L 的 $Na_2B_2O_7$ 和溶液。

附录三 主要符号

A	功；比表面积；吸光度	m_e	电子质量
a	活度；平均吸附量；吸光系数；平均误差	n	物质的量；折光率；主量子数
B	转动系数	P	极化度；功率；反应概率；极化电动势
$\boldsymbol{B}$	磁感应强度	P_t	概率
b	光径长度；碰撞参数	p	压强；或然误差；广义动量
BG	晶体三极管	Q	热量；配分函数；气体流量
C	比热容；电容	Q_p	恒压过程热
c_g	气相中溶质的浓度	Q_v	恒容过程热
c_1	液相中溶质的浓度	q	电荷量；广义坐标
c	光速；浓度	R	摩尔气体常数；摩尔折射度；电阻；核间距
D	光密度；二极管；扩散系数	r	半径；孔半径
D_e	基态电子能量	S	熵；灵敏度；响应值；表面积
D_{ei}	分子解离能	T	热力学温度；透光率；迁移率；动能
D_w	晶体稳压管	t	时间；摄氏温度
d	密度；直径；距离	$t_{1/2}$	半衰期
E	电动势；电场强度；能量	U	电势差；内能
e	电子电荷	u	电泳速度
F	法拉第常数	V	体积；流量
f	力；函数；体系自由度	V	伏特
G	吉布斯自由能；电导值	V_g	比孔容积；比保留体积
g	重力加速度；郎德因子；简并度	V_m	以单分子覆盖的吸附质体积
H	焓；体系总能量	v	振动量子数；线速度；流速反应速率
$\boldsymbol{H}$	磁场强度	W	质量；力矩系数
h	普朗克常量	W_e	晶体电子能量
ΔH	热效应	ΔW	半峰宽
I	强度；直流电流值；光强；转动惯量	x	摩尔分数
i	交变电流值；电流密度	Z	原子序数；阻抗
J	转动量子数；自旋-自旋耦合常数	α	电离度；旋光度；极化系数；体膨胀系数
j	压力梯度校正因子	β	线膨胀系数；黏着概率
K	平衡常数；分配系数	τ	吸附量
k	玻尔兹曼常数；反应速率常数	γ	活度系数
K_f	摩尔凝固点降低常数	$\gamma_\pm$	平均活度系数
L	电感；阿伏伽德罗常数	δ	差值；厚度；化学位移
l	长度；厚度；流量；轨道量子数	ε	介电常数；辐射系数
M	摩尔质量	ε_0	真空电容率；真空介电常数
$\boldsymbol{M}$	磁化强度	ε_x	物质的电容率
m	磁量子数；质量摩尔浓度	ζ	电动电势
η	黏度；超电势	Π	表面压
θ	角度；接触角；覆盖度	ρ	密度；电荷密度；电阻率
κ	电导率	σ	标准误差；表面自由能(表面张力)
Λ_m	摩尔电导率	σ_A	分子截面积
λ	波长；离子摩尔电导率	τ	时间；弛豫时间
μ	磁矩；磁导率；折合质量	φ	电极电势；角度
$\boldsymbol{\mu}$	偶极矩	χ	磁化率
μ_0	真空磁导率	χ_M	摩尔磁化率
μ_B	玻尔磁子	χ_m	质量磁化率
μ_m	永久磁矩	χ_0	摩尔逆磁磁化率
ν	频率；动力黏度系数	χ_μ	摩尔顺磁磁化率
	波数	ω	角速度；角频率

参 考 文 献

[1] 复旦大学，等. 物理化学实验［M］. 3 版. 北京：高等教育出版社，2004.

[2] 傅献彩，沈文霞，姚天扬. 物理化学（下册）［M］. 5 版. 北京：高等教育出版社，2006.

[3] 张立庆，李菊清，姜华昌. 物理化学实验［M］. 杭州：浙江大学出版社，2014.

[4] 钱人元. 高聚物分子量的测定［M］. 北京：科学出版社，1958.

[5] 杨百勤. 物理化学实验［M］. 北京：化学工业出版社，2007.

[6] 孙尔康，徐维清，邱金恒. 物理化学实验［M］. 南京：南京大学出版社，1998.

[7] 武汉大学化学与分子科学学院实验中心. 物理化学实验［M］. 2 版. 武汉：武汉大学出版社，2012.

[8] H. D. 克洛克福特，等. 物理化学实验［M］. 郝润蓉，等译. 北京：人民教育出版社，1981.

[9] 武汉大学化学与环境科学学院. 物理化学实验［M］. 武汉：武汉大学出版社，2000.

[10] 中山大学. 无机化学实验［M］. 北京：高等教育出版社，2015.

[11] 高丕英，李江波. 物理化学实验［M］. 上海：上海交通大学出版社，2010.

[12] 韩国彬. 物理化学实验［M］. 厦门：厦门大学出版社，2010.

[13] 刘寿长，张建军，徐顺，等. 物理化学实验与技术［M］. 郑州：郑州大学出版社，2004.

[14] 高濂，郑珊，张青红. 纳米氧化钛光催化材料及应用［M］. 北京：化学工业出版社，2003.

[15] Hashimoto K，Irie H，Fujishima A. TiO_2 photocatalysis：a historical overview and future prospects［J］. Jpn. J. Appl. Phys.，2005，44（12）：8269-8285.